"十二五"职业教育国家规划教材

经全国职业教育教材审定委员会审定

天然产物生产与实训技术

（第二版）

张星海 主编

化学工业出版社

·北京·

本书将理论与实践教学有机融合，把企业工作情景与学校上课元素有序衔接，为工学结合的“基于工作过程”的课程改革提供了一种新的教材模式。每个单元都采用“班前例会”、“任务分解”、“边做边学”、“班后总结”、“工作汇报”及“视野拓展”6个环节组织编写。教学融合企业工作过程和学校集中授课的典型元素，教学流程融通企业生产流程，采用“班前例会→任务分解→边做边学→班后总结→工作汇报”的流程进行，强化教学效果；教学实施过程中，以模拟公司的形式、原汁原味的企业订单载体组织教学，既激发同学的学习热情和团队协作精神，又宣扬企业文化氛围和市场竞争意识。

本书既可作为高职高专生物技术相关专业的教材，也可供企业培训使用。

图书在版编目（CIP）数据

天然产物生产与实训技术/张星海主编. —2版. —北京：化学工业出版社，2017.9（2023.2重印）
“十二五”职业教育国家规划教材
ISBN 978-7-122-30096-6

Ⅰ.①天… Ⅱ.①张… Ⅲ.①天然有机化合物-生产工艺-高等职业教育-教材 Ⅳ.①TQ28

中国版本图书馆CIP数据核字（2017）第156178号

责任编辑：李植峰 迟 蕾　　装帧设计：张 辉
责任校对：周梦华

出版发行：化学工业出版社（北京市东城区青年湖南街13号 邮政编码100011）
印 装：涿州市般润文化传播有限公司
787mm×1092mm 1/16 印张14 字数337千字 2023年2月北京第2版第2次印刷

购书咨询：010-64518888　　售后服务：010-64518899
网 址：http：//www.cip.com.cn
凡购买本书，如有缺损质量问题，本社销售中心负责调换。

定 价：36.00元

《天然产物生产与实训技术》（第二版）编写人员

主　　编　张星海
副 主 编　陆旋　屠幼英
编写人员　（按姓名汉语拼音排列）
樊兴土（杭州中野天然植物科技公司）
冯文婕（浙江经贸职业技术学院）
龚　恕（浙江经贸职业技术学院）
郝云彬（浙江省舟山市水产研究所）
陆　旋（浙江经贸职业技术学院）
罗合春（重庆工贸职业技术学院）
阙　斐（浙江经贸职业技术学院）
屠幼英（杭州英仕利生物科技有限公司）
吴旭乾（武汉软件工程职业学院）
许金伟（浙江经贸职业技术学院）
张星海（浙江经贸职业技术学院）

前 言

近几年来，我国的职业教育迎来了难得的发展机遇，各院校在硬件上都有了长足发展，但在人才培养模式和教学质量上，短时间内无法有效满足经济社会发展和行业企业的需求变化，人才培养质量与行业企业需求存在错位。特别是教学模式、教学方式与手段以及教学内容方面存在不少问题，尤其是教学理念与教育部相关文件精神的要求存在一定的差距。目前高职教材种类繁多，其来源一是借用本科的同类教材，由任课教师删减、增补而成；二是应用中专教材或在中专教材基础上的内容增加；三是由部分院校教师联合编写；四是由个别专业的个别教师自编。一些教材不能及时反映生产中的新知识、新技术、新工艺、新方法，缺乏与地区、行业发展相适应，联合企业、行业共同开发更无从谈起；教材内容没有从根本上反映出高职教育特征与要求，仍然强调“是什么?”“为什么?”，而没有突出“如何做”的问题，不能很好地体现“以能力为本位、以学生为主体、以实践为导向”的职教思想，缺乏高等职业技术教育特色，不能实现培养“高素质技能型人才”的教育目标。因此，我们利用做“浙江省新世纪高等教育教学改革项目：基于产品生产过程的课程改革与实践——以天然产物生产与实训技术为例”的机会，创新探索了一种新的体现“理实一体化”教学、基于产品生产过程的课程教材编写模式。

一、课程目标与改革理念

通过本课程的学习，让学生掌握天然产物有效成分的提取、分离、干燥技能，能够利用网络信息和专业文献进行常规天然产物产品制备工艺的设计与方案优化，并能组织实施。

根据天然产物（有效成分）生产过程的职业岗位任职要求，参照中药提取工、生化分离工及干燥工等国家职业标准，开发突出职业岗位能力的“岗位工作过程导向能力本位”课程标准。按照“以职业能力为主线，典型工作为载体，真实工作环节为依托，完整的工作过程为行动”体系要求，进行课程开发与设计。

教学融合企业工作过程和学校集中授课的典型元素，进行有机整合，形成行动导向、工学交替的教学模式。具体环节包括“班前例会”、“任务分解”、“边做边学”、“班后总结”、“工作汇报”及“视野拓展”等环节，企业元素全程渗透入课程教学过程中。

二、课程教学内容与组织形式

根据基于天然产物（有效成分）生产工作过程的课程开发思路，本课程针对职业岗位能力要求选取教学内容，将天然产物生产工作岗位中的典型工作任务转化为 2 个阶段、4 种情境、3 类层次（简称“243 课程模块”，见图 1），实施行动导向教学，取得了较好的效果。我们邀请地方相关行（企）业人士、省外专业同行和教育部教学指导委员会专家，多角度论证“234 课程模块”标准，按照企业提出目标岗位的任职要求，制定课程培养目标，以培养解决实际问题的能力为出发，兼顾学生潜质培养，选取教学内容。

(1) 生产原料来源体现天然产物分布：作为组织教学、开展生产所需的原料尽可能体现自然界天然产物自身分布，即包括植物源、海洋资源和微生物及其发酵液。同时兼顾现有行业企业生产产品原料实际来源分布，进行适当调整。

(2) 生产产品的成分兼顾常规与热点：作为生产技术的实施对象（产品成分），既要包括市场上业内人士耳熟能详的黄酮、多酚及生物碱等，又要涵盖逐渐被人们认识、大众接受的具有多种功能的多糖、膳食纤维等。

(3) 生产技术的层次分布多样化：生产产品的技术手段根据产品性质应多样化，既有传统方法，又有现代技术，同时还不乏先进手段，尽可能让学生学习比较具有发展前景的生产技术。

(4) 多维化内容为学生后天发展提供可驰骋空间：教学内容既要具体展现天然产物生产工作岗位中的典型工作任务，又要拓展学生视野广角，让其具备可塑的潜质，还要提供学生发挥自身才智的机会。

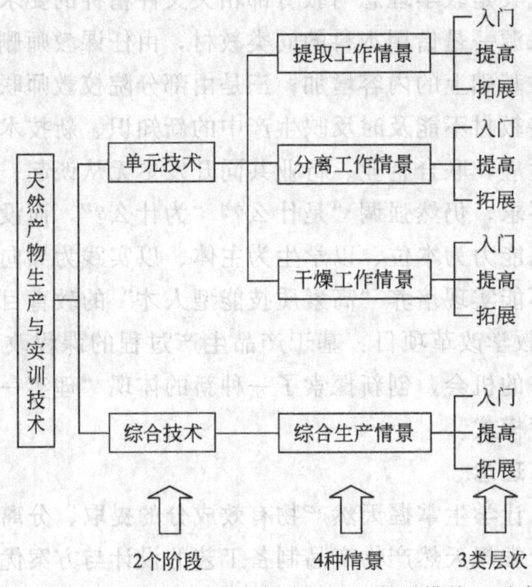

图 1　天然产物生产与实训技术“243 课程模块”示意图

教材内容组织上，将理论与实践教学有机融合，把企业工作情景与学校上课元素有序衔接，为工学结合的“基于工作过程”的课程改革提供一种新的教材模式，每个单元都采用“班前例会”、“任务分解”、“边做边学”、“班后总结”、“工作汇报”及“视野拓展”6 个环节组织编写，具体见图 2。教学融合企业工作过程和学校集中授课的典型元素，教学流程融通企业生产流程，采用“班前例会→任务分解→边做边学→班后总结→工作汇报”的流程进

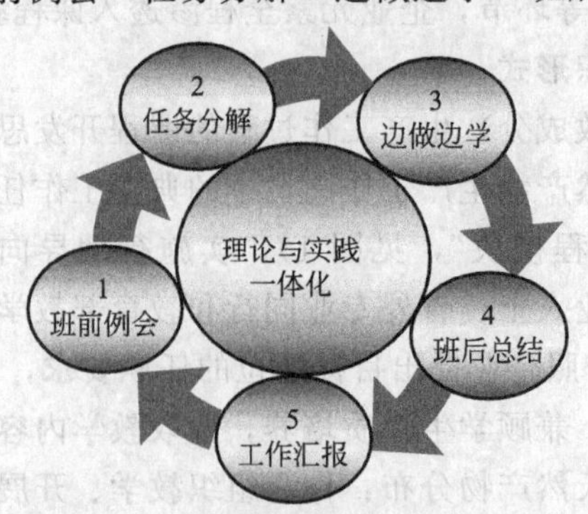

图 2　天然产物生产与实训技术课程教材模式示意图

行，强化教学效果。教学实施过程中，以模拟公司的形式、原汁原味的企业订单载体组织教学，既激发学生的学习热情和团队协作精神，又宣扬企业文化氛围和市场竞争意识。

三、各个环节操作说明

(1) 班前例会　班前例会主要内容有：新接到订单的行业信息，如产品规格、功效、生产成本及原料分布等；订单产品生产的常规技术路线、技术瓶颈及生产操作注意事项等；介绍行业背景及技术发展动态，重点突出完成任务所需技术及知识点。第一节课还需介绍行业背景及岗位就业情况，课程性质及教学组织方法。

(2) 任务分解　产品生产订单主要包括产品规格、价格、生产技术要求及检测标准等。如茶多酚生产订单，产品规格：TP＞95%，caf＜2.0%，溶剂残留＜5mg/L，国标检测，300 元/kg。任务分解主要是指按照订单要求组织生产时，将生产技术路线按流程环节进行分割。上面订单分割：提取→过滤→浓缩→分离→干燥。选取企业真实订单任务，进行有序的技术环节分解，找出典型工作环节，介绍完成该环节需要的技术及知识信息。

(3) 边做边学　产品生产工艺的特点是除前期工作准备外，操作过程大都利用仪器设备，等待时间较多（往往有 45～60min），为做、学、教联动制提供了衔接时间。具体教学中，接受任务的学生在做中学、教师在做中教，边做边学、边做边教，相互促进，相得益彰。按照分解的工作环节，边摸索、边动手，遇到难题集中讲解，在等待实验结果的过程中，老师讲解操作中的一些关键技术点及注意事项。

(4) 班后总结　班后总结制主要指下班后在课程博客上，教师及时对学生工作进行点评，对经验教训进行总结；学生对自己的心得体会进行梳理，对问题进行探讨，以便日后改进。对于一个完整的项目完成之后，集中一个时间由项目负责人以 PPT 形式登台介绍，学生和老师分别对项目介绍情况给予点评；对于单个实验环节的完成，老师会以网络留言的形式进行点评。

(5) 工作汇报　任务完成汇报制包括两个环节：每次下班后，由每组轮值组长对当班任务完成情况以书面形式进行汇报；每个订单任务完成后，由订单任务轮值负责人以书面形式进行汇报。以便培养学生的组织协调能力与论文撰写能力。内容包括：前言、研究方法、结果分析、讨论建议、参考文献及附录（实验记录）。

(6) 视野拓展　为了增强学生的职业素养，帮助那些学有余力的学生更好地提高专业素养，一般在每个课程模块后都配上视野拓展模块，为他们开阔视野。

本教材在原有自编教材的基础上按“班前例会→任务分解→边做边学→班后总结→工作汇报→视野拓展”六环节编写，目前该教材获得 2009 年浙江省重点建设教材立项资助，2010 年 5 月该门课程被评为 2010 年国家精品课程，2013 年被评为国家网络精品资源共享课。该课程设计有系统的配套教学资料，欢迎使用本教材的老师登录网站（http://www.icourses.cn/coursestatic/course_3557.html）查阅使用。

本课程和教材还有不少需要进一步提高之处，作为一种新模式的尝试，欢迎各位同行提出宝贵意见和建议。

编者

2017 年 3 月

目录

第一部分　天然产物及其行业状况

动物、植物、昆虫、海洋生物和微生物体内的组成成分或其代谢产物以及人和动物体内许许多多内源性的化学成分统称作天然产物，其中主要包括蛋白质、多肽、氨基酸、核酸、各种酶类、单糖、寡糖、多糖、糖蛋白、树脂、胶体物、木质素、维生素、脂肪、油脂、蜡、生物碱、挥发油、黄酮、糖苷类、萜类、苯丙素类、有机酸、酚类、醌类、内酯、甾体化合物、鞣酸类、抗生素类等天然存在的化学成分。由于天然产物所包括范围太广泛，本书以植物源类天然产物为主展开介绍，另外介绍少量微生物及其发酵液和水产品成分等。

一、我国植物提取物行业生产现状

（一）原料及 GAP

中药制剂的药材原料原则上是要求使用饮片或将药材进行规范化的前处理，而提取物行业绝大多数使用的是确定了指标成分的原药材，但方便易行。由于提取物参与国际竞争，所以对原料的基源、采收季节（年限）及使用部位有严格的要求。合成的西药原料，不管起始原料是什么，合成路线怎样，只要符合标准（一般含量在98%以上）就行（但需要检查有关物质）。但源于植物性原料的中药除了基源外，很大程度上决定于几乎无法控制的自然条件（土壤环境、气候、季节变化等）。即使纯化的提取物如紫杉醇（98%）、葛根素（98%）等可以不顾及工艺过程、使用部位等，但一般提取物由于其指标成分含量只能代表其相对的质量水平，所以必须对原料的使用及提取过程作出规范化的要求。由于企业担心失去订单，对植物的基源、指标成分含量、指纹图谱及限量物质检查等要求就成为了提取物产品参与国际市场竞争的必要条件，所以 SFDA 推行 GAP 以来，从某种程度上来讲提取物企业最能自觉贯彻。另外，出于对提取物生产成本的考虑，选择高含量指标成分质量的原料也成了企业的自觉要求。

（二）装备水平

1. 资质认证

当前我国的植物提取物行业是一个从手工作坊到现代化大工厂并存的产业系统。其中的主流企业在生产装备和技术能力上完全可以和世界主要的提取物生产国（意大利、德国及西班牙等）媲美。一批提取物企业按照或参照 GMP、ISO9001 国际质量体系认证、世界犹太食品认证等认证体系要求进行生产系统及环境的建设和装备，如浙江康恩贝、湖南九汇、沈阳德生堂等企业先后通过了 SFDA 的 GMP 认证及其它一些认证。中国医药保健品进出口商会还尝试进行行业内的绿色认证。

2. 生产装备

专业化程度较高的提取物企业一般都装备了目前较为先进的前处理、提取、分离、浓缩、干燥及粉碎、造粒、包装等设备。设备整体集成性强，且为提取物的生产提供了良好的环境设施。同时，以全面的生产质量管理制度及相应的 SOP（标准化操作规程）作支撑，配合以相应的系统培训，从而保证了生产环境的卫生安全和提取物产品的质量。更有企业甚至引进膜分离、工业冷冻干燥、自动化工业色谱系统、二氧化碳超临界萃取及分子蒸馏等设备及技术用于提取物产品的生产。目前我国很多专业化提取物企业装备已经从单纯重视设备的生产效能向重视生产环境安全洁净、生产设施的系统完善和高效能并重的方向转变，这也反映出目前提取物企业积极按照GMP要求进行生产建设，努力按照先进制药企业的生产能力和技术水平要求自己，并与国际标准接轨的强烈愿望。不可否认，目前国内还有不少生产条件及装备较差的企业，甚至还有不少手工家庭作坊在参与提取物的生产加工，这与我国的经济发展水平有一定关联，也和我国的中药传统加工方式有一定的联系。不过，随着我国提取物生产企业的国际市场竞争水平的提高和自身积累的经济实力与管理水平不断提高，改善和提高生产装备水平已经成为提取物行业的发展方向，同时还将推动国内相关中药产品生产企业的装备水平提高。

3. 检测装备

提取物企业分析检测设备的装备水平可以体现企业的技术能力和产品质量控制水平。现代分析检测离不开先进设备的支撑，特别对于成分复杂而且含量变化范围较大的中药材及类似植物原料而言，更是离不开现代分析检测技术及装备对产品的质量控制提供支持。因此，提取物企业引进先进的检测设备，开发相应检测技术有其必然性和自觉性；同时，加强分析检测的设备装备及技术水平是应对绿色贸易壁垒的现实需要。目前在提取物行业已经投入使用的装备包括紫外分光光度计、高效液相色谱（二极管阵列检测器、蒸发光散射检测器）、气相色谱（农残及溶剂残留）、薄层扫描仪（可对比例提取物进行更好的量化描述）及制备高效液相色谱（制备标准品用于提取物产品的定量）。甚至十多万美元的HPLC-MS（高效液相色谱-质谱联用仪），也开始用于提取物企业的科研活动。目前专业化的提取物企业的装备已达到了相当的水平，对业内甚至整个中药制造业的生产及研发起到了积极推动作用。提取物行业能普遍满足对指标成分检测要求，但对限量物质检测要求还相对缺乏。

随着分析技术水平的不断提升，人们对极微量有害成分的认识能力越来越强，可检出品种的数量越来越多，检出限也越来越低，并陆续在世界各国的相关法规或标准中得到体现，比如五氯硝基苯在土壤中的代谢产物五氯苯胺、五氯苯酚、五氯苯甲醚等物质的检出量就要求在10μg/kg（ppb）以下；对一种高致癌性的多环芳烃类物质，3,4-苯并芘的要求就更加苛刻，要求不得高于1μg/kg，目前欧洲市场已开始执行。更有甚者，欧盟对环境毒物二　英的毒性当量要求达到了pg/kg级（ppt），允许的被检出量不高于1pg/kg。装备先进的分析检测设备，掌握先进的分析检测技术已经成为提取物企业参与国际市场竞争的必要基础。

先进设备使用越来越多，如使用荧光检测器用于多环芳烃及多卤联苯、原子吸收分光光度计（检测重金属）、原子荧光分光光度计（挥发性金属原子的检测），以及可提高样品净化效率及自动化程度的固相萃取设备和减少工作强度提高工作效率的自动进样器（高效液相、气相）等先进设备。

4. 环保设施

目前已有一些植物提取物企业对生产的植物性废渣，采用堆集、发酵或与当地的农民或机构联系用作有机肥料。对废水也采取适当的发酵等处理，使COD、BOD等作到达标排放，但有大量的提取物企业对环保设备的配备和建设还缺乏足够认识，应该引起高度关注。

（三）品种内容

1. 中药品种

目前我国提取物产业的生产技术水平和产品检测技术已能适应国际提取物市场的要求，大型提取物工厂有能力依据各国对提取物制定的相关标准或企业标准进行提取物的生产和产品质量控制。我国的主要提取物品种有近百种，其中有一定代表性的以传统中药材为原料的提取物产品为银杏叶提取物、绿茶叶提取物（茶多酚）、人参提取物（人参皂苷）、甘草提取物、麻黄提取物（需许可证）、大豆提取物（大豆异黄酮）、刺五加提取物、灵芝提取物等在中国有广泛且长期应用的来自传统中药的品种。

2. 草药品种

以非传统中药的草药为原料，在中国拥有良好资源情况的品种，如贯叶连翘提取物、红车轴草提取物、蒺藜提取物、葡萄籽提取物等。

3. 引进品种

如紫锥菊提取物，原植物从北美引种到中国，现已在湖南、上海、安徽、北京等地有大面积种植。

4. 进口加工

直接从国外进口原料，利用中国提取物行业的技术和设备来进行加工贸易的品种，如从南非进口的加纳子［*Griffonia*（*Bandeiraea*）*simplicifolia*］可用于提取5-羟色胺酸；从非洲或美洲进口的育享宾树皮（*Corynante jonimbe* K. Schum）可用于提取育享宾；从北美进口的锯叶棕［*Serenoa repens*（bartram）］可用于加工锯叶棕提取物；从欧洲进口的越橘（*Vaccinium vitisidaea* L.）用于提取花色苷等。

5. 其它

广义的源自于植物的品种，如天然维生素E、共轭亚油酸、二十八烷醇类、茄尼醇、皂素等。我国提取物生产企业利用较高的技术手段生产的植物精细化学品，如利用二氧化碳超临界萃取设备生产的番茄红素以及利用分子蒸馏技术生产的天然维生素E产品，且还具有相当的国际竞争力。还有少量源自于动物的产品，大家往往作为提取物归类于该行业，如从软骨中提取的硫酸软骨素和从甲壳中提取的D-氨基葡萄糖。

我国提取物产品的品种内容非常丰富，不仅有大量的体现中国传统中医药宝贵财富的源自于中药的植物提取物，也有利用中国丰富的植物资源或强大的提取技术能力进行加工生产的其它植物提取物，还有通过在国内进行引种栽培获得成功的品种，以及直接从国外购进原料进行加工的国际市场上的重要品种。这对中国的中药提取物产业甚至中药产业都是有益的补充，促进了中国中药产业与国际植物药产业间的交流和互相学习。另外，目前丰富的品种内容也反映出中国的提取物行业正在以更积极的方式参与国际提取物市场的合作和分工，逐步摆脱以廉价劳动力和资源输出为手段的国际竞争参与方式。

（四）产品质量水平

我国的植物提取物产品，目前主要以对有效成分或指标成分进行量化来控制产品的质量，发展方向是对提取物进行全面的质量控制。由于提取物生产技术及分析检测技术能力的成熟，我国提取物行业所提供的产品在活性成分方面完全可以达到国际市场对产品的要求。以此为基础，现在我国提取物企业对产品质量有了更高层次的追求。

1. 指纹图谱

我国提取物企业已开始向市场提供越来越多具有指纹特征的产品，这种指纹特征具有两个方面的意义：其一可用来反映产品的生药来源，也就是用来判别产品的真假伪劣；另外，可用来更好地反映产品生产的过程控制，也就是产品生产工艺和综合质量。如红车轴草、越橘提取物等。

2.限量物质

除了对 PCNB 个别农残及重金属有一定控制能力外，我国提取物企业目前缺乏在黄曲霉毒素、农药残留、多环芳烃、二 英等方面的控制能力。

3.微生物

我国提取物企业基本可以提供卫生学检查合格的产品，但由于主要通过辐照来解决卫生学要求。目前在国际市场逐渐限制辐照产品并利用脉冲成像受激发光系统判断是否使用辐照，又给提取物企业带来了新的课题。

4.其它

由于提取物市场的复杂性，提取物市场产品质量良莠不齐。既有在各个方面按照国际标准进行生产的高品质产品，也有一些能够符合含量要求，但在其它内在品质上有所欠缺的产品，甚至还有添加外源性物质以求达到某些含量要求的，如银杏提取物中加入芦丁以保证黄酮总量的掺假现象。

目前的提取物行业已经比较成熟，就产品质量而言，我国的提取物行业可以提供符合国际要求的产品，这与提取物行业完全的国际市场化，世界各国的技术要求在提取物行业的快速传播的背景有关。

（五）生产能力及分布

据不完全统计，我国的专业提取物企业有 200 多家，加上一些进行提取物生产的中药及精细化工企业，数量已超过 300 家。集中分布在湖南、陕西、浙江、江苏、四川、云南和京津地区。

湖南应是我国标准化提取物生产的发源地之一。其中，湖南九汇现代中药有限公司是国家标准化提取物高技术产业化示范工程单位，也是外经贸行业提取物标准的主要制定单位，还是“两个标准三个规程”和鲜活药材应用理论的提出者及探试者。红车轴草、紫锥菊等提取物颇具特色。湖南金农生物资源股份公司作为农业产业化龙头企业，在茶叶的深加工产品及罗汉果提取物方面有明显优势，湘源则在青蒿素生产上有显著特色。

陕西是我国药用植物资源相对集中的省份之一，也是提取物厂家发展最为迅猛的省份，约有大大小小 30 多家，这里有西安天诚这样在早期中国提取物行业有重要影响的企业，也涌现出赛得、三江、嘉禾等发展较快的企业。还有从烟草中提取茄尼醇后再通过化学转化生产辅酶 Q_{10} 的浩天生物工程。

浙江作为我国的医药大省，不但在化学药物方面有较强的生产研发能力，也是重要的提取物生产地区。主要有绿之健、康恩贝、惠松、绍兴东灵等提取物企业，其中康恩贝作为大型制药企业积极参与提取物的国际竞争并把标准化植物药的生产、开发作为其主业方向。

江苏以银杏叶提取物的生产最具特色，邳州大规模的银杏种植闻名全球，银杏成片园 30 万亩，银杏叶产量 1.2 万吨，占全国总量的 60%，银杏黄酮生产能力 250t。连片集中种植面积和银杏叶产量均居世界第一位。还有以绿茶提取物见长的太阳绿宝、国内最大的超临界萃取工厂芜湖天润等企业。

四川有众多的以植物精细化工产品见长的提取物生产企业，其中成都华高、超人植化等颇具规模。

云南有以三七为特色的云南玉溪万方天然药物公司，以烟草为原料的提取物特色的瑞升科技，以紫杉醇生产为主的汉德生物等专一化程度较高的企业。

京津地区的天津尖峰是国内葡萄籽专业化生产厂家之一，北京金可则是最大的甘草制品和天然维生素E主要生产商。该地区企业拥有一定的区位优势，具有较好的发展势头。

另外，还有上海津村、吉林宏久、桂林莱茵等专业化提取生产企业。

越来越多的国际合作在提取物领域展开，惠松与日本松浦药业的合作；无锡绿宝与日本太阳化学的合作；湖南金农与P&G的合作，这些合作或是建立共同的研发中心，或是建立合资企业，或是收购，或是形成长期的产品供应关系，中国提取物行业已为国际所认可，中国提取物行业与国际间的交流联系也更加深入紧密。

二、我国植物提取物行业应用现状

（一）国内市场应用

国内的提取物应用市场处于形成期，以保健食品企业为主的一些企业、科研机构及高等院校已直接购买提取物用于生产或研究开发。尤其要指出的是化妆品、饲料添加剂、兽药和植物农药领域的应用值得拓展和关注。

国内的提取物销售主要集中在保健食品企业，而且广泛应用，在胶囊、片剂、口服液、保健酒中都有应用。主要品种与常用的保健食品原料相对应，如人参银杏叶、大豆提取物等。目前随着社会对食品药品安全的关注与日俱增，对天然来源的活性成分的开发利用也越来越重视。实际上有一大批食用安全、有一定辅助功能的植物提取物已经以各种方式作为特殊食品、保健食品的原料。

（二）国际市场应用

提取物的国际市场是个充满活力，不断成熟的市场，这主要是由于欧盟、美国、日本等发达国家或地区本身拥有良好的市场和产品教育。目前，我国的提取物主要出口国家为美国、德国、西班牙、日本、韩国等。

1. 美国

20世纪80年代逐渐兴起的全球回归自然的热潮，使众多美国民众转向天然药物。但是，除了抄袭欧洲的产品之外，各公司的自主开发往往无章可循、乏理可陈，出现大量奇特的大杂烩配方。他们与营养学家合作，同时用植物提取物、维生素、氨基酸以及矿物质等，共同组成复方药，这和欧洲植物药、中医药、印度医药、日本汉方以至美洲原土著印第安人草药都根本不同。美国是全世界消耗标准动植物提取物最大的国家之一，也是我国提取物产品的主要出口国之一。该国植物药原料有75%依赖于从国外进口，产品为原药材或提取物，提取物以单味药为主，例如由银杏、贯叶连翘、刺五加、当归、人参等草药制成的提取物。美国《食品大全》对2000家健康食品店进行调查，结果表明以提取物作为使用类型的占7.4%。

2. 欧盟

欧洲有数百年使用植物药的历史，在世界植物药市场上举足轻重。在欧洲各国中，以德、法两国为主要消费国，其次为意大利、英国、波兰、西班牙、荷兰、比利时、俄罗斯。德国汉堡是欧洲乃至全球的植物药贸易中心，进入交易的植物药种类多达500～600种。欧洲各国使用植物药有悠久历史，植物药的地位与化学合成药物完全相同，亦被列入处方药与OTC药物的范围，管制相当严格。医学院均开设有关植物药的课程，德国更规定医学院学生必须通过植物药的考试，80%的执业医生会给患者开植物药处方，民众大都具有植物药的知识，医疗保险机构准许保险人报销植物药的费用。所有这些，导致植物药在欧洲的使用非常普遍，市场亦十分成熟。欧洲的植物提取物应用有成熟良好的基础支撑。

3.日本

日本是世界上除中国以外，系统地完成了汉方药制剂生产的国家。日本约用15年时间完成了汉方药制剂生产的规范化、标准化过程，结果大大提高了汉方药制剂的质量，汉方药制剂的生产得到了很大的发展。汉方药制剂从原来的一般用汉方药制剂发展到医疗用汉方药制剂，允许在国民健康保险中支付有关费用，并开始大规模进入国际医药主流市场。日本政府排除众议，承认汉方药制剂的组方合理性和疗效（但仅限于张仲景时代的210种中药经典方剂）；内服制剂只承认浸膏制剂。日本政府出面组织研究，实行“官、产、学结合”，选择典型的汉方药制剂，从保证稳定的质量要求出发，对生产全过程进行全方位的质量监控研究，总结经验，制定有关规定《汉方GMP》。日本中药生产已全面实施GMP，其生产规模、技术水平、工艺装备均已达到世界先进水平。日本于20世纪70年代末亦将中药制成提取物进行应用，同样也以严格的技术标准进行控制。

三、我国植物提取物行业技术现状

植物提取物行业目前在植化技术和活性或指标成分的检测技术方面都有较强的能力，许多中药制药企业及科研单位也参与提取物的技术开发。

（一）工艺技术

1.通用工艺

提取（热回流提取、索氏提取、渗漉、冷浸）、浓缩（薄膜浓缩、减压浓缩）、蒸馏（水蒸气蒸馏、真空蒸馏）、萃取、分离（离心、过滤）、干燥（真空干燥、喷雾干燥）等方面的设备及操作技术都已常规化，已为大多数提取物企业所掌握。

2.新工艺

大孔树脂吸附技术、工业色谱技术、分子蒸馏技术已在我国提取物行业广泛应用。利用这些技术提供了大豆异黄酮、银杏叶提取物、人参皂苷、白藜芦醇、紫杉醇、石杉碱甲、加兰他敏、豆甾醇、茄尼醇等重要的保健食品或医药原料。另外，膜分离技术在茶叶有效成分的提取方面发挥了作用。利用二氧化碳超临界萃取技术进行番茄红素的提取，目前华北制药已成为重要的番茄红素生产企业。

3.转化工艺

提取物企业利用化学转化或生物转化技术生产的精细植物化学品也越来越多。如利用废次烟叶生产的茄尼醇就可以通过化学转化技术生产重要的食品、药品原料辅酶Q_{10}，通过生物转化生产白藜芦醇（如酶解）。

4.限量物质处理工艺

我国植物提取物企业目前在处理提取物中的限量化学物质的工艺方面也做了许多工作，有一定成绩，某些提取物产品中受关注较多的有机氯类农残，多环芳烃类物质都能达到美国及欧盟等的限量要求，甚至我国也有提取物企业能有效地控制二 英。

（二）检测技术

我国提取物企业在活性成分或指标成分的定量分析技术方面已相当成熟，而且为客户提供产品分析方法和有关分析数据已经成为提取物企业必要的服务内容。目前在提取物行业使用较多的方法主要是高效液相色谱法和气相色谱法。

1.样品前处理

供试样品的制备也是分析方法的重要组成部分，特别对于含量极微的环境有害物质，样品的制备技术更为重要。我国提取物行业目前使用较多的样品提取技术主要有索氏提取法和超声波提取法，样品净化技术则已开始应用固相萃取技术对提取物样品进行净化处理。目前，提取物企业也开始注意分析方法的简便、精确和快速。超声波提取法由于其操作简便、快速，而且提取充分，在提取物行业已经得到很好的普及。固相萃取技术也是这样一种用途广泛而且越来越受欢迎的样品前处理技术，它采用高效、高选择性的固定相，能显著减少溶剂的用量，简化样品的预处理过程，可很好地消除样品中杂质成分对检测的影响，提高检测的准确性，而且可以很好地延长仪器的使用寿命，该方法在美国环保署（EPA）发布的很多检测方法中都有应用。我国提取物企业也开始应用该项技术。有机氯类农残的检测原来采用磺化技术进行净化，净化效果无法满足要求，而后使用固相萃取技术进行净化，可以在一次进样中对很多被测对象进行定量。

2. 标准对照品及标准对照物质

早在十五期间国家专门资助用于检测的源于中药的标准对照品制备的项目，但其供应及获得还是相当缺乏。为节省资金和避免缺乏，许多提取物企业选择利用对照品的同时采用标准对照样，然后用对照样控制相对质量，也不失为可取的办法，但准备标准对照样的主要目的还是为控制综合质量。

3. 分析检测方法

高效液相色谱法是目前应用最广泛的分析检测技术，通过与紫外检测器、蒸发光散射检测器、荧光检测器的配合使用，可对几乎所有被测对象进行定性定量工作。一般而言，只要对紫外光有响应就都可用紫外检测器进行检测，大多数植物活性成分都对紫外有响应，因此，紫外检测在高效液相检测中是应用最广的方法。蒸发光散射检测器是在示差折光检测器不能满足很多检测要求的背景下开发的，蒸发光散射检测方法的应用解决了对银杏叶提取物中银杏内酯类成分、一些提取物中的皂苷类成分和甾体类成分的检测。荧光是二次光源，在受激发后产生，荧光检测有较高的灵敏度，在对微量成分的检测中有很好的应用，目前荧光检测器在多环芳烃类物质的检测中应用较多。高效液相色谱法总体来说操作方便，结果重现性较好，是提取物企业必须要掌握的检测技术。其它如紫外分光光度法，操作简单快速，在对有效部位进行整体表达时经常用此方法；气相色谱法，主要用于芳香类化合物和农残、溶剂残留的检测，目前一般提取物企业不太重视气相色谱的使用，这是个误区。另外，原子分光光度法、原子荧光分光光度法及ICP-MS（等离子体质谱）法检测重金属。对于单个成分的检测也逐渐被提取物企业熟悉。至于微生物检测、提取物的理化测试等检测设备及技术都已成为提取物企业的常规检测项目。

（三）技术力量与创新

目前，我国的提取物企业有一定的技术开发和创新能力，主要特色是植化水平较高，提取和分离单元操作熟练，能灵活运用各种技术并合理组合，工艺开发能力较强；从普通提取物到天然植物活性成分都有较强的生产能力，能运用分子蒸馏技术、模分离技术、大孔树脂吸附技术，工业色谱技术、二氧化碳超临界萃取技术进行提取物的生产或研究；能利用合理的工艺手段对有害的限量化学物质进行控制。同时，我国提取物行业的分析检测水平无论在装备还是分析技术上已达到国际市场所要求的水平。

1. 鲜活药材应用

大量采用鲜活药材作为提取物生产原料是对传统中药的有益补充，也应该是中药提取物行业的重要科研成果。中药材在采集后如果保存方法或保存条件达不到要求，极有可能导致药材有效成分的破坏，降低药材的使用价值。紫锥菊在采摘后如果采用阴干的方式进行干燥，由于其所含的多酚氧化酶不能被迅速破坏，其中所含活性成分菊苣酸及其它咖啡酸类多酚物质的含量会迅速下降，导致药材的使用价值下降，同样的现象也在以咖啡酸类物质为主要成分的中国产朝鲜蓟中观察到。解决方法就是使用鲜活药材作为提取原料进行提取操作，不但所得产物的活性成分含量大大提高，提取物的颜色、气味等物理特征都有明显提高。鲜活药材的应用是在现代提取技术发达，装备能力允许在很大的规模下进行生产而实现的，有提取物行业的行业科技特色，需要引起更多更广泛的注意和进一步深入研究。

2. 植化技术能力

我国提取物企业目前已经成功地利用自身的技术力量来争夺国际市场。5-羟色胺和育享宾是典型的 API（活性药用物质，即原料药），有较高的品质要求，纯度要求高而且对有关物质有限量要求，生产上需要较强的技术能力。以 5-羟色氨酸为例，除含量要达到 99%以上外，对其中的 X 峰（一组被称有可能引起 EMS 综合征的物质，最早系在引起 EMS 综合征的发酵法生产的色氨酸中发现）提出限量要求。对于育享宾，则需要控制育享宾的异构体在产品中的含量。欧洲越橘所生产的花色苷非常不稳定，在温度、金属离子、光、酸度的影响下都会发生反应而被破坏，因此，需要在苛刻的生产条件下进行生产。我国提取物企业依靠自身的工艺开发能力和检测技术，以明显的成本优势和较高的品质赢得市场，是典型的国际加工贸易类型，充分反映出我国提取物企业所拥有的技术和生产能力。

3. 检测技术能力

目前我国提取物企业有能力对自己所开发的检测方法进行方法学研究，这种能力的发展也形成了我国提取物行业标准建立的基础。目前，我国的提取物企业可以通过有能力对分析测试方法进行系统的方法学研究，这种能力保证了提取物企业所开发的方法在国际市场上能够得到承认，而且，越来越多的国外客商现在也开始采用我国提取物企业自己开发的方法用于植物提取物的分析检测。比如，目前国际市场上绞股蓝提取物的检测方法就来自我国的提取物企业。

4. 新技术应用

目前，陆续在提取物生产中采用的新技术主要为：膜分离浓缩技术，用于对温度敏感或容易电离的活性成分，该技术可在较低温度下富集活性成分，而且选择性较强；二氧化碳超临界萃取技术，可用于低极性脂溶性好的活性成分，主要用于提取挥发油及极性较低、脂溶性较好的活性成分；分子蒸馏技术，可在较低温度高真空状态下根据分子的沸程差完成物质的分离；大孔吸附树脂技术，可利用不同性质的树脂选择性吸附目标物质或杂质，从而形成有效分离；高速逆流分配色谱，可以较小的溶剂用量提取纯度更高的产品；酶技术辅助提取技术，目前以淀粉酶和果胶酶的应用为主，用于破坏对提取影响较大的成分，或是增加提取率，或是提高提取操作的效率；利用化学转化或生物转化生产附加值的植物精细化学品。较新的分析技术主要有：ICP-MS（等离子体质谱）技术，可对多个金属元素同时进行定量；液-质联用技术，可对被分析物质同时定性定量；气-质联用技术，主要用于挥发性成分的同时定性定量；固相萃取技术，一种应用广泛的样品净化技术；生物检测，以生物活性对提取物的质量进行表达，如 Anti-PAF 作用和 α-淀粉酶抑制作用的测定。目前，国际提取物市场的高科技化趋势较明显，比如各大公司希望开发使用更方便，服用顺应性更好的终端产品，从而市场上出现了水溶性大豆异黄酮、无苦枳实提取物、无苦人参提取物等产品。

5.新材料应用

新材料的应用主要体现在提取物生产过程中辅料的应用方面。由于植物中一般含糖较高，而且或多或少都含有一定油脂成分，因此在加工过程中经常会出现粘壁、胶化、不易成型、不易干燥等现象。另外，提取物市场也希望通过技术手段使产品具有更高的使用价值，比如减少产品的不良气味或味道（缬草提取物），或将油状产品（如姜树脂）改良为更易加工处理的固体粉末，从而提高产品的加工性能。目前，提取物企业中应用较多的新型辅料主要有聚乙烯吡咯烷酮、β-环糊精、羟基-β-环糊精、微晶纤维素、微丸等。聚乙烯吡咯烷酮的使用可以加强提取物的保水性，使提取物在周围的湿度变化较大时不轻易吸水，也不轻易失水，可较好地保持产品形态；β-环糊精主要以其包合作用而起到保护有效成分、吸收树脂成分的作用；羟基-β-环糊精则可使包合物获得良好的溶解性。微丸是国外一些高技术公司在中国对提取物企业重点推广的技术，可根据需要控制产品的崩解时间、释放时间，掩避不良气味或味道，是最理想的辅料应用技术。这些公司中就有爱的发、罗门哈斯、卡乐康（Colorcon）等知名公司。另外，在提取物生产过程中的制药设备、包装材料以及其它一些环节中，新材料的应用都在发挥着积极的作用。

6.新设备应用

目前，植物提取物行业已有装备的新型生产设备主要有：分子蒸馏设备、工业大孔树脂操作系统、工业柱色谱设备、模分离设备、冷冻干燥设备、二氧化碳超临界萃取设备等。新型检测设备主要有：液-质联用仪、二极管陈列检测器、蒸发光散射检测器、固相萃取仪等。这些在生产或检测中所使用的新设备大大推动了我国提取物行业的认知能力和技术水平。

（四）研发能力

我国提取物企业对研发工作非常重视，一般企业都设有研发部门。我国提取物企业的研发工作主要集中在工艺研究和活性成分测定方面。由于市场压力，我国提取物企业的研发速度相对较快，而同时强度也相对较大。目前，提取物企业需要利用自身的技术优势和产品优势积极进行应用型产品的开发，并结合流行病学研究资料，在基础领域有所作为。

当前我国植物提取物行业的植化技术及活性成分的检测技术已经达到国际市场要求的水平。提取物企业对技术的依赖性远远超过一般中药企业，因为技术能力对提取物企业的生存发展起着非常重要的作用，这部分是充分的市场竞争形成的外部压力所致；另一方面，技术的进步能迅速转变成利润也是推动提取物企业获得技术、加强研发的重要动因。因此，提取物企业的研发和技术进步带有较强的自觉性，而且由于主要针对国际市场进行产品的开发和生产，提取物企业的研发内容往往领先于国内的相关领域，这也迫使植物提取物行业必须更多地依靠自已来解决技术方面的需要，所以在提取物行业已经成为中药研究领域一支不容忽视的重要科研力量。

（五）专利及注册

1.企业的专利意识和投入还有待加强

我国的提取物企业目前所申报的专利无论数量和质量都有待进一步提高，特别是要注重和基础及应用研究相结合，提高专利的技术高度和市场保护能力。

2.要把中药提取物提升到中药（植物）原料药的水平

目前我国的提取物产品的质量内容基本由《药用植物及制剂进出口绿色行业标准》所反映。而且在实际的生产活动中，随着国际、国内对提取物品质要求的不断提高而有相应变化，提取物产品的品质在不断提高。比对《中华人民共和国药典》（简称《中国药典》）对中药产品的要求，以及参考国外提取物的使用情况，我国目前提取物行业所生产的产品已经达到中药原料药的要求。

3. 提取物行业为我国相关行业的发展提供了重要的基础

不但新药的研究开发与植物提取物的研究开发在积极互动，其它领域的这一趋势也正在加强。贯叶连翘提取物是我国重要的出口品种，中国农业科学院兰州畜牧与兽药研究所正在进行开发，具有良好的抗病毒作用，可用于禽流感的防治。有消息称，应越南农业部农业局邀请，中国农业科学院兰州畜牧与兽药研究所的专家日前携带能够防治禽流感的新药“金丝桃素”赴越，进行大规模田间实验，为当前这一世界禽流感最严重的地区提供帮助，文中所述新药“金丝桃素”就来源于贯叶连翘提取物。再如，紫花苜蓿提取物也是有一定出口量的品种，目前发现其对肉仔鸡和仔猪的生产性能有积极的影响，通过与金霉素进行比较，发现紫花苜蓿提取物（也称为苜草素）可替代抗生素在饲料中进行添加而起作用。原花青素类产品也是大宗出口产品，其抗菌作用在饲料中的应用也引起了相当的重视。包含中药提取物在内的植物提取物所涉及的下游产业相当广泛，包括药品，保健食品、化妆品、兽药及饲料添加剂等多个领域，提取物行业对于众多下游产业来说，是科研开发工作的理想起点。

4. 相关产业的注册及生产管理政策

相关产业对于植物提取物作为原料药的注册及生产管理政策都处于建设过程中，随着社会对食品药品安全的关注与日俱增，各相关产业对天然来源的活性成分的开发利用也越来越重视，2004 年出台的鼓励天然植物饲料添加剂的生产应用的政策以及相关技术标准，就是一个有力的例证。

四、我国植物提取物行业标准现状

（一）标准内涵

技术标准从最初为了统一性、可替代性而起的媒介作用到现在成为市场争夺的利器，其新的社会角色是人类社会由工业社会向信息社会演变的过程中必然形成的。在技术创新和经济全球化构成当代经济两大主题的情况下，技术创新的经济利益将更多地取决于企业或国家将自身专有或专利技术上升为标准的能力。

技术标准之争就是要争夺企业专有技术适用的市场。其方式有二：一是把企业的技术标准转化为法律标准，通过法律的强制实施达到技术推广；其二，通过企业的市场运作，使自己的技术、产品占据大部分市场，从而使自己的技术标准成为事实上的标准。但法定或推荐标准并不一定能确定转化为事实标准。而无论走哪种路线，都是为了争取使己方的技术标准成为实际通行的标准从而使己方获得规则制定者的地位，并最终垄断市场获取超额利润。

目前，我国的提取物标准已在积极地建设过程中，在有关各方的支持关注下，已在各相关领域中陆续出台。提取物行业也在积极加强自身的知识产权意识，积极参与标准建设工作。植物提取物标准涉及一些通用性标准、产品标准及指纹图谱等。

（二）国内

目前我国的提取物生产可以作为标准进行参考的主要是 2005 版《中国药典》一部中

271～285页中的植物油脂和提取物部分，以提取物命名的有连翘提取物、黄芩提取物、银杏叶提取物，其它还是延用传统命名，如浸膏、流浸膏等。另外环维黄杨星、岩白菜素、薄荷脑三个植物活性成分也列入提取物范围。

2000年，原外经贸部批准“单味植物提取物进出口质量标准”课题研究，并于2001年颁布了《药用植物及制剂进出口绿色行业标准》。其后，更为细致的以单个产品为标准内容的外贸行业提取物标准陆续出台，标准的撰写主体为各相关提取物企业，已有一些产品的检测方法标准和提取物产品标准陆续颁布。目前为止，已颁布了贯叶连翘提取物、当归提取物、枳实提取物、红车轴草提取物、缬草提取物等五个中药提取物标准。“适合工业化生产的提取物质量标准研究”：科技部也在其投入巨资实施的“创新药物和中药现代化”专项中就中药提取物组织了“适合工业化生产的提取物质量标准研究”一项，其研究成果也将作为今后编撰《中国药典》的基础数据。这些标准的建立实施为指导企业生产、应对国际间的贸易冲突起到重要作用。

原商务部还委托中国医药保健品进出口商会制定了部分提取物进出口行业标准，虽然不是强制推行，但为行业起到了不小的示范作用。

（三）国际

在欧美各国，提取物是植物药应用的重要环节和方式。美国制定的《饮食补充剂健康和教育法》中对“饮食补充剂”的定义包括了“草药或其它植物”以及其“任何浓缩物”，确定了植物提取物作为饮食补充剂的合法地位。2000年版《美国药典》收载的植物药中包括20种提取物（含植物油、芳香油等）。德国允许植物提取物作为处方药进行登记。《欧洲药典》列出了提取物（extracts）通则，2000年增补版中收载了3种标准化提取物：芦荟、番泻叶和颠茄叶标准化提取物。《欧洲药典》提出的提取物（extracts）通则，按内在质量将提取物分为量化提取物（quantified extracts）、标准提取物（standardized extracts）和纯化提取物（purified extracts）。在欧洲产生了各种药用植物的标准化提取物：如紫锥菊、缬草、短棕榈和银杏叶等。

欧美各国受其传统的医药研究模式影响，比较重视提取物的药效物质基础的研究，并通过一定的临床研究，而后以某一个或某一组明确的可定性定量的成分来说明提取物的质量，而且，这些研究成果最终会因为其终端产品的上市而成为标准。

欧美发达国家的提取物标准基本与药品或食品的标准相类似，一般分为产品的功能性描述和产品的安全性描述两个方面。产品的功能性描述以产品的药效物质基础的表达为主，而产品的安全性描述以卫生学和有害物质的控制为主要内容。

（四）企业内控标准

2000年以前，有关的药品标准中都未采用“中药提取物”这一概念，一般称以“浸膏”、“流浸膏”。在《中国药典》（2000版）及有关药品标准中中成药制剂配方开始使用提取物（“浸膏”或“流浸膏”）投料：但是这些提取物大多并不是作为原料药或需要进行质量控制的中间体进行规定的，因此无法作为指导提取物生产的标准。2005年版《中国药典》中药部分首次将对照提取物作为标准物质列出。

五、我国植物提取物行业政策现状

以中药原料药产业为例，现在中药制剂的原料药一般指中药材和饮片，但如上所述，两者在质量标准控制上存在较大缺陷。因此，根据中药标准提取物的特点，用其取代原生药而作为中药制剂的直接原料药将是大势所趋，目前国家药品监督管理局颁布的《中药配方颗粒管理暂行规定》在某种程度及意义上已经对此进行了阐述。2004年出台的鼓励天然植物饲料添加剂的生产应用政策及相关技术标准就是一个有力的例证。

以中药标准提取物作为中药制剂的直接原料药，可以抓住整个中药生产过程的关键，从基础环节上最大限度地解决中药制剂质量控制和物质基础等方面的难题。这样就有可能解决怎样把相对不稳定的原药材制成相对稳定的制剂产品这个难题，不同产地的原料可采用拼配投料的方式，在投料前不通过改变工艺这一法律约束条款来解决质量稳定性问题。另外，还可大大避免以原生药作为原料药所造成的许多不合理情况的发生。

中药材由于品种繁多、产地不一，存在着同名异物或同物异名的情况，就是同一品种的药材，往往也会因生长条件、采收季节、加工方法和贮藏条件的不同而在质量上存在差异。因此，《中国药典》对中药材从性状、鉴别、含量测定等方面进行了严格的质量控制，这无疑对提高中药材及其制剂的质量起着重要的作用，但在一些情况下某些规定却阻碍了对中药资源的合理利用。如《中国药典》规定黄芩干燥品的含量标准为黄芩苷不得少于9.0%，但在生产实践中，由于多种因素的影响，原生药中黄芩苷达不到9.0%的情况并非少数，如因此就弃之不用，也是对药材资源的一种浪费。以中药标准提取物作原料药的话，就可以避免以上情况的发生，因标准提取物是多种药效物质的集合，其主要药效物质有一定的定量指标，且可以根据实际情况进行定量配制。故在一定限度内，对于那些含量测定不符合标准的提取物，可以利用现代科技手段对其主要药效物质进行定量配制，使之达到标准提取物的要求，从而充分、合理地利用中药资源。

六、天然产物有效成分概述

（一）植物源有效成分

来源于植物界的有效成分主要有黄酮类、生物碱类、多糖类、挥发油类、醌类、萜类、木脂素类、香豆素类、皂苷类、强心苷类、酚酸类及氨基酸与酶等。现将主要成分简介如下。

1. 黄酮类化合物

黄酮类化合物（flavonoids），又称生物类黄酮（bioflavonoids），广泛分布于植物界中，是一大类重要的天然化合物。黄酮类化合物大多具有颜色，其不同的颜色为天然色素家族添加了更多的色彩。黄酮类化合物在植物体内大部分与糖结合成苷，一部分以游离形式存在。在高等植物中常以游离态或与糖成苷的形式存在，在花、叶、果实等组织中多为苷类，而在木质部组织中则多为游离的苷元。黄酮类化合物具有色酮环与苯环为基本结构的一类化合物的总称，是多酚类化合物中最大的一个亚类。其基本骨架具有 C_6-C_3-C_6 的特点，即由两个芳香环A和B，通过中央三碳链相互连接而成的一系列化合物。黄酮类化合物可以分为10多个类别：黄酮类、黄酮醇类、二氢黄酮类、二氢黄酮醇类、异黄酮类、二氢异黄酮类、查耳酮、二氢查耳酮类、橙酮类及花色素类等。截止到2000年，黄酮类化合物总数已达到8000个，并以黄酮醇类最为常见，约占总数的1/3，其次为黄酮类，占总数的1/4以上。黄酮类化合物的溶解度因结构及存在状态不同而有很大差异。黄酮苷一般易溶于热水、甲醇、乙醇、吡啶、乙酸乙酯与稀碱液，难溶于冷水及苯、乙醚、氯仿中。一般游离苷元难溶或不溶于水，较易溶于有机溶剂（在乙酸乙酯中溶解度较大）与稀碱液。

2. 生物碱

生物碱类（alkaloids）大多存在于植物中，故又称为植物碱，是一类含氮的有机碱性化合物，有复杂的环状结构。氮素多包含在环内，分子中大多含有含氮杂环，如吡啶、吲哚、喹啉、嘌呤等，也有少数是胺类化合物。它们在植物中常与有机酸结合成盐而存在，还有少数以糖苷、有机酸酯和酰胺的形式存在。以未成盐碱（游离生物碱）形式存在的亲脂，以生物碱盐形式存在的亲水。能较好地溶解在氯仿、苯、乙醚、乙醇中，其显著的碱性，决定了它可以与各种酸（无机酸、有机酸）成盐。按照生物碱的基本结构，已可分为60类左右。主要类型：有机胺类（麻黄碱、益母草碱、秋水仙碱）、吡咯烷类（古豆碱、千里光碱、野百合碱）、吡啶类（菸碱、槟榔碱、半边莲碱）、异喹啉类（小檗碱、吗啡、粉防己碱）、吲哚类（利血平、长春新碱、麦角新碱）、莨菪烷类（阿托品、东莨菪碱）、咪唑类（毛果芸香碱）、喹唑酮类（常山碱）、嘌呤类（咖啡碱、茶碱）、甾体类（茄碱、浙贝母碱、澳洲茄碱）、二萜类（乌头碱、飞燕草碱）、其它类（加兰他敏、雷公藤碱）。含生物碱的中草药很多，如三尖杉、麻黄、黄连、乌头、延胡索、粉防已、颠茄、洋金花、萝芙木、贝母、槟榔、百部等，分布于100多个科中，以双子叶植物最多，其次为单子叶植物，生物碱含量一般都较低，大多少于1%。目前已发现生物碱约6000种，并且仍以每年约100种的速度递增着。

3. 多糖类

多糖（polysaccharide）又称多聚糖，由单糖通过苷键连接而成，是聚合度大于10的极性复杂大分子，基本结构单元是葡聚糖，其相对分子质量一般为数万甚至达数百万。广泛分布于动物、植物及微生物中，作为来自高等动植物细胞膜和微生物细胞壁的天然高分子化合物，是构成生命活动的4大基本物质之一。目前已发现的活性多糖有几百种，按其来源不同，可分为真菌多糖、高等植物多糖、藻类地衣多糖、动物多糖、细菌多糖5大类。

植物多糖结构组成非常复杂，不同种的植物多糖的分子构成及分子量各不相同，植物的不同部位，因功能不同，多糖的种类和功能各不相同，生物活性也不同。多糖的结构与蛋白质一样也具有一、二、三、四级结构，植物多糖是由许多相同或不同的单糖以α-糖苷键或β-糖苷键所组成的化合物，不同种的植物多糖的分子构成及分子量各不相同。淀粉、纤维素等多糖，大多为无定形化合物，无甜味和还原性，难溶于水；除淀粉、纤维素、果胶以外的具有生物活性的多聚糖，一般易溶于水，不溶于乙醇。

4. 挥发油类

挥发油（volatile oils）又称精油（essential oils），是一类在常温下能挥发的、可随水蒸气蒸馏的、与水不相混的油状液体的总称。大多数挥发油具有芳香气味，在水中的溶解度很小，但能使水具有挥发油的特殊气味和生物活性，挥发油常存于植物组织表皮的腺毛、油室、油细胞或油管中，大多数成油滴状态存在。有时挥发油与树脂共存于树脂道内（如松茎），少数以苷的形式存在（如冬绿苷，其水解后的产物水杨酸甲酯为冬绿油的主成分）。

挥发油在植物体内的分布有多种多样。有的全株植物都含有（荆芥、紫苏）；有的则在根（当归）、根茎（姜）、花（丁香）、果（柑橘）、种子（豆蔻）等部分器官中含量较多。挥发油为多种类型成分的混合物，一种挥发油往往含有几十种到一二百种成分，其中以某种或数种成分占较大的分量。其基本组成为脂肪族、芳香族和萜类化合物。挥发油中存在的萜类主要是单萜和倍半萜，通常它们含量较高，但无香气，不是挥发油的芳香成分。挥发油易溶于醚、氯仿、石油醚、二硫化碳和脂肪油等有机溶剂中，能完全溶于无水乙醇。

5. 醌类

醌类化合物（quinonoids）是植物中一类具有醌式结构的有色物质，在植物界分布较广泛，高等植物中大约有50多个科100余属的植物中含有醌类，集中分布于蓼科、茜草科、豆科、鼠李科、百合科、紫葳科等植物中。天然药物如大黄、虎杖、何首乌、决明子、丹参、番泻叶、芦荟、紫草中的有效成分都是醌类化合物。醌类化合物多数存在于植物的根、皮、叶及心材中，也有存在于茎、种子和果实中。

醌类化合物包括醌类或容易转化为具有醌类性质的化合物，以及在生物合成方面与醌类有密切联系的化合物，醌类化合物基本上具有α、β-不饱和酮的结构，当其分子中连有OH、OCH_3等助色团时，多显示黄、红、紫等颜色。主要分为苯醌、萘醌、菲醌和蒽醌四种类型，在中药中以蒽醌及其衍生物尤为重要。游离的醌类多具升华性，小分子的苯醌类及苯酮类具有挥发性，能随水蒸气蒸馏，可因此进行提取、精制。游离醌类极性较小，一般溶于甲醇、乙醇、丙酮、醋酸乙酯、氯仿、乙醚、苯等有机溶剂，不溶或难溶于水；与糖结合成苷后极性显著增大，易溶于甲醇、乙醇中，溶于热水，但在冷水中溶解度较小，几乎不溶于乙醚、苯、氯仿等极性较小的有机溶剂中。

6. 萜类

萜类化合物（terpenoid）指具有$(C_5H_8)_n$通式以及其含氧和不同饱和程度的衍生物，可以看成是由异戊二烯或异戊烷以各种方式连接而成的一类天然化合物。在自然界中广泛存在，包括高等植物、真菌、微生物、昆虫以及海洋生物，均有萜类成分存在。萜类化合物多数具有不饱和键，其烯烃类常称为萜烯，开链萜烯的分子组成符合通式$(C_5H_8)_n$，随着分子中碳环数目的增加，其氢原子数的比例相应减少。萜类化合物除以萜烃的形式存在外，多数是以各种含氧衍生物，如醇、醛、酮、羧酸、酯类以及苷等的形式存在于自然界，也有少数是以含氧、硫的衍生物存在。一般根据其构成分子碳架的异戊二烯数目和碳环数目进行分类，有半萜、单萜、倍半萜，再根据各萜类化合物中碳环的有无和数目多少分，有开链萜（或无环萜）、单环萜、双环萜（以此类推）等。萜类化合物在植物界分布很广泛，最为丰富多样的还是种子植物，尤其是被子植物。它们经常与树脂、树胶并生，似乎与生物碱相排斥。

7. 木脂素类

木脂素（lignan）又称木脂体，由两分子苯丙素衍生物（C_6-C_3）聚合而成，单体主要是肉桂酸和苯甲酸及其羟甲基衍生物，是一类植物小分子量次生代谢物，在体内大多呈游离状态，也有与糖结合成苷存在于植物的树脂状物质中。木脂素常见于夹竹桃科、爵床科、马兜铃科植物中，广泛分布于植物的根、根状茎、茎、叶、花、果实、种子以及木质部和树脂等部位。因为从木质部和树脂中发现较早，并且分布较多，故而得名木脂素。木脂素类化合物可分为两大类，即木脂素和新木脂素。木脂素类是指C_6-C_3单位通过边链的β位碳连接而成的化合物，常见的有芳基萘、二苄基丁内酯、四氢呋喃、二苄基丁烷和联苯环辛烯等类型。C_6-C_3单位不通过边链β位碳连接形成的聚合体被归为新木脂素。

木脂素多数为无色或白色结晶（新木脂素除外），多数无挥发性，少数能升华，如去甲二氢愈创酸。游离木脂素偏亲脂性，难溶于水，能溶于苯、氯仿、乙醚、乙醇等。与糖结合成苷者水溶性增大，并易被酶或酸水解。木脂素分子结构中常含醇羟基、酚羟基、甲氧基、亚甲二氧基及内脂环等官能团，具有这些官能团所具有的化学性质。具有酚羟基的木脂素还可溶于碱性水溶液中。

8.香豆素类

香豆素类化合物（coumarins）是邻羟基桂皮酸的内酯，具有芳香气味，广泛分布于高等植物中，尤其以芸香科和伞形科为多，少数发现于动物和微生物中。在植物体内，它们往往以游离状态或与糖结合成苷的形式存在。香豆素的母核为苯并α-吡喃酮。该类化合物的母核结构有简单香豆素类、呋喃香豆素类、吡喃香豆素类三种类型，是生药中一类重要的活性成分，主要分布在伞形科、豆科、菊科、芸香科、茄科、瑞香科、兰科等植物中。

游离的香豆素多数有较好的结晶，且大多有香味。香豆素中分子量小的有挥发性，能随水蒸气蒸馏，并能升华。香豆素苷多数无香味和挥发性，也不能升华。游离的香豆素能溶于沸水，难溶于冷水，易溶于甲醇、乙醇、乙腈和乙醚；香豆素苷类能溶于水、甲醇和乙醇，而难溶于乙醇等极性小的有机溶剂。

9.皂苷类

皂苷（saponins）是广泛存在于植物界的一类特殊的苷类，它的水溶液振摇后可生产持久的肥皂样的泡沫，因而得名。其是由甾体皂苷元或三萜皂苷元与糖或糖醛酸缩合而成的苷类化合物。广泛存在于植物界，在单子叶植物和双子叶植物中均有分布，尤以薯蓣科、玄参科、百合科、五加科、豆科、远志科、桔梗科、石竹科等植物中分布最普遍，含量也较高，例如薯蓣、人参、柴胡、甘草、知母、桔梗等都含有皂苷。此外，在海洋生物（如海参、海星）及其它动物中亦有发现。按皂苷配基的结构分为两类：甾族皂苷，多存在于百合科和薯蓣科植物中；三萜皂苷，多存在于五加科和伞形科等植物中。根据水解后生成皂苷元的结构，皂苷可分为三萜皂苷与甾体皂苷两大类。

皂苷大多为白色或乳白色的无定形粉末，味苦而辛辣，具吸湿性，能刺激黏膜而引起喷嚏，无明显的熔点。可溶于水，易溶于热水、热甲醇、热乙醇，不溶于乙醚、苯等极性小的有机溶剂。皂苷易溶于水饱和的丁醇或戊醇，因此常从水溶液中用丁醇或戊醇提取，借以与糖、蛋白质等亲水性成分分开。皂苷经酶或酸水解生成皂苷元为结晶状物质，可溶于丙酮、乙醚、三氯甲烷等有机溶剂。

10.强心苷类

强心苷类（cardiac glycosides）是指自然界天然存在的一类对心脏有显著生理活性的甾体苷类，可用于治疗充血性心力衰竭及节律障碍等心脏疾患，由强心苷元及糖缩合而成，其苷元是甾体衍生物，所连接的糖有多种类型。强心苷的基本结构是由甾醇母核和连在C-17位上的不饱和共轭内酯环构成苷元部分，然后通过甾醇母核C-3位上的羟基和糖缩而合成。根据苷元部分C-17位上连接的不饱和内酯环的类型分为甲型和乙型两类。甲型，是目前临床应用的强心苷，及植物体中发现的绝大多数强心苷都是属于这一类型，如洋地黄、毛花洋地黄、毒毛旋花、羊角拗、黄花夹竹桃、夹竹桃、福寿草、侧金盏花、北五加皮、铃兰、万年青等所含的强心苷。

强心苷类成分多为无色结晶或无定形粉末，味苦，对黏膜有刺激性。可溶于水、丙酮及醇类等极性溶剂，略溶于醋酸乙酯、含醇三氯甲烷（2∶1或3∶1），几乎不溶于醚、苯、石油醚等非极性溶剂。它们在极性溶剂中的溶解性，随分子中糖数目增加而增加。苷元难溶于极性溶剂而易溶于三氯甲烷、醋酸乙酯中。强心苷的苷键可被酸、酶水解，分子中具有酯键结构的还能被碱水解。

（二）微生物及其发酵液有效成分

微生物是包括细菌、病毒、真菌以及一些小型的原生动物等在内的一大类生物群体，它个体微小，却与人类生活密切相关。能够提供有效成分的主要是真核生物中的真菌与藻类，以及其它微生物的代谢（发酵）产物。来源于微生物及发酵液的有效成分主要有多糖类、酶类、抗生素类、色素类、氨基酸类、有机酸类、醇酮类、维生素类、核酸类等。现将主要成分简介如下：

1. 多糖类

微生物多糖是一类次生代谢产物。其中有些同琼脂、果胶、阿拉伯胶等一样，是一类水溶性胶体物质，具有高黏度、高水溶性、高稳定性以及安全性等性质，因而在工业上具有多方面的特殊利用价值。某些来自高等真菌的多糖具有抗肿瘤作用，医用价值很大。根据存在位置的不同，多糖可分为细胞内多糖、细胞壁多糖和细胞外多糖。微生物大量产生的多糖主要是胞外多糖。胞外多糖的种类很多，根据所含糖苷基的情况可分为同型多糖和异型多糖。同型多糖中糖苷单体只有一种，如葡萄糖苷组成的葡聚糖、果糖苷组成的果聚糖、甘露糖基聚合的甘露聚糖。植物体内的淀粉和纤维素是葡聚糖型的同型多糖。异型多糖也称杂多糖，是由两种以上（一般为2～4种）不同的糖苷基组成的聚合体。构成异型多糖的单体糖有葡萄糖、甘露糖、葡糖酸、鼠李糖、葡萄糖醛酸、甘露糖醛酸和半乳糖等。有的异型多糖含有少量丙酮酸、琥珀酸等有机酸成分，也称为酸性多糖。日常生活中常用的微生物多糖有以下几种。

(1) 黄单胞菌多糖（黄原胶） 一种典型的水溶性胶体多糖，是工业生产中产率最大的微生物多糖。由甘露糖、葡萄糖和葡糖酸（2∶2∶1）构成的杂多糖，具有增黏、稳定和互溶等物理性质。在食品工业中作为饮料、调味品、面包和罐头制品中的添加剂。

(2) 短梗酶多糖 水溶性胶类物质，由出芽短梗霉菌深层发酵产生。由葡萄糖构成的麦芽三糖为糖苷基单位，是一种同型多糖。具有良好的水溶性、黏结性、成膜性和安全性，主要用作食品、医药、化妆品等制造中的增稠剂、成型剂和黏结剂。

(3) 右旋糖酐 是一种发现较早的微生物多糖。发酵生产用菌种是肠膜明串珠菌。右旋糖酐为类似淀粉和糊精的葡聚糖物质，主要用途是在医疗中作为代血浆、动脉硬化抑制剂等，在食品加工上作为稳定剂和保湿剂等。

(4) 海藻酸 最初在海藻中提取。主要由甘露糖醛酸和古洛糖醛酸单体聚合而成。海藻酸可作为乳化剂、稳定剂和增黏剂用于食品、医药和造纸工业。其钠盐是一种通透性良好、无毒的多聚胶体物质。

其它的大型真菌主要是多孔菌和伞菌中的种类，其多糖类代谢物具有增强机体免疫力、抑制肿瘤细胞增生的抗癌作用，著名的如香菇多糖、茯苓多糖、猴头多糖、虫草多糖及银耳多糖等。

2. 氨基酸类

氨基酸是在食品、医药、饲料、化工和农业等部门中具有广泛用途的化学原料，是一类具有特殊重要意义的化合物，是与生命活动密切相关的蛋白质的基本组成单位，是人体必不可少的物质。氨基酸广泛存在于动物、植物和微生物中。

氨基酸分子中既有碱性基团—NH_2又有酸性基团—COOH，与强酸强碱都能作用生成盐，因此氨基酸为两性化合物。根据氨基酸分子中所含的氨基和羧基的数目分为中性氨基酸、碱性氨基酸和酸性氨基酸。中性氨基酸是指分子中氨基和羧基数目相等的一类氨基酸；分子中氨基的数目多余羧基时称为碱性氨基酸，氨基的数目少于羧基时称为酸性氨基酸。

氨基酸为无色晶体，熔点一般都较高（常在230～300℃之间），熔融时即可分解释放出二氧化碳。氨基酸都能溶于酸性或碱性溶液中，但难溶于乙醚等有机溶剂。在纯水中各种氨基酸的溶解度差异较大，加乙醇能使许多氨基酸从水溶液中沉淀析出。

氨基酸的发酵生产是通过微生物的代谢作用使含碳和氮的有机物转化成氨基酸，再将发酵液浓缩干燥或通过离子交换树脂将其提取出来。通过发酵法制得的是具有生化活性的L型氨基酸。大部分氨基酸几乎都可以用微生物来生产。这比人工合成或用天然蛋白质降解的方法来得容易，且效益也大大提高。谷氨酸（味精）是最早用微生物工业化生产的氨基酸。用发酵法生产的氨基酸有赖氨酸、丙氨酸、精氨酸、缬氨酸、亮氨酸、异亮氨酸、苯丙氨酸、色氨酸、苏氨酸、脯氨酸、瓜氨酸、鸟氨酸等。目前工业发酵生产的氨基酸主要如下：

(1) L-谷氨酸　生产谷氨酸的主要有谷氨酸棒杆菌、黄色短杆菌以及微杆菌中的种类。工业发酵采用大型通气搅拌发酵罐，碳源采用淀粉质原料（玉米、甘薯、小麦和马铃薯等）糖化后的葡萄糖液。尿素、氨水是良好的氮源。发酵最适温度为30～35℃，最适pH值为7.5～8。

(2) L-赖氨酸　是谷类蛋白质中不足的氨基酸，是食品和饲料中添加的必需氨基酸。赖氨酸发酵菌种是通过诱变处理获得的谷氨酸棒杆菌或黄色短杆菌的营养缺陷型突变株，人为地解除氨基酸生物合成的代谢控制机制，能大量积累赖氨酸，产量可以达到30g/L以上。

3. 抗生素类

抗生素是微生物在新陈代谢过程中产生的、以低微浓度能抑制它种微生物的生长和活动，甚至杀灭它种微生物性能的化学物质。抗生素根据作用机制可以分为以下几类。

(1) 作用于DNA合成系统的抗生素　核苷酸生物合成的抑制剂抑制dATP、dGTP、dTTP、dCTP的合成，5FU、FdUMP、叶酸拮抗剂抑制从dUMP到dTMP的生成。ara C及ara CTP抑制从dCTP生成DNA。抗癌霉素抑制DNA多聚酶。丝裂霉素、烷化剂、博来霉素、奈里酸、腐草霉素、抗原虫剂、嗜癌素、喹啉类、早妥链丝菌素以及新制癌素C（纺锤菌素、远霉素A、多色霉素等）作用于模板DNA或RNA。此外，还有抑制核苷酸生物合成的化合物：叶酸和5FU。

(2) 抑制转录反应的抗生素　利福霉素、曲张链丝霉素、链霉菌素、α-鹅膏菌素、放线菌素、柔红霉素、丰加霉素、冬虫夏草菌素等。

(3) 作用于核苷酸生物合成系统的抗生素　冬虫夏草菌素、重氮霉素A、丙氨菌素等。

(4) 抑制蛋白质合成系统的抗生素　吲哚霉素、链霉素、庆大霉素、卡那霉素、四环素等。

(5) 抑制细菌细胞壁黏肽生物合成系统的抗生素　磷霉素、D-环丝氨酸、万古霉素、杆菌肽以及β-内酰胺类抗生素等。

(6) 作用于细胞质膜的抗生素　持久霉素、青霉素、多黏菌素B、大四环抗生素、缬氨霉素、大四环抗生素以及英恩霉素等。

(7) 作用于能量代谢系统或作为抗代谢物的抗生素 抗霉素A、寡霉素、短杆菌肽S等。

就作用和产值而言，抗生素及相关的生物活性物质是微生物最重要的产品。迄今已经能够生产的有100多种，临床应用的有几十种。放线菌产生的抗生素种类最多，约占3/4。目前开发的新微生物生物活性物质目标集中在以下几个方面：抗肿瘤物质；抗耐药性金黄色葡萄球菌、大肠杆菌和结核杆菌物质、抗绿脓杆菌和变形杆菌物质、抗病毒物质、抗心血管疾病物质。

4. 色素类

色素根据溶解性能的不同可以分为水溶性的色素和油溶性的色素。水溶性的色素有柠檬黄、日落黄、苋菜红、靛蓝、亮蓝、甜菜红、花青素、玫瑰茄红、越橘红等，脂溶性的色素有胡萝卜素、辣椒红素、姜黄素、玉米黄、红曲霉色素等。微生物色素除红、橙、黄、绿、青、蓝、紫，褐和黑色之外，还有介于它们之间的各种各样颜色。这些色素有在细胞内的，有在细胞外的；有自身合成的，有转化培养基中的某些成分而形成的。总的来说，可以分为两类：①菌苔本身呈色而不渗入培养基，称为非水溶性色素；②菌苔本身呈色或不呈色，但使培养基呈色，称水溶性色素。

微生物有些色素，如细胞色素C，具有十分重要的生理功能，但许多色素的功能尚未被人们认识。在微生物中，最普遍和常见的色素是黄色和橙色色素——类胡萝卜素。所有光合微生物中都含有类胡萝卜素，如光合细菌。许多非光合微生物也含有类胡萝卜素，如红酵母菌、链孢霉菌、藤黄八叠球菌等。许多假单胞菌可以产生多种颜色的吩嗪类色素，如紫色的碘菌素、蓝绿色的绿脓杆菌素、金黄色的金色菌素等。真菌的色素种类也很多，一种真菌往往可以产生不止一种色素。色素的主要成分是甲苯醌、萘醌和咄吨酮等类型的衍生物。

色素是一种次生代谢产物，一般是在菌体生长后期开始合成，其合成过程可能是在培养基中缺乏某种营养物质，菌体的生长过程受到限制时被启动的。一般是菌体生长繁殖过程中不需要的物质，菌体失去合成这种物质的能力后照常生长。

5. 酶类

目前用微生物生产的酶有数百种，其中大部分是水解酶（碳水化合物水解酶、蛋白酶、脂肪酶等)、氧化酶、转化酶、异构酶等，均已大规模生产和应用。分子生物学上广泛使用的工具酶（限制性内切酶、聚合酶、连接酶等）大都来源于微生物。目前我国已经能用发酵法大规模生产工业上所需要的酶及部分工具酶。

微生物由于催化自身代谢的需要，能合成种类繁多的酶。酶具有催化各种生化反应的功能。酶在化工、食品、酿造、医药、纺织和制革等工业上用途很广。利用微生物的工业发酵可以生产各种酶产品。

酶是生物细胞产生的一类具有高度催化活性的蛋白质，其催化能力比无机催化剂要高出几万倍甚至几亿倍。在生产上应用酶来催化各种反应，同使用无机催化剂相比具有许多优点，如作用快，生产周期短，转移性强，副产物少，产物易提纯；代替强酸强碱的催化作用，不污染环境等。目前酶制剂已经成为工业上的一项新兴产品，在食品、化工、医药、纺织、造纸、农林以及生物科学研究等领域有着广泛的用途。

氧化还原酶类如脱氢酶和过氧化物酶；转换酶类如转氨酶和转磷酸酶等；水解酶类如淀粉酶、纤维素酶、脂酶和蛋白酶等；裂解酶类如脱羧酶、脱氨酶和DNA内切酶等；异构酶类如葡萄糖异构酶和磷酸丙糖异构酶等；连接酶类如DNA连接酶等。

6. 维生素类

维生素是维持细胞生长和正常代谢所必需的微量有机化合物。在化学结构上不属于同一类化合物，脂肪族、芳香族、脂环族、糖苷和杂环类等化合物都有。虽然结构不同，生理功能各异，但也有以下几点共同点：以本体形式或可被利用的前体形式存在于天然食品中；多数不能在体内合成，也不能大量储存在组织中；不是构成各种组织的原料，也不提供能量；常以辅酶或辅基的形式参与酶功能；有的维生素结构和生物活性相近，如吡哆醇、吡哆醛、吡哆胺等。

维生素根据溶解性能可分为两大类：脂溶性和水溶性维生素。脂溶性的维生素包括维生素A、维生素D、维生素E、维生素K，它们不溶于水而溶于脂肪及有机溶剂中，在食物中常与脂类共存；水溶性维生素包括B族维生素和维生素Co一般无毒性，容易在体内被代谢出。用微生物生产的维生素有核黄素、β-胡萝卜素、维生素B_2、维生素B_6、维生素B_{12}、维生素C等。

7. 其它类

(1) 有机酸　目前用微生物工业化生产的有机酸有柠檬酸、醋酸、葡糖酸、葡萄糖酸、丁烯二酸、曲酸、乌头酸、苹果酸、α-酮戊二酸、衣康酸、乳酸、酒石酸、延胡索酸等。它们中的大多数是重要的化工原料。

有机酸具有超过抗生素的多种作用，其中包括降低pH值和增强胰腺分泌。作为一类化学物质，它们都有共同的结构RCOOH。

(2) 醇酮类　乙醇、丁醇、丙酮等化工原料都可利用微生物来生产。

(三) 海洋天然产物有效成分

海洋占地球表面积的71%，生物量约占地球生物总量的87%，生物种类20多万种，是地球上最大的资源能源宝库，目前人们对海洋生物的认识仍相当有限，利用率仅1%左右。到目前为止海洋天然产物有效成分主要有甾醇、萜类、皂苷、不饱和脂肪酸、多糖和糖苷、大环内酯、聚醚类化合物和多肽等。现将主要成分简介如下：

1. 甾醇

甾醇是脂肪不能被皂化部分分离得到的饱和或不饱和的仲醇，无色结晶，几乎不溶于水，但是易溶于有机溶剂。甾醇在C-3上—OH都是β型，在天然界中以游离醇或高级脂肪酸酯形式存在。

自1970年从扇贝中提取出24-失碳-22-脱氧胆甾醇以及发现珊瑚甾醇后，海洋甾醇的研究进展十分迅速。现已发现大量结构独特的甾醇，它们主要分布在硅藻、海绵、腔肠动物、被囊类、环节动物、软体动物、棘皮动物等海洋生物体内，尤以海绵类为多。从海绵（*Petrosia weinbergi*）中分离出两种新的甾醇硫酸盐，都具有体外抗猫白血病毒作用，其半数效应浓度（EC_{50}）分别为4.0g/mL和5.2g/mL，后者还显示出体外抗HIV作用。

2. 萜类

萜类（terpenes）是一类天然的烃类化合物，其分子中具有异戊二烯（isoprene）的基本单位。通式为$(C_5H_8)_n$。海洋萜类化合物主要来源于海洋藻类、海绵和珊瑚动物，包括单萜、倍半萜、二萜、二倍半萜、呋喃萜等类型。

大多数海洋单萜化合物都含有较多卤素，这是其独特的结构特点。海洋倍半萜常见于红藻、褐藻、珊瑚、海绵等。红藻倍半萜的生源主要有两个：一是以顺反-法尼醇焦磷酸酯为前体，经没药烷（bisabolane）衍生而来；二是以反、反-法尼醇焦磷酸酯为前体，经吉马烷（germacrane）等十元环中间体衍生而来。Scheuer 等从海绵 *Luffariella variabilis* 中提取到的抗微生物活性物质 manoalide 是一种倍半萜化合物，药理研究表明，该化合物有良好的镇痛、抗炎活性，是磷脂酶 A_2（PLA_2）的强效不可逆抑制剂，能干扰磷脂膜释放类二十烷酸类物质，因而有望成为治疗由 PLA_2 或类十二烷酸引起的皮肤病的新药。

海洋二萜化合物的化学结构变化比倍半萜更多，其生物合成前体被认为是牻牛儿基牻牛儿醇焦磷酸酯。二倍半萜是由 5 个异戊二烯单位聚合而成，主要存在于海绵动物中。从 *Ircinia* 属海绵中发现的 suvanine 是一种三碳环二倍半萜，它在 10μg/mL 浓度下即有毒鱼作用，因此可能是海绵的防卫物质之一。C_{21} 呋喃萜是一类结构特殊的萜类，目前仅在海绵中发现，从生物合成的观点来看，它们可能是由二倍半萜降解而来的。

3. 皂苷

许多陆地植物含有皂苷，而动物界中只有海洋棘皮动物的海参和海星含有皂苷，皂苷是它们的毒性成分。皂苷（Saponins）又称皂素、皂甙，它的水溶液振摇后可生产持久的肥皂样的泡沫，因而得名。根据皂苷水解后生成皂苷元的结构，可分为三萜皂苷（triterpenoidal saponins）与甾体皂（steroidal saponins）两大类。

海参皂苷均为羊毛脂甾烷型三萜皂苷，其苷元都具有相同的母核海参烷（holostane）。从无足海参（*Holothuria leucospilota*）内脏提取的多种海参皂苷称玉足海参素，制成含渗透剂的软膏，临床治疗皮肤癣菌病，效果较好。

海星皂苷元均为甾体，包括孕甾烷型和胆甾烷型，前者如海星甾酮即海星皂苷元Ⅰ（asterosapogenin Ⅰ），后者如玛沙海星甾酮和二氢玛沙海星甾酮，它们是最先确定结构的海星皂苷元。而组成糖原部分的单糖主要有鼠李糖、岩藻糖、奎诺糖、木糖、半乳糖和葡萄糖。海星皂苷大多具有抗癌、抗菌、抗炎等生理活性，其溶血作用比海参皂苷更强。

4. 不饱和脂肪酸

不饱和脂肪酸（unsaturated fatty acid）是构成生物体脂肪的一种脂肪酸，是人体必需的脂肪酸。不饱和脂肪酸根据双键个数的不同，分为单不饱和脂肪酸和多不饱和脂肪酸两种。单不饱和脂肪酸有油酸，多不饱和脂肪酸（polyunsaturated fatty acids）指含有两个或两个以上双键且碳链长度为 18～22 个碳原子的直链脂肪酸，有亚油酸、亚麻酸、花生四烯酸等。通常分为 omega-3 和 omega-6，在多不饱合脂肪酸分子中，距羧基最远端的双键在倒数第 3 个碳原子上的称为 omega-3；在第六个碳原子上的，则称为 omega-6。

多不饱和脂肪酸主要来源于海洋生物，如二十碳五烯酸（eicosapaentenoic acid，EPA）、廿二碳六烯酸（docosahexenoic acid，DHA）、十八碳三烯酸（octadecatrienoic acid）等。DHA 具有抗衰老、提高大脑记忆、防止大脑衰退、降血脂、降血压、抗血栓、降血黏度和抗癌等多种作用。EPA 则用于治疗动脉硬化和脑血栓，还有增强免疫功能和抗癌作用。此外，从鲨鱼、海兔、鲸鱼、海马等体内也获得多种不饱和脂肪酸。实验表明，它们均具有一定的药理活性。

5. 多糖和糖苷

多醣由多个单糖分子脱水聚合而成，可呈直链或者有分支的长链，是一种分子结构复杂且庞大的糖类物质。其通式为（$C_6H_{12}O_6$）$_x$。基本结构单元是葡聚糖，其相对分子质量一般为数万甚至达数百万。而糖苷是单糖半缩醛羟基与另一个分子（例如醇、糖、嘌呤或嘧啶）的羟基、氨基或巯基缩合形成的含糖衍生物。

多糖和糖苷参与体内细胞各种生命现象的调节，能激活免疫细胞，提高机体免疫功能，而对正常细胞无毒副作用。具有开发潜力的海洋多糖化合物，包括螺旋藻多糖、微藻硒多糖、紫菜多糖、玉足海参黏多糖、海星黏多糖、扇贝糖胺聚糖、刺参黏多糖、硫酸软骨素、透明质酸、甲壳质及其衍生物等。

6. 大环内酯

大环内酯，或称巨环内酯，是一组其作用在于结构内的“大环”的药物（一般都是抗生素），这个大环亦即是一连接一个或多个脱氧糖（多是红霉糖及脱氧糖胺）的内酯环。内酯环可以是由 14、15 或 16 个单元组成。大环内酯属于天然产物中的多烯酮类。大环内酯化合物大多具有抗肿瘤抗菌活性。在海洋生物中，其主要分布于蓝藻、甲藻、海绵、苔藓虫、被囊动物、软体动物及某些海洋菌类中。

从红海产的海绵中分离到的 latrunculin A 和 latrunculin B 有很强的杀鱼作用；海兔的污秽毒素（aplysiatoxin）及脱溴秽毒素（debromoaplysia toxin）具有抗癌作用，它们都属于大环内酯类化合物。Moore 等从蓝藻伪枝藻属（*Scytonema pseudohofmauni*）中分离鉴定出 5 种大环内酯化合物：Scytophycin A、Scytophycin B、Scytophycin C、Scytophycin D 和 Scytophycin E，它们都具有很强的细胞毒性和抗菌活性。

另一类大环内酯除疟霉素（aplasmomycin）是从浅海淤泥中分离出的灰色链球菌（*Streptomyces griseum*）所产生的一类抗生素，体外试验表明其具有抑制革兰阳性菌作用，体内试验则有抗疟作用。

7. 聚醚化合物

许多海洋毒素都属于聚醚化合物，聚醚类毒素是一类化学结构独特、毒性强烈并具有广泛药理作用的天然毒素，目前已发现的聚醚类毒素按其化学特征可归纳为 3 类：脂链聚醚毒素类、大环内酯聚醚毒素、梯形稠聚醚毒素。

岩沙海葵霉素（palytoxin，PTX），为最早开展研究的聚醚毒素，最初发现于剧毒岩海葵，相对分子质量为 2678.6，分子式 $C_{129}H_{223}N_3O_{54}$，1982 年发现了其全部立体结构，证明此类毒素是一些不饱和脂肪链和若干环醚单元构成的含有 64 个不对称手性中心的复杂有机分子，故其属于脂链聚醚毒素类。PTX 至今仍是已知结构的非肽类天然生物毒素中毒性最强和结构最复杂的化学物质。

刺尾鱼毒素（matiotxin，MTX），是由岗比甲藻类产生，经食物链蓄积于刺尾鱼体内的一类结构独特的海洋生物毒素，是从海洋生物中分离得到的一些含有醚环结构的大环聚醚内酯化合物，是已知最大的天然毒素之一，为一种高极性化合物，可溶于水、甲醇、乙醇、二甲基亚砜，不溶于三氯甲烷、丙酮和乙腈。

西加毒素（ciguatoxin，CTX），其化学结构极为特殊，其分子骨架全部由一系列含氧 5～9 元醚环邻接稠合构成，整个骨架具有反式/顺式的立体化学特征。分子式为 $C_{60}H_{80}O_{19}$，相对分子质量为 1112，分子中有 6 个羟基，5 个甲基和 5 个双键。该毒素是一种高毒素性化合物，属于梯形稠聚醚毒素，并为此类中结构最复杂、毒性最强的一类化合物。

8. 多肽类

生物体内的活性肽是介于氨基酸与蛋白质之间的分子聚合物，它小至由 2 个氨基酸组成，大致有数百个氨基酸通过肽键连接组成，具有十分重要的研究价值和生理学意义。肽类主要分为以下两种形态。

线形肽（liner peptides）一般按照其分子量或所含氨基酸个数的不同，加以分类。早期海葵中的多肽就按照分子量及药理活性的不同分为4类：①M_r＜3000，主要包含作用于Na^+通道的毒素；②4000＜M_r＜6200，主要包含作用于Na^+通道的毒素；③6000＜M_r＜7000，与哺乳动物体内获得的具有同源性毒素；④M_r＞10000包括大部分细胞毒素。

环肽（cyclo peptides）按照其环的个数与类型可分为单环环肽、双环环肽、假环肽。单环环肽内通常只有氨基酸之间的肽键，其中的氨基酸一般不与其它杂原子成键，故只有1个环；双环环肽内含有1个或几个成桥的氨基酸。但为人所知的这种结构的环肽，目前数量还很少。

第二部分　天然产物生产单元实操技术

模块一　提取实操模块

入门环节　溶剂回流法提取茶多酚

行业分析

1. 茶多酚性质及应用状况分析；
2. 茶多酚生产厂家及市场产品规格介绍；
3. 天然产物有效成分提取技术进展；
4. 溶剂回流提取法技术特点。

学习目标

能力目标

1. 能根据订单要求分解生产任务；
2. 用相关方法和设备实现溶剂回流提取茶多酚；
3. 检测计算提取效率。

知识目标

1. 茶多酚性质；
2. 回流提取方法技术要点；
3. 回流提取设备使用方法；
4. 水浸出物含量检测方法。

素质目标

1. 通过真实工作任务，激发学生求知欲；
2. 通过回流提取方法设计，培育学生创新意识；
3. 拥有成本意识、节约意识；
4. 勤勤恳恳做事、踏踏实实做人职业素质。

学习引导

目标要求

1. 根据茶多酚性质设计提取方法；
2. 根据提取操作流程，分析影响提取效率因素；
3. 溶剂回流提取茶多酚操作要点；
4. 做好实验操作记录及现象分析。

做什么？

1. 根据已签订单，分解操作流程；
2. 按照流程，回流提取茶多酚。

怎么做？

1. 查阅文献
- ➢ 了解茶提取物主要成分；
- ➢ 了解天然产物常规提取方法；
- ➢ 分析茶多酚性质，筛选茶多酚经典提取方法；
- ➢ 设计提取路线。

2. 按照设计路线，分工合作
- ➢ 按照要求准备实验原料；
- ➢ 检查实验装置，并调试搭建；
- ➢ 按照流程进行有序操作；
- ➢ 做好实验记录，分析实验现象；
- ➢ 提取效率检测分析。

3. 实验情况，交流汇报
- ➢ 实验进展及收获心得制成 PPT，班后总结；
- ➢ 按照规定格式，将实验操作全程以“word”文档进行工作汇报。

【班前例会】

回流提取技术

回流提取是用乙醇等易挥发的有机溶剂对原料成分进行提取，当浸出液在提取罐中受热后蒸发，其蒸汽被引入到冷凝器中再次冷凝成液体并回流到提取罐中继续进行浸取原料，这样周而复始，直至有效成分回流提取完全的方法。由于浸出液在提取罐中受热时间较长，受热易破坏的原料成分的浸出不适用于该方法。

一般小量操作时，可将药材粗粉装入大小适宜的烧瓶中（药材的量为烧瓶容量的1/3～1/2)，加溶剂使其浸过药面1～2cm高，烧瓶上接一冷凝器，实验室多采用水浴加热，沸腾后溶剂蒸汽经冷凝器冷凝又流回烧瓶中。如此回流1h，滤出提取液，加入新溶剂重新回流1～2h。如此再反复两次，合并提取液，蒸馏回收溶剂得浓缩提取物。此法提取效率较冷渗法高，但溶剂消耗量大，操作麻烦，大量生产中较少被采用（大量生产中多采用连续提取法）。

为了弥补回流提取法中需要溶剂量大、操作较繁的不足，可采用循环提取法。实验室常用脂肪提取器或称索氏提取器。应用挥发性有机溶剂提取中草药有效成分，不论小型实验或大型生产，均以连续提取法为好，而且需用溶剂量较少，提取成分也较完全。连续提取法，一般需数小时（6～8h）才能提取完全，遇热不稳定易变化的成分也不宜采用此法。图1-1是实验室热回流提取与循环提取装置图。

回流提取法本质上是浸渍法，可分为热回流提取和循环提取，其工艺特点是溶剂循环使用，浸取更加完全。缺点是由于加热时间长，故不适用于热敏性物料和挥发性物料的提取。生产中进行回流提取的装置是多功能提取罐，图1-2是多功能中药提取罐和回流提取工艺示意图。

目前，国内中药提取生产技术及装备落后，普遍采用传统的提取工艺，主要有以下几

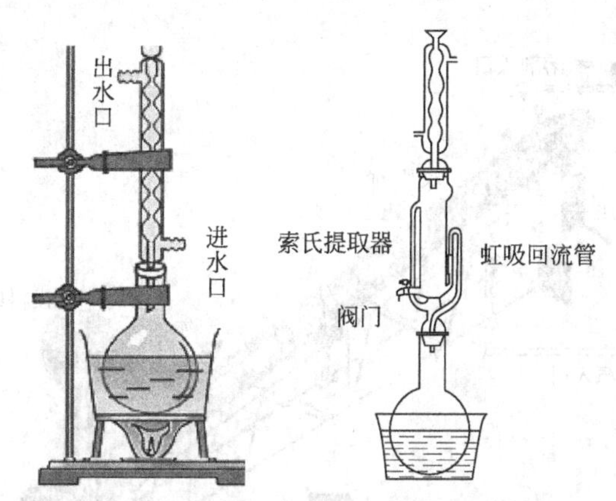

图 1-1　热回流提取与循环提取装置图

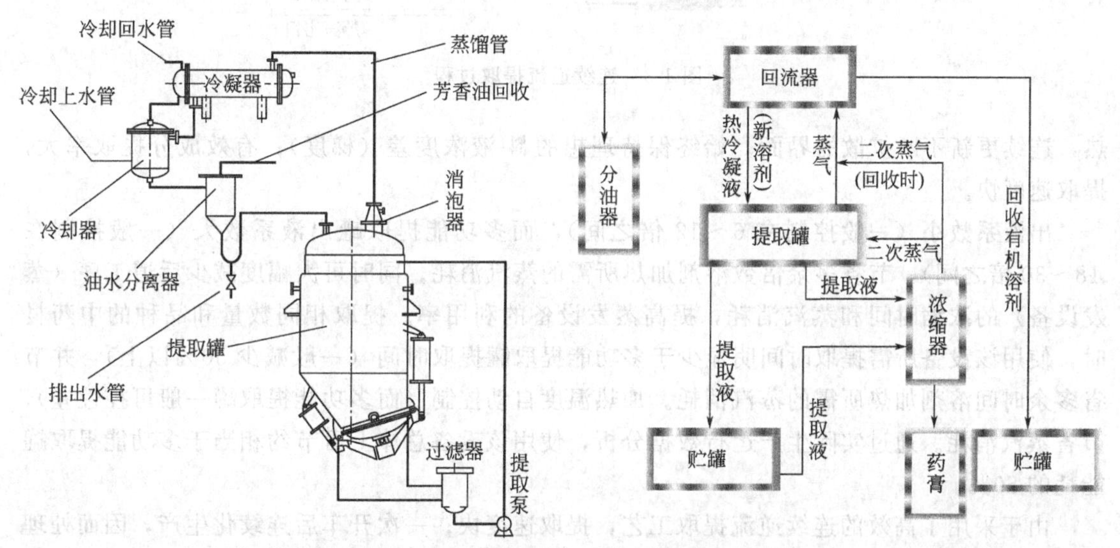

图 1-2　回流提取罐与回流提取工艺示意图

种：煎煮提取、循环回流提取、渗漉提取、逆流罐组提取等。都是在封闭单元中完成浸出，随着浸出过程进行，浸出液浓度加大，物料浓度减小（指物料中可溶性物质浓度），浸出速率的速度减慢，并逐步达到一定平衡状态。因此要保持一定的浸出速率，必须更新溶剂以替换已近饱和的浸液。这些工艺还存在着难以避免的缺陷：提取率低，药材浪费大；提取时间长；出液系数大，加重后续处理负担，能耗较高；批间差异较大；属于间歇操作，劳动条件较差。

该设备的设计基于高效的连续逆流浸出原理，主体设备由螺旋送料器、螺旋推进式连续逆流浸出舱（外设蒸汽加热夹套）、独特设计的连续固-液分离机构、连续排渣机构及传动机构构成，并可以选择配备先进的计算机智能控制。该设备实现连续逆流提取过程如图 1-3。

待提取固体物料（中药材或天然植物）从送料器上部料斗加入，由螺旋送料器不断地送至浸出舱低端，浸出舱中螺旋推进器将固体物料平稳地推向高端过程中，有效成分被连续地浸出，残渣由高端排渣机构排出；同时溶剂从浸出舱高端进入，渗透固体物料走向低端过程中浓度不断加大，提取液经浸出舱低端固-液分离机构导出。

在整个提取过程中，计算机全程自动控制，固体物料和溶媒始终保持相对运动并均匀受

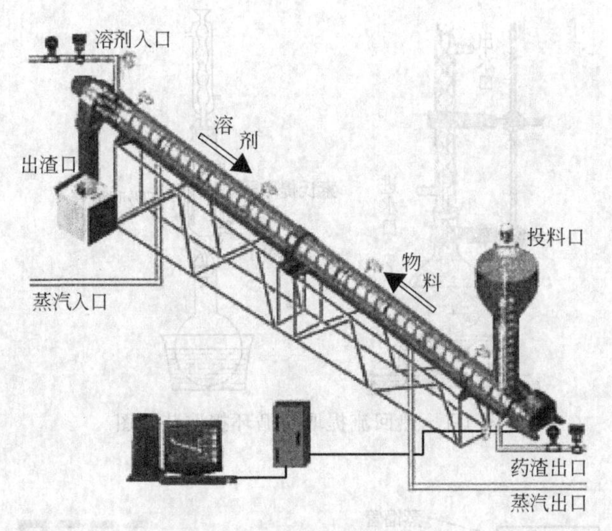

图 1-3 连续逆流提取过程

热，连续更新不断扩散的界面；始终保持理想的料-液浓度差（梯度）；有效成分提取率大，提取速度快。

出液系数小（一般控制在 6～12 倍之间），而多功能提取罐出液系数大（一般控制在 18～30 倍之间），节省多余倍数溶剂加热所需的蒸汽消耗。同时可大幅度减少后道工序（蒸发设备）的浓缩时间和蒸汽消耗，提高蒸发设备的利用率。提取相同数量和品种的中药材时，使用该设备所需提取时间明显少于多功能提取罐提取时间（一般减少 50%以上），并节省多余时间溶剂加热所需的蒸汽消耗。加热温度自动控制（而多功能提取罐一般可控性差），节省蒸汽消耗。通过实际生产运行数据分析，使用该设备总体上可节约相当于多功能提取罐能耗的 50%。

由于采用了高效的连续逆流提取工艺，提取速度快；一次开车后连续化生产，因而处理能力大、效率高。免除了多功能提取罐间歇生产过程中加料、预热、换溶剂、出渣等工序所花费的额外时间。以浸出舱容积为 $0.8m^3$ 的 NLTQ-A40 型设备为例，运行 10 天可处理 28t 原料药材（提取时间 180min），相当于 2 个 $6m^3$ 多功能提取罐。

【任务分解】

茶多酚生产技术

茶多酚是茶叶中儿茶素类、丙酮类、酚酸类和花色素类化合物的总称。可分为黄烷醇类、羟基-4-黄烷醇类、花色苷类、黄酮类、黄酮醇类和酚酸类等。其中以儿茶素最为重要，约占多酚类总量的 60%～80%；儿茶素类主要由 EGC、DLC、EC、EGCG、GCG、ECG 等几种单体组成。茶多酚在茶叶中的含量一般在 15%～20%。在茶多酚中各组成分中以黄烷醇类为主，黄烷醇类又以儿茶素类物质为主。儿茶素类物质的含量约占茶多酚总量的 70%左右。茶多酚为棕黄、淡黄或淡黄绿色粉末，且具有涩味，安全无毒；易溶于水、甲醇、乙醇、丙酮、乙酸乙酯等有机溶剂，微溶于油脂，不溶于氯仿；在 pH3～7 稳定，遇强碱、强酸、光照、高热及过渡金属易变质。略有吸湿性，易被氧化成棕色，水溶液在碱性条件下易氧化褐变。茶多酚是酚类衍生物，呈弱酸性（pH≈6）。

目前从茶叶中制备茶多酚的方法主要分三类：溶剂萃取法，离子沉淀法和柱色谱法。

溶剂萃取法是利用茶多酚易溶于水、乙醇、甲醇、丙酮、乙醚、乙酸乙酯等溶剂而不溶于氯仿性质，直接将其从茶叶中分离而出。工艺为：

茶叶浸提→过滤→有机溶剂脱色、脱咖啡碱→乙酸乙酯萃取→回收溶剂→干燥→茶多酚

离子沉淀法是利用茶多酚能与某些金属离子络合生成沉淀物的特点，使其在浸提液中与其它物质分离而出，从而得到纯度较高的茶多酚。目前常用金属离子 Al^{3+}、Zn^{2+}、Ca^{2+}。工艺为：

茶叶原料→沸水提取→过滤→沉淀→酸转溶→萃取→浓缩→干燥→茶多酚粗品

柱色谱法制备茶多酚，工艺为：

茶叶→热水浸提→过滤→柱色谱→解析→浓缩→干燥→茶多酚粗品

三个工艺的起始共有环节都是浸提，浸提的方法有溶剂回流提取、超声波提取、微波辅助提取等。

生产订单：茶多酚 500kg。产品规格：TP＞45％，caf＜10％，水分＜3％，灰分＜2％，国标检测。价格：100 元/kg。

【边做边学】

溶剂回流提取茶多酚

1. 材料准备

绿茶，乙醇，蒸馏水；恒温电热套，圆底烧瓶（磨口），球形冷凝器，铁架台，酒精计，漏斗，滤纸，滤布，烧杯，量筒，玻棒等。

2. 操作流程

称取茶叶 50g→揉碎→圆底烧瓶→600mL 65％乙醇→恒温回流提取 60min→趁热过滤→滤渣→等滤液体积 65％乙醇→恒温回流提取 45min→趁热过滤→合并滤液→冷却后量体积→标识贮藏备用

3. 关键技术

➢ 茶叶与乙醇加入圆底烧瓶的次序，建议先适当预热乙醇，倒出 1/5 体积后再投入茶叶；

➢ 提取装置整体搭建美观，安装顺序从下往上，若水源龙头不多，可用乳胶管在冷凝管中封满凉水冷凝；

➢ 回流提取时间从提取溶剂沸腾回流开始计时；

➢ 第二次加入乙醇体积不用再按液固比为 12∶1(mL/g) 比例，滤出多少补充多少，但务必尽量滤尽；

➢ 过滤最好趁热进行，量取体积等到滤液冷却后；

➢ 按顺序拆除实验器具，洁净并放回原处，茶渣丢进垃圾桶。

4. 记录要点

✓ 材料用量；

✓ 两次回流提取始末时间；

✓ 提取滤液体积。

5. 教师讲解：影响回流提取效率的因素

（1）溶剂选择　不同的溶剂具有不同的极性，不同的化学成分由于极性的不同具有不同溶解性。常用溶剂中，甲醇、乙醇、丙酮等由于分子小，含有羟基或羰基，*E* 值（介电常数）较大，属亲水性溶剂；而石油醚、苯、乙醚、氯仿、乙酸乙酯等含非极性部分多，*E* 值

较小，属亲脂性有机溶剂。这些常用溶剂的亲脂性强弱的顺序为：石油醚>苯>氯仿>乙醚>乙酸乙酯>丙酮>乙醇>甲醇>水。

在有效成分的提取中，一般将溶剂分为水、亲水性溶剂和亲脂性溶剂。水是典型的强极性溶剂，对组织的穿透能力强，提取效率高，在生产上使用安全，被广泛应用。另外，在实际工作中，为了能使某些成分溶出，常常使用酸水或碱水进行提取。亲水性有机溶剂是指几种与水可混溶的有机溶剂，这类溶剂对细胞穿透力较强，且能诱导非极性物质产生一定的偶极距，从而使这类物质的溶解度增加，提取成分比较全面。例如，乙醇溶液具有水和醇两者的提取性能，既能用来提取极性成分，又可用来提取某些亲脂性成分。如果改变乙醇的浓度，更可以广泛用于提取植物中的许多有效成分，例如95%乙醇适宜提取生物碱、挥发油、树脂、叶绿素等，60%～70%乙醇适宜提取苷类，40%～50%乙醇适宜提取强心苷和鞣质，20%～30%乙醇适宜提取生物碱盐和蒽醌。

亲脂性有机溶剂包括石油醚、苯、乙醚、氯仿、乙酸乙酯等与水不相混溶的有机溶剂。这类溶剂的沸点较低，浓缩回收方便，选择性强，容易得到纯品。但这类溶剂挥发性大，损失较多，有的易燃，有的有毒，价格昂贵，而且它们的亲脂性强，不易透入到组织内，提取时间较长，用量较大。

(2) 原料的粒度　粉碎是天然产物前处理过程中的必要环节，通过粉碎可增加药物的表面积，促进药物的溶解和吸收，加速药材中有效成分的浸出。但粉碎过细，药粉比表面积太大，吸附作用增强，反而影响扩散速度。尤其是含蛋白、多糖类成分较多的中药，粉碎过细，用水提取时容易产生黏稠现象，影响提取效率。原料的粉碎度应该考虑选用的提取溶剂和药用部位，如果用水提取，最好采用粗粉，用有机溶剂提取可略细；原料为根茎类最好采用粗粉，全草类、叶类、花类等可用细粉。

(3) 提取的温度　温度增高使得分子运动速度加快，渗透、扩散、溶解的速度也加快，所以热提比冷提的提取效率高，但杂质的提出也相应有所增加。另外，温度也不可以无限制增高，过高的温度会使有些有效成分氧化分解遭到破坏。一般加热到60℃左右为宜，最高不宜超过100℃。

(4) 提取的时间　在药材细胞内外有效成分的浓度达到平衡以前，随着提取时间的延长，提取出的量也随着增加。所以，提取的时间没必要无限延长，只要合适，提取完全就行。一般来说，加热提取3次，每次1h为宜。

(5) 料液配比（或溶剂用量）　溶剂用量是提取过程中的一个重要因素，如果用量过小，提取率低，会损失大量的有效成分，但是如果用量过大，则会给浓缩工作带来负担。一般按照1∶8或1∶10等，具体要根据实际情况而定，它比温度和时间对提取效率的贡献率要低些。

(6) 提取次数　提取次数对提取效果也有影响，许多都采用一次提取的方法，并取得较好的效果。若进行多次提取，提取次数以不超过4次为宜，通常2～3次。

以上各种影响因素并不是相互独立、互不干扰的，它们往往交织在一起，共同对天然产物有效成分的提取起作用。因此在实际工作中，不但要考察各个因素单独的影响，更要考虑各因素影响的优先性及其综合性，这样才能确定出最佳的因素组合，提高效率。

6. 文献推荐

[1] 杨贤强，王岳飞，陈留记等. 茶多酚化学. 上海：上海科学技术出版社，2003.

[2] 中国期刊全文数据库，以关键词检索“茶多酚”及“提取”，寻找文献。

[3] 在百度或谷歌中搜索“茶多酚提取”，查看相关文献。

【班后总结】

课程博客上回顾与总结

首先老师要建立本门课程的网络博客，如本课程的博客为 www.chalaoban.com；其次老师在课后要及时对这次单元学习情况进行总结，如学生学习溶剂回流提取茶多酚技术的总体情况，有哪些值得表扬，哪些需要改进，同时附上同学们在操作过程中的情景照片，并加上评注；再次针对单元实操过程提出一两个问题要求学生进行讨论或回答；最后学生在留言板上写下自己的心得体会，以及对教师还有什么要求，同时讨论或回答教师留下的问题，畅所欲言。

学生上这次课的情况一般是这样：

➢ 安排不好操作的时间，同学间协作不够，导致实训延期；

➢ 上课前预习得不够充分，或压根就没有预习，如何根治这个问题，值得研究；

➢ 学生往往不会利用校园网网络查阅与筛选有关“茶多酚提取”方法的文献；

➢ 提取操作时对流程领会不够，如为什么要预热乙醇，为什么要趁热过滤等。

问题讨论：

✓ 乙醇提取茶多酚与水提取，提取液的成分有什么区别？

✓ 如何将实验室的提取装置与企业生产相衔接？

学生博客上留言特点：

✓ 体会较浅，比较简单，言不达意；

✓ 问问题问不到点子上，如“趁热过滤太烫怎么办”；

✓ 有的同学不能及时登录博客，临时 copy 别的同学留言。

【工作汇报】

轮值组长书面汇报单元任务完成情况

为减轻学生压力，多点动手操作时间，每次当班任务完成以后，只需每组的轮值组长以书面形式对当班任务完成情况进行汇报。本单元任务书面汇报内容包括如下部分：

✓ 茶多酚生产提取技术简介；

✓ 溶剂回流提取方法的特点及应用范围；

✓ 结合课程博客，叙述同学们上课的实际情况及需要改进的地方；

✓ 若要完成订单任务，还需要学习哪些单元生产技术等。

【视野拓展】

提取原料的前处理技术

原料在提取操作之前，需要进行一定的处理，以便确保原料的质量和获得更好的提取效率。常规的前处理方法有，除杂、干燥、粉碎、发酵、脱脂及水解等。提取原料的前处理技术，主要根据原料的组织和细胞结构、提取成分的性质和生物学活性，采取适宜的方法进行处理。如油菜花粉的细胞壁比较坚硬，进行有效成分的提取前，必须进行破壁处理；葡萄籽中原花青素的提取，一般需要对葡萄籽进行脱脂和粉碎处理；某些原料的有效成分易挥发，需要进行阴干处理后立即蒸馏提取；还有某些原料的有效成分易被酶解，提取前需要钝化酶的活性等。

1. 原料的挑选与净制

提取原料中除了规格往往不一致外，还常含有杂物，如泥沙、非有效成分富集部位组织等，提取前需要进行挑选与净制处理。对于采收时处于新鲜状态的原料，最好立即进行挑选与净制，因为在新鲜状态材料组织完好，除杂与净制时损失较小，某些原料分割容易，洗涤也比较彻底，尤其是海洋生物。对于中药材类的植物原料，常用风选、水选、筛选等方法进行挑选，用剪、切、刮、削、剔除、刷、擦、碾、撞、抽、压榨等方法达到净制目的。对于干燥的原料，有时注意挑选混在其中的霉烂品、虫蛀品。

2.原料的干燥

原料的干燥目的主要是为了便于贮藏与运输，同时也为后期有效成分的提取创造条件，有时还起到保护或富集有效成分的作用。原料干燥在客观上破坏了细胞完整结构，如细胞壁破损、原生质膜通透性增加等，有利于有效成分的浸出。另外，原料干燥后，因水分的丢失，导致许多正常的化学反应不能正常进行，有效成分的转化也不易进行，从而起到保护作用。但不同原料干燥方法应有所区别，不能一概而论，如富含对热不稳定有效成分的原料，应采取风干方法，以便干燥时减少对成分的破坏。同时由于这种干燥方式不激烈，细胞完整性破坏轻微，冷浸或渗漉法很难浸出有效成分。

3.原料的切割与粉碎

原料切割是一种较低程度的粉碎方式，根据原料的特点，可在干燥前进行，如水产生物，也可在干燥后进行，如草本原料，其目的就是便于后期有效成分的浸出操作，与粉碎目的一致。

原料粉碎主要为了增加原料的表面积，初步破坏原料组织细胞的完整性，提高有效成分的浸出率。原料粉碎程度一般由原料的种类和性质决定，通常以不妨碍后期浸提的过滤为原则。草本类原料或叶类原料可以粉碎得粗大些，由于没有坚硬的组织结构，干燥时细胞完整性破坏较严重，溶剂比较容易渗透，浸出效果较好。但考虑的体积较大，溶剂消耗量较多，必须进行适当粉碎。而对于组织结构坚硬，溶剂渗透较差的原料，如较硬较粗的根茎类植物组织、水产品骨骼等原料，在不影响提取过滤的前提下，粉碎得越细越好。

4.原料细胞的破壁

提取原料细胞破壁处理的目的主要是针对那些组织细胞壁较厚或坚硬的原料，溶剂难以渗透进入，导致有效成分浸出率较低，破壁后提高有效成分的浸出效率，特别是对于大分子成分提取率的提高更为明显。经过破壁处理的原料组织可能外观上还是比较大，但微观结构上细胞壁有不同程度的破损或破碎，这与细胞级超微粉碎不太一样。需要进行破壁处理的原料主要是花粉类组织及酵母类微生物等，破壁的技术主要有机械破壁和生物破壁，如真空气流植物细胞破壁、发酵破壁等。

5.原料脱脂处理

原料进行脱脂处理的主要目的是两个方面：一是原料中油、脂或蜡的存在，阻止溶剂的渗透，导致浸出效率降低，二是提取的有效成分为水溶性成分，油脂类物质的存在给后来的分离带来不便等。需要脱脂处理的原料主要为某些革质的叶类药材，更多的是富含油脂的种子器官组织。脱脂方法主要有压榨或有机溶剂萃取等。

6.其它处理

含挥发性成分的原料宜在新鲜状态下进行粉碎蒸馏加工，以免变质；含强心苷的药材，为了得到较多单糖苷，常常通过发酵处理使药材中多糖苷转化为单糖苷才进行提取；从原料中提取苷元之前，往往通过水解处理，提高苷元含量；提取酶和蛋白质这类易变性、性质不稳定的物质成分时，往往在原料处于新鲜状态时，以匀浆机进行细胞破壁处理，使酶和蛋白质分离出来等。

总之，提取前原料进行的预处理，方法很多，根据材料的不同，可以采用一种方法，也可以几种方法联合使用，目的就是为后期的提取或分离服务，提高产品的得率与质量。

提高环节 超声波法提取香菇多糖

行业分析

1. 香菇多糖性质及应用状况分析；
2. 香菇多糖生产状况及市场产品规格介绍；
3. 超声波提取法技术特点。

学习目标

能力目标

1. 能根据订单要求分解生产任务；
2. 用相关方法和设备实现超声波法提取香菇多糖；
3. 检测计算提取效率。

知识目标

1. 香菇多糖性质；
2. 超声波提取法技术要点；
3. 超声波提取设备使用方法；
4. 水浸出物含量检测方法。

素质目标

1. 通过真实工作任务，激发学生求知欲；
2. 通过超声波提取方法设计，培育学生创新意识；
3. 拥有成本意识、节约意识；
4. 勤勤恳恳做事、踏踏实实做人职业素质。

学习引导

目标要求

1. 根据香菇多糖性质设计提取方法；
2. 根据提取操作流程，分析影响提取效率因素；
3. 超声波法提取香菇多糖操作要点；
4. 做好实验操作记录及现象分析。

做什么？

1. 根据已签订单，分解操作流程；
2. 按照流程，超声波法提取香菇多糖。

怎么做？

1. 查阅文献

➢了解香菇提取物主要成分；

➢了解超声波提取方法；

➢ 分析香菇多糖性质，筛选茶多酚经典提取方法；
➢ 设计提取路线。
2. 按照设计路线，分工合作
➢ 按照要求准备实验原料；
➢ 检查实验装置，并调试搭建；
➢ 按照流程进行有序操作；
➢ 做好实验记录，分析实验现象；
➢ 提取效率检测分析。
3. 实验情况，交流汇报
➢ 实验进展及收获心得制成 PPT，班后总结；
➢ 按照规定格式，将实验操作全程以“word”文档进行工作汇报。

【班前例会】

超声波提取技术

超声波提取技术（ultrasound extraction，UE）是近年来应用到中草药有效成分提取分离的一种最新的较为成熟的手段。超声波是指频率为 20kHz～50MHz 左右的电磁波，人的听觉以外的声波，具有频率高、波长短、功率大、穿透力强等特点。它是一种机械波，需要能量载体——介质来进行传播。它在液体介质中传播时，能产生空化作用及一系列特殊效应（如机械效应、热效应、化学效应、生物效应等），具有搅拌、分散成雾、凝聚、冲击破碎和疲劳损坏、加热、促进氧化/还原、促进高分子物质的聚合或解聚等作用。超声波在传递过程中存在着的正负压强交变周期，在正相位时，对介质分子产生挤压，增加介质原来的密度；负相位时，介质分子稀疏、离散，介质密度减小。也就是说，超声波并不能使样品内的分子产生极化，而是在溶剂和样品之间产生声波空化作用，导致溶液内气泡的形成、增长和爆破压缩，从而使固体样品分散，增大样品与萃取溶剂之间的接触面积，提高目标物从固相转移到液相的传质速率。

1. 超声波提取的原理

超声波在物质介质中的相互作用效应可分为热效应、空化效应和机械传质效应。超声波的热效应、机械传质作用及空化作用成为超声技术在提取应用中的三大理论依据。

（1）超声波的热效应　超声波通过介质传播时，在介质的微粒间和分界面上的摩擦以及介质的吸收等使超声能量转化为热能，从而引起生物体的某种变化的现象称超声热效应。在一定的声强下，其产生的热量和升温作用是很有限的，对浸提的意义不大。

（2）超声波的机械效应　超声在媒质中传播时，引起媒质质元的振动，其位移、速度、加速度、压强等力学量所引起的效应，称为超声的机械效应。虽然质点的振动位移、速度变化不大，但其加速度却相当大，如此大的加速度，能显著增大溶剂进入提取物细胞的渗透性，加强传质作用，从而强化了萃取过程。

（3）超声波的空化效应　超声波辐射时，在一定声强下造成气泡的产生、膨胀以及崩溃的效应，称为超声的空化效应。空化效应是指液体中的微小液胞在声波作用下被激活，表现为液胞的振荡、伸长、收缩乃至崩溃等一系列动力学过程。空化可分为稳态空化和瞬态空化，稳态空化产生在较低的声强作用下，有利于溶剂渗透到细胞。瞬态空化发生在较强的声强作用下，随着高压的释放，在液体中形成较大的冲击波或高速射流，在萃取中能够有效地减小、消除溶剂与水相之间的阻滞层，从而加大了传质速率。超声波能提高提取率的最主要原因是由于超声波产生的空化效应。

2.超声波提取的特点

适用于中药材有效成分的萃取，彻底改变传统的水煮醇提萃取方法的新方法，与常规提取工艺相比，超声波提取具有如下突出特点。

① 无需高温，超声波在40～70℃工作效率非常高，而温度在65℃内天然产物有效成分基本没有受到破坏。

② 萃取效率高，超声波强化萃取20～40min即可获最佳提取率，萃取时间仅为传统方法的1/3或更少。提取3次，基本上可提取有效成分的90%以上。

③ 常压萃取，安全性好，操作简单易行，维护保养方便。

④ 具有广谱性。适用性广，绝大多数的中药材各类成分均可超声萃取。

⑤ 超声波萃取对溶剂和目标萃取物的性质（如极性）关系不大。因此，可供选择的萃取溶剂种类多、目标萃取物范围广泛。

⑥ 减少能耗，由于超声萃取无需加热或加热温度低，萃取时间短，因此大大降低能耗。

⑦ 药材原料处理量大，成倍或数倍提高，且杂质少，有效成分易于分离、净化。

⑧ 萃取工艺成本低，综合经济效益显著；

⑨ 超声波具有一定的杀菌作用，保证萃取液不易变质。

3.超声波提取设备

（1）机型分类　超声波提取设备分为小试机型、中试机型和规模生产机型。

① 小试机型：一般用于实验室，超声功率为0.3～3kW，提取罐或槽容积为5～75L。

② 中试机型：一般用于中间试验，超声功率为5～10kW，提取罐或槽容积为200～400L。

③ 规模生产机型：主要用于中药材提取的批量生产，超声功率为20～75kW，提取罐容积为1～3m^3。

（2）结构类型分类　超声波提取设备结构类型分为内置式和外置式两类。

① 内置式机型　主要是指将超声波换能器阵列组合成密封于一个多边形立柱体内，并将其安装于中药材提取罐内中心位置，其超声能量从多边形立柱内向外（罐内的媒质）发射。

② 外置式机型　主要是指将超声波换能器以阵列组合的方式安装于提取罐体的外壁，其超声能量由罐外壁向罐内（媒质）发射。

4.超声波功率源

超声波功率源技术实现了数字式超大功率水平。其主要特点如下；

① 超大功率共源技术。该技术实现了50kW超大功率共一个振荡信号源，以一个振荡信号源为基础进行多路驱动、分配、功率放大、网络匹配和功率合成。

② 计算机时钟控制与数字显示技术。该技术实现了00-99-00分钟长时间自动循环、任意设置时间倒计时运行和首次设置时钟记忆储存功能。

③ 计算机功率调整与数字显示技术。调制低频施加于高频高速振荡的溶剂中具有搅拌作用。该技术实现了10～160Hz共16档调制低频可调功能。

目前，实验室广泛使用的超声波萃取仪（图1-4）是将超声波换能器（transducer）产生的超声波通过介质（通常是水）传递并作用于样品，这是一种间接的作用方式，声振强度较低，因而大大降低了超声波萃取效率。此外，通常实验室所用的超声波发生器功率较大（>300W），因而会发出令人感觉不适的噪声（须采取隔音措施或操作期间远离超声波发生器）。超声装置亦分为浸入式和外壁式两种，采用复频共振方式，比单一频率提取效率大大提高。

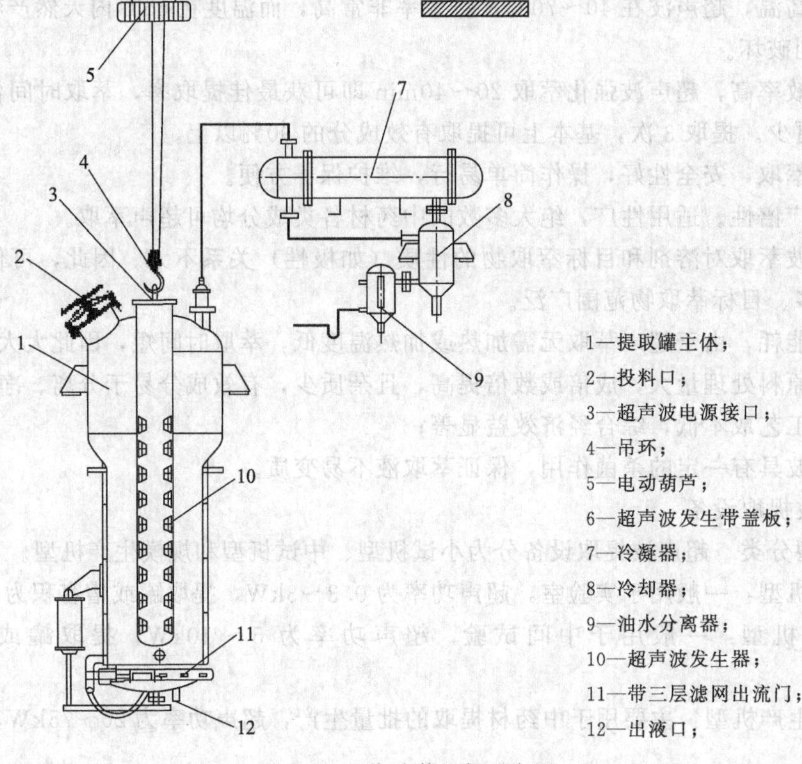

图 1-4 超声波萃取仪示意图

超声波技术已广泛应用于工业、农业、医药、卫生、国防等领域，尤其在提取中草药成分方面的应用正受到越来越多的重视。

【任务分解】

真菌多糖生产技术

多糖的来源大致分为植物来源多糖、动物来源多糖、海藻来源多糖和微生物来源多糖（即细菌产生的多糖和真菌产生的多糖）。迄今为止，几百种天然多糖的发现，已给人类提供了丰富的生物多聚体宝库。多糖广泛存在于动物细胞膜、植物和微生物细胞壁中，是一类天然高分子化合物，它是由醛糖或酮糖通过糖苷键连接在一起的多聚物，是构成生命的四大基本物质之一。真菌多糖作为药物研究始于 20 世纪 50 年代，在 60 年代以后成为免疫促进剂而引起人们兴趣。目前，国内外已从高等担子菌中筛选到 200 余种有生物活性的多糖物质，我国发现有价值的真菌多糖有 28 种，其中化学结构较清楚的 15 种。现已证明，各种食（药）用真菌的活性成分主要在于其中的真菌多糖。真菌多糖系真菌中分离出的由 10 个以上的单糖以糖苷键连接而成的高分子多聚物，是从真菌子实体、菌丝体、发酵液中分离出的，能够控制细胞分裂分化，调节细胞生长衰老的一类活性多糖。真菌多糖具有很强烈的抗肿瘤活性，对癌细胞有较强的抑制力。

多糖的种类繁多，不同种多糖其提取分离方法各不相同。动物中所含多糖多是酸性多糖，常与蛋白质结合在一起，因此常用碱溶液提取法、中性盐溶液提取法和蛋白酶水解法；对植物根、茎、叶、花、果及种子中多糖，含脂高的应先脱脂，含色素的需进行脱色处理，各类真菌中所含多糖类化合物，其提取分离方法通常用水提醇沉，除去小分子杂质和蛋白质，即得多糖。

真菌多糖的纯化主要是利用各种多糖的溶解度不同及电荷密度的差异进行分离。一般采用乙醇分级沉淀法、季铵盐沉淀法和超滤法等进行分离。在纯化真菌多糖时应尽可能除去杂质，目前除杂处理方法主要有：用 Sevag 法、鞣酸法、蛋白酶法等去除蛋白，其中 Sevag 法最为常用；用活性炭吸附法、离子交换法、氧化脱色法等除色素，其中离子交换法因具有去除效果好、多糖损失少等优点被广泛使用；采用半透膜逆向流水透析法和色谱柱离子交换法除去低聚糖、氨基酸等小分子物质。

香菇多糖就是研究得较透彻的多糖之一，香菇是侧耳科的担子菌，世界名贵食用兼药用菌之一，它含有多种有效药用组分，尤其是它含有抗病毒、抗肿瘤、调节免疫功能和刺激干扰素形成等功能的香菇多糖和能增强人体免疫力的水溶性木质素这 2 种药用生理活性物质，而引起人们广泛的重视。

香菇多糖的提取应避免在强酸、碱溶液中进行，否则极易造成香菇多糖中糖苷键断裂及构象变化。一般先将香菇子实体粉碎，用 90～100℃水搅拌浸提 3～5h，2～3 次，再用 0.5mol/L 氢氧化钠液抽提，初步将多糖分为水溶和碱溶两部分。然后除去菇渣，上清液经透析法与树脂法除去小分子杂质，经乙醇或硫胺沉淀后可得粗品。近年来有用链霉菌蛋白酶、胃蛋白酶、木瓜蛋白酶及胰蛋白酶等处理多糖粗品，经透析后能得到基本无蛋白质及小分子杂质的香菇多糖。

真菌多糖多以氢键、盐键等与其他多糖聚合在一起，因而须以各种有效方法破坏多糖链与其他物质的共价结合，方能达到提取多糖的目的。一般按多糖的性质采取热水提取法、中性盐溶液提取法、碱提取法、水解酶消化提取法、蛋白酶水解法，近年来兴起超声提取研究热点。

生产订单：香菇多糖 500kg。产品规格：LNT＞10％，水分＜9％，灰分＜4％，国标检测。价格：400 元/kg。

【边做边学】

超声波法提取香菇多糖

1. 材料准备

干香菇，蒸馏水；电热恒温鼓风干燥箱，组织粉碎机，圆底烧瓶，铁架台，温度计，超声波发生器（带加热功能），真空泵，漏斗，滤纸，滤布，烧杯，量筒，玻璃棒等。

2. 操作流程

香菇预先烘干→称取干香菇 15g→粉碎→三角烧瓶→200mL 热水 70℃→超声波发生器（水预热在 60℃左右）→提取 45min（中间停顿 2 次，每次 5min）→过滤→滤渣→等滤液体积热水 70℃→提取 30min（中间超声波停 2 次，每次 5min）→过滤→合并滤液→抽滤→滤液→量体积标识贮藏备用

3. 关键技术

➢ 干香菇粉碎程度，一般过 20 目筛网就行，不要太细，否则过滤麻烦；

➢ 超声波中水温的控制最后接近 60℃，建议一开始先用电炉烧好水再利用超声波自带加热装置加热，若没有加热装置可以在超声波中多加些水，旁边再准备热水随时补充；

➢ 提取时间，第一次 45min，中间超声波发生器暂停两个 5min，实际仅超声提取 35min，但提取容器始终恒温在 60℃体系中，第二次同样；

➢ 第二次加入热水体积不用再按液固比为 13∶1（mL/g）比例，滤出多少补充多少，但务必尽量滤尽；

➢ 真空抽滤合并滤液时，若滤布（纸）上有较多黏稠物，可另取少量热水多次抽洗，以便减少多糖损失；

➢ 按顺序拆除实验器具，洁净并放回原处，菇渣丢进垃圾桶。

4. 记录要点

✓ 材料用量；

✓ 两次提取始末时间，中间超声波发生停止时间；

✓ 提取滤液体积。

5. 教师讲解：多糖提取液中蛋白质的脱去方法

天然多糖提取后，往往提取液中含有大量杂物，其中蛋白质所占份额较大，必须首先去除，常用方法有 Sevag 法、三氯乙酸法、氯化钠法、氯化钙法、盐酸法、木瓜蛋白酶法以及两种方法之间的联合方法。实验研究时常以糖保留率和蛋白去除率为观测指标，各种参数因糖的来源不同需要适当调整，现简介如下：

（1）Sevag 法　利用蛋白质在三氯乙烷等有机溶剂中变性的特点，向香菇多糖浓缩液中加入其体积 1/4 的氯仿和 1/20 的正丁醇，在分液漏斗中振荡 20min，静置分层，将下层的氯仿和正丁醇放出，取上清液重复以上操作 2 次，得脱蛋白多糖液。

（2）三氯乙酸法　多糖溶液加入 1/5 体积 10%的三氯乙酸溶液，磁力搅拌 30min，离心去除沉淀物，用 3 倍体积的 95%乙醇沉淀，5000r/min 离心 15min，沉淀加原来多糖溶液体积的 1/5 水溶解，加入 1/5 体积 10%三氯乙酸溶液，重复处理 3 次，得脱蛋白多糖液。

（3）鞣酸沉淀法　在微沸状态下，向多糖溶液中滴加 1%的鞣酸溶液，直至无沉淀产生，5000r/min 离心 15min，离心取上清液，再滴加 1%的鞣酸溶液，直至无沉淀产生为止。离心取上清液，透析，浓缩，得脱蛋白多糖液。

（4）盐酸法　多糖溶液用 2mol/L 盐酸调节其 pH=3，放置过夜，在 5000r/min 条件下离心 15min，弃去沉淀，得脱蛋白多糖液。

（5）低温酸碱法　将多糖水浸提液的温度降至 4℃，然后加入有机酸，调整料液的 pH 值为 3.5～4.6，混匀，在 4℃温度下作用 1.5h，5000r/min 离心 15min，离心取上清液，NaOH 调整 pH 值为 7.0，再将料液浓缩，得脱蛋白多糖液。

（6）木瓜蛋白酶法　取 10mg/mL 多糖溶液 100mL，加入 0.01g 木瓜蛋白酶，在 pH6.4 条件下，于 60℃酶解 2h，沸水浴 5min 灭酶，冷却后，5000r/min 离心去变性酶沉淀。滤液浓缩至 33mL 左右，加 95%乙醇 100mL，沉淀 24h 后离心，弃上层清液，醇沉物水溶，得脱蛋白多糖液。

（7）氯化钠法　在沸腾状态下，将多糖浓缩液的 pH 值调至 9～10，加入氯化钠使浓度达 50g/L，搅拌，煮沸 30min，冷却至室温，过滤，得脱蛋白多糖液。

（8）氯化钙法　将多糖浓缩液的 pH 值调至 8～9，加热至 85℃，加入氯化钙使浓度达 50g/L，搅拌，冷却，过滤，得脱蛋白多糖液。

（9）酶法-Sevag 联合法　多糖溶液中加入 1%的木瓜蛋白酶，在 pH6.4 条件下，于

60℃酶解2h，5000r/min离心20min，取上清液，再采用上述Sevag法脱蛋白。

（10）三氯乙酸-Sevag联合法　多糖溶液中加入一定体积三氯乙酸，使其终浓度为0.5%，混匀后于4℃冰箱静置过夜，次日5000r/min离心15min，取上清液，再采用上述Sevag法脱蛋白。

脱蛋白较好的方法为Sevag法和酶法，以及与二者组合的方法，由于目前比较关注天然产物质量安全，酶法以及与其组合的方法会得以大力推广应用。

6.文献推荐

[1]　季宇彬.中药多糖的化学与药理.北京：人民卫生出版社，2005.

[2]　刘吉成，牛英才.多糖药物学.北京：人民卫生出版社，2008.

[3]　中国期刊全文数据库，以关键词检索“多糖”及“超声波”，寻找文献。

[4]　在百度或谷歌中搜索“真菌多糖提取”，查看相关文献。

【班后总结】

课程博客上回顾与总结

老师在课后要及时对这次单元学习情况进行总结，如学生学习超声波提取香菇多糖技术的总体情况，有哪些值得表扬，哪些需要改进，同时附上同学们在操作过程中的情景照片，并加上评注；再次针对单元实操过程提出一两个问题要求学生进行讨论或回答；最后学生在留言板上写下自己的心得体会，以及对教师还有什么要求，同时讨论或回答教师留下的问题，畅所欲言。

学生上这次课的情况一般是这样：

➢ 香菇材料粉碎程度掌握不好，以为颗粒越细越好，其实太细过滤麻烦；

➢ 提取时间安排不好，同学间协作不够，往往实验场面比较混乱；

➢ 想预习的学生上课前不知在短时间内该预习什么内容，值得研究；

➢ 学生往往不会利用校园网络查阅与筛选有关“香菇多糖提取”方法的文献；

➢ 抽滤时不知该对黏糊糊的滤渣做如何处理才能尽可能减少多糖损失等。

问题讨论：

✓ 水溶性多糖与酯溶性多糖区别，以及存在原料举例？

✓ 香菇多糖的主要成分是什么，如何脱蛋白？

✓ 如何将实验室的提取装置与企业生产相衔接？

✓ 影响超声波提取效率的因素有哪些？

学生博客上留言特点：

✓ 对超声波提取原理不太理解，担心对人体有伤害；

✓ 有的同学不能及时登录博客，临时copy别的同学留言。

【工作汇报】

轮值组长书面汇报单元任务完成情况

每次当班任务完成以后，只需每组的轮值组长以书面形式对当班任务完成情况进行汇报。本单元任务书面汇报内容包括如下部分：

✓ 香菇多糖生产提取技术简介；

✓ 超声波提取方法的特点及应用范围；

✓ 结合课程博客，叙述同学们上课的实际情况及需要改进的地方；

✓ 若要完成订单任务，还需要学习哪些单元生产技术等。

【视野拓展】

如何撰写实训任务完成汇报

实训任务完成汇报就相当于传统实验教学中的实验报告，但是为了培养学生的分析问题、解决问题能力，拓展学生创新思维，必须在日常的实训任务完成汇报进行适当革新，以便适应将来到企业生产中开展研究问题、撰写报告能力的需要。

实训操作是理论联系实际的重要环节，是衡量实训效果的重要依据。实训报告必须在科学实训的基础上进行，撰写应该体现完整性、规范性、正确性、有效性。现将撰写实训报告的有关内容说明如下。

1.报告的结构

（1）题目及署名　强调实训题目，要求用一句话点明所要研究问题，可以对实训指导书上的题目进行修改。题目下署上操作者姓名、班级和专业，以示文责自负。

（2）前言　要求学生通过查阅相关资料和文献写出此次实训验的背景、目的和意义，以及要解决的问题。明确实训关键操作技能，文字力求简明扼要，只要说明问题即可，不必多加铺叙。

（3）材料及方法　要求学生掌握相关实训材料的配制方法和预处理技术。简明扼要地写出实验技术流程路线，既尊重实训指导内容，又参考自己查阅的相关文献作相应的修改，力求达到最佳的实训目的与实验成果。

（4）结果与分析　按照上述的实验技术流程图路线，得出的实验结果，力求做到有理有据，准确可靠。并且，通过查阅资料对自己的实验结果加以分析（即使实验失败，也要说明失败原因，为下次实验总结经验教训），在对实验结果进行分析后，还有必要进行更为深入的讨论，如对实验结果的理论分析，对操作方法的科学性与局限性，实验结果的可靠程度与适用范围等作进一步阐述，同时，大胆地提出对实验的改进意见和质疑等。

另外，可以对实训课的组织与安排提出建议，以便老师在同类实训教学中改进。

（5）致谢　致谢对象应是对整个实训操作过程有实质性帮助的人，主要是实训合作伙伴，以及实训教辅人员，并应写出被致谢者。

（6）参考文献　任何科学研究活动都是在前人研究的基础上前进和发展的，在进行实训的过程中，应该广泛地阅读文献资料，参考已有的成果，只有这样才能减少不必要的重复劳动，取得有价值的成果和突破。但是，也应该尊重别人的劳动，凡是引用了他人的材料或研究成果，都必须加以说明，注明出处，要求学生每个实训至少参考四篇以上参考文献。

（7）附录　附录是指内容太多、篇幅太长而不便于写入报告但又必须向读者交代的一些重要材料。主要包括本实训的原始记录、药品的配制方法和有关仪器设备的使用方法。原始记录要求学生在实验操作过程中，详细而实事求是地记录实验技术路线、有关溶液的配制方法、实验数据、标准曲线的制作、实验条件。药品的配制方法要求学生详细记录所称量药品的质量、体积、溶剂溶解方式、溶液的总体积以及试剂的贮存方式等。对于仪器设备的使用方法，要求学生写清楚首次使用的仪器设备的名称、型号、使用环境、仪器原理、使用方法等。

2.汇报注意事项

（1）可读性　为了便于传播和交流，报告的表述应具有可读性。语言阐述必须精确、通俗，在不损害规范性的前提下，尽可能使用简洁的语言。专门的名词术语，可以用，但不能故弄玄虚。文字切忌带个人色彩。一般不采用比喻、拟人、夸张等修辞手法；不可把日常概念当作科学概念，不宜采用工作经验总结式的文字。

（2）操作路线流程图　实训时操作路线一般最好以流程图的形式进行书写，这样在操作时看起来比较方便，一般文字不要太详细，但也不能过于笼统，让别人无法“照方抓药”，但关键点最好越详细越好。通常实训流程图可以参考图 1-5 所示格式。

根据不同的用途，姜辣素的生产工艺略有不同，但总的路线如下：

提取前处理（生姜净洗、去皮、切片、烘片）⟶挥发油去除（4 倍体积水（mL/g）浸泡，沸水蒸煮 60min，过滤、离心）

↓

姜辣素提取（滤渣用 8 倍体积（mL/g）50% 乙醇 60℃回流浸提 120min，过滤）⟶姜辣素提取（滤渣用 6 倍体积（mL/g）50% 乙醇 60℃回流浸提 120min，过滤，滤液离心、合并提取液）

↓

提取液处理（低压浓缩回收乙醇，水稀释浓缩物，低温静置待分层，取下层沉淀浸膏，用 β-CD 包络）⟶按照产品规格，用水处理时制备的姜淀粉和离心液调整姜辣素含量⟶喷雾干燥

图 1-5　姜辣素生产工艺流程

（3）讨论或建议　分析讨论要不夸大，不缩小；敢于坚持真理，不为权威或舆论所左右；在下结论时要注意前提和条件，不要绝对化，更不要以偏概全，把局部经验说成是普遍规律。依据正文的科学分析，可以对结果作理论上的进一步阐述，深入地讨论一些问题，亮出自己的观点，提出建设性的意见。

（4）参考资料　参考文献应注明出处、作者、文献标题、书名或刊名及出版时间。出处的书写顺序一般是：书籍——作者、篇目名称、出版地、出版单位、出版日期、页次；报刊杂志——作者、篇目名称、报刊杂志名称、出版年、期次、页次。

参考资料的基本格式：

序号→主要作者→文献名→出版地→出版社→出版年月→卷号（期号）→页码。

［1］　张星海. 基础化学. 北京：化学工业出版社，2007，9.

［2］　张星海，周晓红，陆旋等. 茶多酚生产水相中茶氨酸分离技术研究. 茶叶科学，2008，28（6）：443-449.

这样要求同学撰写任务汇报，目的主要是为了通过平时不断锻炼，逐步提高同学们掌握初步撰写科技论文的能力；提高同学们利用网络资源，学会查阅文献资料的能力；培养大家严谨认真的实验态度和实事求是的科学作风。

拓展环节　正交试验优化菊花黄酮提取工艺

行业分析

1. 菊花黄酮性质及应用状况分析；
2. 菊花黄酮生产状况及市场产品规格介绍；
3. 试验设计使用方法概况；
4. 正交试验设计应用特点。

学习目标

能力目标

1. 能根据订单要求分解生产任务；

2. 用相关方法和设备实现菊花黄酮提取工艺优化；
3. 按照优化的参数，设计比较合理的试验方案。

知识目标

1. 菊花黄酮性质；
2. 正交试验操作步骤及一般原则要点；
3. 工艺参数分析方法；
4. 水浸出物含量检测方法。

素质目标

1. 通过真实工作任务，激发学生求知欲；
2. 通过正交试验设计，培育学生创新意识；
3. 拥有成本意识、节约意识；
4. 团队协作，认真踏实的职业素质。

学习引导

目标要求

1. 根据菊花黄酮性质设计影响提取效率因素；
2. 根据试验操作流程，分工安排好组间合作；
3. 正交试验优化菊花黄酮提取工艺操作要点；
4. 做好实验操作记录及现象分析。

做什么？

1. 根据已签订单，分解操作流程；
2. 按照流程，正交法提取菊花黄酮。

怎么做？

1. 查阅文献
➢ 了解菊花提取物主要成分；
➢ 了解正交提取方法；
➢ 分析菊花黄酮性质，筛选最佳提取方法；
➢ 设计提取路线。
2. 按照设计路线，分工合作
➢ 按照要求准备实验原料；
➢ 检查实验装置，并调试搭建；
➢ 按照流程进行有序操作；
➢ 做好实验记录，分析实验现象；
➢ 提取效率检测分析。
3. 实验情况，交流汇报
➢ 实验进展及收获心得制成 PPT，班后总结；
➢ 按照规定格式，将实验操作全程以“word”文档进行工作汇报。

【班前例会】

正交试验设计法概述

试验设计（designof experiments）是研究如何制定适当试验验方案，以便对试验数据进行有效统计分析的数学理论与方法。通常所说的试验设计是以概率论、数理统计和线性代数等为理论基础，科学地安排试验方案，正确地分析试验结果，尽快地获得最优化方案的一种数学方法。通常要选择一种或几种设计方案，设计的方法各有其适用范围和优缺点，应根据实际需求进行适当选择。常用试验设计方法有正交设计、均匀设计、球面对称设计、二次回归通用旋转设计等，今天我们主要介绍最经典的正交试验设计方法。

正交试验设计（orthogonal experimental design）是研究多因素多水平的又一种设计方法，它是根据正交性从全面试验中挑选出部分有代表性的点进行试验，这些有代表性的点具备了“均匀分散，齐整可比”的特点。正交试验设计是一种高效率、快速、经济的实验设计方法。日本著名的统计学家田口玄一将正交试验选择的水平组合列成表格，称为正交表。例如作一个三因素三水平的实验，按全面实验要求，须进行 $3^3=27$ 种组合的实验，且尚未考虑每一组合的重复数。若按 L_9（3^4）正交表安排实验，只需作 9 次，按 L_{18}（3^7）正交表则进行 18 次实验，显然大大减少了工作量。因而正交实验设计在很多领域的研究中已经得到广泛应用。

正交试验设计是利用“正交表”选择试验的条件，并利用正交表的特点进行数据分析，找出最好的或满意的试验条件，适用于多因素的设计问题。科研中普遍采用正交试验法，因其具有如下优点：

① 实用上按表格安排试验，使用方便。

② 布点均衡、试验次数较少。

③ 在正交试验法中的最好点，虽然不一定是全面试验的最好点，但也往往是相当好的点。特别在只有一两个因素起主要作用时，正交试验法能保证主要因素的各种可能都不会漏掉。这点在探索性工作中很重要，其他试验方法难以做到。

④ 正交试验法提供一种分析结果（包括交互作用）的方法，结果直观易分析，且每个试验水平都重复相同次数，可以消除部分试验误差的干扰。

⑤ 因其具有正交性，易于分析出各因素的主效应。

几个概念

➢ 试验因素：影响考核指标取值的量称为试验因素（因子），一般记为：A，B，C 等。有定量的因素，可控因素，定性的因素，不可控因素等。

➢ 因素的位级（水平）：指试验因素所处的状态。

➢ 考核指标：根据试验目的而选定的用来衡量试验效果的量值（指标）。

➢ 完全因素位级组合：指参与实验的全部因素与全部位级相互之间的全部组合次数，即全部的实验次数。

➢ 部分因素位级组合：①单因素转换法；②正交试验法。

➢ 正交表的符号：正交表是运用组合数学理论在正交拉丁名的基础上构造的一种规格化的表格。符号：$L_n(j^i)$

其中：

L——正交表的符号

n——正交表的行数（试验次数，试验方案数）

j——正交表中的数码（因素的位级数）

i——正交表的列数（试验因素的个数）

$N=j^i$——全部试验次数（完全因素位级组合数）

总之，利用正交试验法的设计方案，结合代数方法对数据进行分析，可达到使试验收敛速度加快、试验的效率非常高的效果。可利用试验结果获取更多信息，准确掌握效应的趋势规律，而且优选点可超越所选水平范围和精度，从而可大大减少试验次数。这种联用技术，对于可获得定量结果或结果容易定量化，以及试验代价高时，很有效。

【任务分解】

植物黄酮生产技术

黄酮类化合物也称黄碱素，是广泛存在于自然界的一大类化合物，大多具有颜色。在植物界主要分布在双子叶植物中，在裸子植物中也有较多分布，而菌类、藻类、地衣类等低等植物中少见。黄酮类化合物在植物体中的分布尤以花、果、叶部位为多。它在植物体内大多以与糖结合成苷的形式存在，也有部分以游离状态的苷元存在。由于最先发现的黄酮类化合物都具有一个酮式羰基结构，又呈黄色或淡黄色，故称黄酮。现在所说的黄酮类化合物已远远超出这种范围，有的并非黄色，而是白色、橙色及红色等，分子结构也有显著差异。1950年发现黄酮类化合物仅104种，到目前为止，已达8000多种。

黄酮类化合物种类多，性质差异较大，在植物体内因存在部位不同，结合的状态也不同，在果、叶等组织中一般以苷的形式存在；而在坚硬组织中则以游离状态存在；在皮、茎、根等部位也曾发现有苷的结合形式，所以要根据其存在部位、结合形式等来选择适合的提取方法。

1.溶剂提取法

(1) 水提法 热水仅限于提取苷类，例如自槐花米中提取芦丁。由于热水浸提时易溶于水的杂质（如蛋白质、鞣质、淀粉、多糖类化合物等）较多，后处理较复杂，提取效率也不高，故不常使用。

(2) 有机溶剂提取法 黄酮类化合物的提取，要是根据被提取物的性质及伴随的杂质来选择适合的提取溶剂，苷类和极性较大的苷元，一般可用乙酸乙酯、丙酮、乙醇、甲醇、水或某些极性较大的混合溶剂进行提取。大多数苷元适宜用极性较小的溶剂如乙醚、氯仿、乙酸乙酯等来提取，多甲氧基黄酮类苷元，甚至可用苯提取。

乙醇和甲醇是最常用的黄酮类化合物提取溶剂，高浓度的醇（如90%～95%）宜于提取苷元，60%左右浓度的乙醇或甲醇水溶液适宜于提取苷类物质。如采用70%乙醇提取芦笋中芦丁，浸提5h，条件为最优。提取过程中常用冷浸法或回流法，提取次数一般为2～4次。两种方法各有优缺点，前者无需加热，有利于保持提取物的成分，但提取时间长，效率低；后者效率高，但需加热，因此成分不稳定的原料（如一些中药药材）不宜用此法。

一般来说，醇提法的对总黄酮的提取效果要好于水提法。如在金银花叶中提取发现，采用12倍量60%乙醇回流提取2次，每次1.5h，所得总黄酮的含量高于水提法10%以上。

(3) 碱溶酸沉法 由于黄酮类成分大多具有酚轻基，具有易溶于碱性水而难溶于酸性水的性质，可用碱性水（如碳酸钠、氢氧化钠、氢氧化钙水溶液）或碱性稀醇（如50%乙醇）浸出，在提取液中，加酸酸化，黄酮类化合物即可沉淀析出。用碱性溶剂提取时，所用的碱浓度不宜过高，以免在强碱下加热时破坏黄酮类化合物母核，当有邻二酚羟基时，应加硼酸保护。

常用饱和石灰水溶液、稀氢氧化钠溶液或5%碳酸钠水溶液提取。氢氧化钠水溶液的浸出能力高，但杂质较多，不利于纯化；石灰水可以使一些鞣质或水溶性杂质沉淀生成钙盐沉淀，有利于浸液纯化，但是浸出效果不如氢氧化钠水溶液效果好，同时有些黄酮类化合物能与钙结合成不溶性物质，不被溶出。例如从菊花中提取黄酮类物质时，用pH10的氢氧化钠溶液浸出效果较好；从槐米中提取芦丁，则应用碱性较强的饱和石灰水作溶剂，这样则有利于芦丁成盐溶解；选用硼砂缓冲饱和石灰水的碱性可保护芦丁的黄酮母核不受破坏，用亚硫酸氢钠为抗氧剂可保护芦丁的邻二酚羟基。碱溶酸沉法在实际生产中应用较广泛，具有经济、安全、方便等优点。

2.微波提取法

微波是一种非电离的电磁辐射，被辐射物质的极性分子在微波电磁场中快速转向及定向排列，从而产生撕裂和相互摩擦引起发热，同时可以保证能量的快速传递和充分利用。微波提取技术的研究表明，微波技术应用于天然产物的提取具有选择性高、操作时间短、溶剂耗量少、有效成分得率高的特点。浸出过程中材料细粉不凝聚、不糊化，克服了热水提取法易凝聚、易糊化的缺点。如对桑叶中黄酮类物质进行提取，采用175W微波强度处理4min后，以体积分数70%的乙醇，在70℃提取2h，提取率比未经微波处理的高出18.5%；对银杏叶中黄酮类物质进行提取，用175W微波强度处理5min后，以体积分数80%的乙醇，在70℃提取1h，提取率比未经微波处理的高出18.8%；对沙棘叶中黄酮类物质进行提取，微波功率为400W，乙醇体积分数为75%，提取时间为10min，提取率比未经微波处理的高出20%。

3.超声波提取法

超声波提取黄酮类物质，是目前比较新的方法。超声提取原理是利用超声波在液体中产生“空穴作用”，破坏植物细胞和细胞膜结构，从而增加细胞内容物通过细胞膜的穿透能力，有助于黄酮类化合物的释放与溶出；超声波使提取液不断振荡，有助于溶质扩散，同时超声波的热效应使水温有提升作用，对原料有水浴作用，缩短了提取时间提高了有效成分的提出率和原料的利用率。超声波提取操作简便快捷、无需加热、提出率高、速度快、提取物的结构未被破坏、效果好，显示出明显的优势。如对紫草叶中黄酮类物质进行提取，采用80%乙醇作为溶剂，料液比为1∶30，在超声波功率为400W的条件下超声提取15min，黄酮含量为5.58%；对芝麻叶中黄酮类物质进行提取，采用56%乙醇作为溶剂，料液比25∶1。在超声波功率为330W的条件下超声提取36min，黄酮含量为3.46%；在黄芩中提取黄芩苷，采用提取超声波10min比热水浸提法提取3h的提取率还高。

4.酶解法

对于一些黄酮类化合物被细胞壁包围不易提取的原料，传统的热水、碱、有机溶剂提取法受细胞壁主要成分纤维素的阻碍，往往提取效率较低。恰当地利用酶处理这些植物材料，可改变细胞壁的通透性，提高有效成分的提取率。根据传质理论，溶剂向固体表面扩散，渗透固体表面，进入固体内部及固体内部微孔隙内，溶解黄酮类化合物，通过固体微孔隙向固体表面扩散，在表面与溶剂主体间，由于浓度差作用力，黄酮类化合物向溶剂主体扩散，完成提取传质过程。采用酶解法却能使细胞壁疏松、破裂，减小传质阻力，从而提高提取效率。如对苦荞茎叶中黄酮类物质进行提取，采用酶解法，加酶量310μL，在相同温度、pH和处理时间下，总黄酮得率为未酶解样品的3.08倍；对银杏中黄酮类物质进行提取，在酶浓度0140mg/mL、时间120min、酶解温度50℃、乙醇浓度70%条件下，与传统的乙醇提取工艺相比，总黄酮得率提高了18.92%；对牡丹花中黄酮类物质进行提取，以0.2mg/mL纤维素酶和0.1mg/mL果胶酶的复合酶液，在50℃，酶解120min，与传统的工艺相比，总黄酮得率提高了19.8%。

目前对天然黄酮类化合物进行提取的方法较多，每种方法都有它各自的优缺点，只要根据提取物的性质及其杂质、提取成本、工艺设备等条件，选择合适的提取工艺，就可以提高黄酮类化合物的得率，从而降低生产成本，提高原料的利用率。

菊花在我国种植广泛，饮用历史悠久，是药食兼优的代表性植物。菊属植物全世界有30余种，中国约17种，但栽培供药用的主要是菊花一种，药用类群经过长期人工栽培选育和不同的生态环境，加之特殊的加工方法，形成了各具特色的药用品种，如滁菊、亳菊、济菊、怀菊、杭菊、贡菊、祁菊、黄菊等。《中国药典》一部2005年版根据菊花产地和加工方法的不同，收载了杭菊、亳菊、贡菊、滁菊4个品种。我国中药中的药用菊花是菊科植物菊花的干燥头状花序，具有疏风清热、明目解毒的功效，主要治疗头痛、眩晕、目赤、心胸烦热、疔疮、肿毒等症 。现代药理学研究表明，菊花的主要成分为挥发油、黄酮类及氨基酸、微量元素等，具有扩张冠状动脉、降低血压、预防高血脂、抗菌、抗病毒、抗炎、抗衰老等多种生理活性。

菊花含有的黄酮类成分主要有：芹菜素、金合欢素-7-*O*-*β*-D-吡喃半乳糖苷、芹菜素-7-*O*-*β*-D-吡喃半乳糖苷、木犀草素、槲皮素、金合欢素-7-*O*-(6′-鼠李糖基)-*β*-D-吡喃葡萄糖苷、藤黄菌素-7-*O*-*β*-D-吡喃葡萄糖苷，4′-甲氧基藤黄菌素-7-*O*-*β*-D-吡喃半乳糖苷、黄芩苷、芹菜素-7-葡萄糖苷、大波斯菊苷、木犀草素-7-葡萄糖苷、矢车菊素-3-*O*-(6-O-丙二酰)-*β*-D-吡喃葡萄糖苷。

菊花中总黄酮的含量因菊花种类、产地不同而差异较大，一般在1.5%～7%之间，提取方法与黄酮类化合物基本一样。

生产订单：杭白菊黄酮提取物500kg。产品规格：总黄酮＞15%，水分＜9%，灰分＜4%，国标检测。价格：300元/kg。

【边做边学】

正交试验设计提取杭白菊黄酮

1.材料准备

杭白菊干花，乙醇，蒸馏水，芦丁对照品；电热恒温鼓风干燥箱，剪刀，圆底烧瓶，铁架台，温度计，超声波发生器（带加热功能），真空泵，紫外分光光度计，低速离心机，漏斗，滤纸，滤布，烧杯，量筒，玻璃棒等。

2.操作流程

杭白菊预先烘干→称取干杭白菊10g→剪碎→圆底烧瓶→适当体积75%热乙醇→超声波发生器按时提取（水预热在乙醇沸腾温度约80℃左右，每提取10min，中间停顿1min）→过滤→滤渣→按照试验设计提取→过滤→合并滤液→抽滤→滤液→量体积→检测总黄酮含量

3.试验表头设计

见表1-1。

表1-1 因素和水平

水平	因素		
	超声波提取时间(*A*)/min	料液比例(*B*)	提取次数(*C*)
1	10	1∶15	3
2	20	1∶20	4
3	30	1∶25	5

注：乙醇浓度为75%，回流超声提取，温度以沸腾为标志。

4. 试验安排设计

见表 1-2。

表 1-2　试验安排

试验号	因素		
	超声波提取时间(*A*)	料液比例(*B*)	提取次数(*C*)
1	1(10min)	1(1∶15)	1(3 次)
2	1(10min)	2(1∶20)	2(4 次)
3	1(10min)	3(1∶25)	3(5 次)
4	2(20min)	1(1∶15)	2(4 次)
5	2(20min)	2(1∶20)	3(5 次)
6	2(20min)	3(1∶25)	1(3 次)
7	3(30min)	1(1∶15)	3(5 次)
8	3(30min)	2(1∶20)	1(3 次)
9	3(30min)	3(1∶25)	2(4 次)

5. 对照品溶液制备

精密称取干燥至恒重的无水芦丁 50mg 置 25mL 容量瓶中，加乙醇适量使之溶解并定容，摇匀，得芦丁对照液。精密量取对照液 5mL 于 50mL 容量瓶中，用乙醇稀释至刻度，摇匀，即得 0.20mg/mL 对照品溶液。

6. 标准曲线制备

取 0.20 mg/mL 对照品溶液 1mL、3mL、5mL、7mL、9mL，分别置 25mL 容量瓶中，加 5%亚硝酸钠溶液 1.0mL，摇匀，放置 6min；加 10%硝酸铝溶液 1.0mL，摇匀，放置 6min；加 4%氢氧化钠 10.0mL，用水稀释至刻度，摇匀，放置 10min，于 512nm 波长处检测吸光度。以浓度为纵坐标、吸光度值为横坐标进行线性回归，建立回归方程（参考方程：$C=2.4615A+0.0095$，$r=0.9999$，线性范围：0.2～1.8mg/mL）。

7. 样品总黄酮测定

量取提取滤液 5mL 于离心管中，离心 5000r/min，6min。取上清液 1.00mL 按“标准曲线制备”项下方法处理，测定吸光度值，代入方程，计算总黄酮含量。

8. 关键技术

➢ 标准曲线制备，最后让 2～3 组同学分开做，选择制作最好的那组做标准曲线方程。

➢ 超声波中水温的控制最后接近 75%乙醇沸点，建议一开始水先用电炉烧好再利用超声波自带加热装置加热，若没有加热装置可以在超声波中多加些水，旁边再准备热水随时补充。

➢ 整个试验工作量比较大，建议每组仅作两个不同的试验安排，提醒一定要仔细，否则影响整个试验方案的确定，培养学生协作意识。

➢ 试验安排要合理有序，因为每组可能做的内容、时间、方法都不一样，兼顾安排。

➢ 极差分析要兼顾两个评价指标：总黄酮纯度与总黄酮量。由于学生知识的限制，不应采用多指标公式法，建议采用单指标考察后，再综合考虑。

➢ 方差分析可以由网上下载相关小软件帮助分析，如正交试验助手等。

➢ 总黄酮含量检测时，最好安排每组的细心同学负责，以便减少误差产生的几率；

➢ 按顺序拆除实验器具，洁净并放回原处，菊花渣丢进垃圾桶。

9. 记录要点

✓ 材料用量；

✓ 自己所作的试验方案因素水平等；

✓ 提取始末时间，中间超声波发生停止时间；

✓ 提取滤液体积；

✓ 检测吸光度，含量计算值。

10. 教师讲解：正交试验设计与分析

(1) 试验设计

① 单一水平正交表说明　这类正交表名称的写法举例如下：

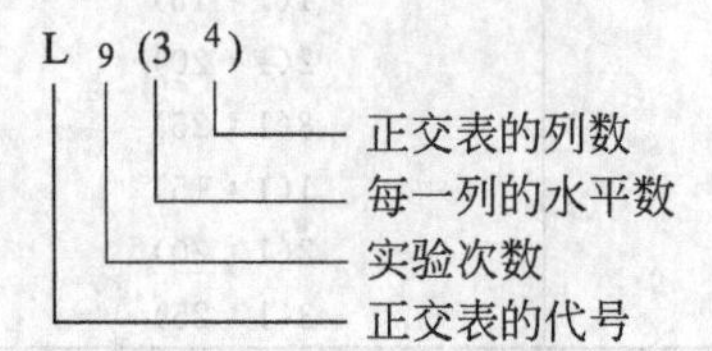

各列水平均为 2 的常用正交表有：$L_4(2^3)$，$L_8(2^7)$，$L_{12}(2^{11})$，$L_{16}(2^{15})$，$L_{20}(2^{19})$，$L_{32}(2^{31})$。

各列水平数均为 3 的常用正交表有：$L_9(3^4)$，$L_{27}(3^{13})$。

各列水平数均为 4 的常用正交表有：$L_{16}(4^5)$

各列水平数均为 3 的常用正交表有：$L_{25}(5^6)$

② 选择正交表的基本原则　一般都是先确定试验的因素、水平和交互作用，后选择适用的 L 表。在确定因素的水平数时，主要因素宜多安排几个水平，次要因素可少安排几个水平。

先看水平数。若各因素全是 2 水平，就选用 $L(2^*)$ 表；若各因素全是 3 水平，就选 $L(3^*)$ 表。若各因素的水平数不相同，就选择适用的混合水平表。

每一个交互作用在正交表中应占一列或二列。要看所选的正交表是否足够大，能否容纳得下所考虑的因素和交互作用。为了对试验结果进行方差分析或回归分析，还必须至少留一个空白列，作为“误差”列，在极差分析中要作为“其它因素”列处理。

试验次数要看试验精度的要求，若要求高，则宜取实验次数多的 L 表；若试验费用很昂贵，或试验的经费很有限，或人力和时间都比较紧张，则不宜选实验次数太多的 L 表。

按原来考虑的因素、水平和交互作用去选择正交表，若无正好适用的正交表可选，简便且可行的办法是适当修改原定的水平数。

对某因素或某交互作用的影响是否确实存在没有把握的情况下，选择 L 表时常为该选大表还是选小表而犹豫。若条件许可，应尽量选用大表，让影响存在的可能性较大的因素和交互作用各占适当的列。某因素或某交互作用的影响是否真的存在，留到方差分析进行显著性检验时再作结论。这样既可以减少试验的工作量，又不至于漏掉重要的信息。

③ 正交表的表头设计　所谓表头设计，就是确定试验所考虑的因素和交互作用，在正交表中该放在哪一列的问题。

a. 有交互作用时，表头设计则必须严格地按规定办事。因篇幅限制，此处不讨论，请查阅有关书籍。

b. 若试验不考虑交互作用，则表头设计可以是任意的。但是正交表的构造是组合数学问题，必须满足选择正交表的基本原则中所述的特点。对试验之初不考虑交互作用而选用较大的正交表，空列较多时，最好仍与有交互作用时一样，按规定进行表头设计。只不过将有交互作用的列先视为空列，待试验结束后再加以判定。

要掌握 $L_4(2^3)$、$L_9(3^4)$ 的表头与试验安排表。【边做边学】中已经介绍。

(2) 试验分析　正交试验方法之所以能得到科技工作者的重视并在实践中得到广泛的应用，其原因不仅在于能使试验的次数减少，而且能够用相应的方法对试验结果进行分析并引出许多有价值的结论。因此，有正交试验法进行实验，如果不对试验结果进行认真的分析，并引出应该引出的结论，那就失去用正交试验法的意义和价值。

① 极差分析　下面以表 1-3 为例讨论 $L_4(2^3)$ 正交试验结果的极差分析方法。极差指的是各列中各水平对应的试验指标平均值的最大值与最小值之差。从表 1-3 的计算结果可知，用极差法分析正交试验结果可得出以下几个结论：

a. 在试验范围内，各列对试验指标的影响从大到小排队。某列的极差最大，表示该列的数值在试验范围内变化时，使试验指标数值的变化最大。所以各列对试验指标的影响从大到小排队，就是各列极差 D 的数值从大到小排队。

b. 试验指标随各因素的变化趋势。为了能更直观地看到变化趋势，常将计算结果绘制成图。

c. 使试验指标最好的适宜的操作条件（适宜的因素水平搭配）。

可对所得结论和进一步的研究方向进行讨论。

表 1-3　$L_4(2^3)$ 正交试验计算

列　号		1	2	3	试验指标 y_i
试验号	1	1	1	1	y_1
	2	1	2	2	y_2
	3	2	1	2	y_3
	$n=4$	2	2	1	y_4
$Ⅰ_j$		$Ⅰ_1=y_1+y_2$	$Ⅰ_2=y_1+y_3$	$Ⅰ_3=y_1+y_4$	
$Ⅱ_j$		$Ⅱ_1=y_3+y_4$	$Ⅱ_2=y_2+y_4$	$Ⅱ_3=y_2+y_3$	
k_j		$k_1=2$	$k_2=2$	$k_3=2$	
$Ⅰ_j/k_j$		$Ⅰ_1/k_1$	$Ⅰ_2/k_2$	$Ⅰ_3/k_3$	
$Ⅱ_j/k_j$		$Ⅱ_1/k_1$	$Ⅱ_2/k_2$	$Ⅱ_3/k_3$	
极差(D_j)		max{ }−min{ }	max{ }−min{ }	max{ }−min{ }	

注：

$Ⅰ_j$——第 j 列“1”水平所对应的试验指标的数值之和；

$Ⅱ_j$——第 j 列“2”水平所对应的试验指标的数值之和；

k_j——第 j 列同一水平出现的次数，等于试验的次数（n）除以第 j 列的水平数。

$Ⅰ_j/k_j$——第 j 列“1”水平所对应的试验指标的平均值；

$Ⅱ_j/k_j$——第 j 列“1”水平所对应的试验指标的平均值；

D_j——第 j 列的极差。等于第 j 列各水平对应的试验指标平均值中的最大值减最小值，即：

$$D_j=\max\{Ⅰ_j/k_j,\ Ⅱ_j/k_j,\ \cdots\}-\min\{Ⅰ_j/k_j,\ Ⅱ_j/k_j,\ \cdots\}$$

② 方差分析方法

a. 计算公式和项目　试验指标的加和值 $=\sum_{i=1}^{n}y_i$，试验指标的平均值 $\overline{y}=\frac{1}{n}\sum_{i=1}^{n}y_i$，以第 j 列为例：

(a) $Ⅰ_j$——“1”水平所对应的试验指标的数值之和；

(b) $Ⅱ_j$——“2”水平所对应的试验指标的数值之和；

(c) ……

(d) k_j——同一水平出现的次数。等于试验的次数除以第 j 列的水平数；

(e) I_j/k_j——“1”水平所对应的试验指标的平均值；

(f) II_j/k_j——“2”水平所对应的试验指标的平均值；

(g) ……

以上7项的计算方法同极差法（见表1-3)。

(h) 偏差平方和：

$$S_j = k_j\left(\frac{\text{I}_j}{k_j}-\overline{y}\right)^2 + k_j\left(\frac{\text{II}_j}{k_j}-\overline{y}\right)^2 + k_j\left(\frac{\text{III}_j}{k_j}-\overline{y}\right)^2 + \cdots$$

(i) f_j——自由度。f_j = 第 j 列的水平数 −1。

(j) V_j——方差。$V_j = S_j/f_j$。

(k) V_e——误差列的方差。$V_e = S_e/f_e$。式中，e为正交表的误差列。

(l) F_j——方差之比 $F_j = V_j/V_e$。

(m) 查 F 分布数值表（F 分布数值表请查阅有关参考书）做显著性检验。

(n) 总的偏差平方和 $S_{总} = \sum_{i=1}^{n}(y_i - \overline{y})^2$

(o) 总的偏差平方和等于各列的偏差平方和之和，即 $S_{总} = \sum_{j=1}^{m} S_j$

式中，m 为正交表的列数。

若误差列由5个单列组成，则误差列的偏差平方和 S_e 等于5个单列的偏差平方和之和，即：$S_e = S_{e1} + S_{e2} + S_{e3} + S_{e4} + S_{e5}$；也可用 $S_e = S_{总} + S'$ 来计算，其中 S' 为安排有因素或交互作用的各列的偏差平方和之和。

b. 可引出的结论　与极差法相比，方差分析方法可以多引出一个结论：各列对试验指标的影响是否显著，在什么水平上显著。在数理统计上，这是一个很重要的问题。显著性检验强调试验在分析每列对指标影响中所起的作用。如果某列对指标影响不显著，那么，讨论试验指标随它的变化趋势是毫无意义的。因为在某列对指标的影响不显著时，即使从表中的数据可以看出该列水平变化时，对应的试验指标的数值与在以某种“规律”发生变化，但那很可能是由于实验误差所致，将它作为客观规律是不可靠的。有了各列的显著性检验之后，最后应将影响不显著的交互作用列与原来的“误差列”合并起来，组成新的“误差列”，重新检验各列的显著性。

建议同学们下载正交设计助手软件，进行正交试验分析，方便容易。

11. 文献推荐

[1] 高祖新，韩可勤. 医药应用概率统计. 北京：科学出版社，2005.

[2] 中国期刊全文数据库，以关键词检索“黄酮”及“超声波”，寻找文献。

[3] 在百度或谷歌中搜索“杭白菊黄酮提取”，查看相关文献。

【班后总结】

课程博客上回顾与总结

老师在课后要及时对这次单元学习情况进行总结，如学生学习正交试验设计优化超声波提取杭白菊黄酮技术的总体情况，有哪些值得表扬，哪些需要改进，同时附上同学们在操作过程中的情景照片，并加上评注；再次针对单元实操过程提出一两个问题要求学生进行讨论或回答；最后学生在留言板上写下自己的心得体会，以及对教师还有什么要求，同时讨论或回答教师留下的问题，畅所欲言。同时提醒同学们该如何进行极差分析和方差分析，尤其是两个指标该如何评定等。

学生上这次课的情况一般是这样：

➢ 超声波回流提取的温度很难控制，往往出现不在回流的条件下提取；

➢ 由于实训中心超声波发生器数量有限，同学没有科学安排好试验顺序，导致等待或拖延试验时间较长，协作不够，场面比较混乱；

➢ 没有弄懂极差分析的意义，对试验的安排不理解，有的甚至随意改变试验条件；

➢ 学生往往不会利用校园网网络查阅有关“正交试验设计助手”软件及使用方法；

➢ 检测含量时操作方法有误，如没有调零、比色皿不干净、读数不准等。

问题讨论：

✓ 杭白菊黄酮应用状况如何，与其它菊花黄酮成分有什么区别？

✓ 如何权衡黄酮纯度与黄酮得率在试验评价中的权重？

✓ 如何将优化的工艺进行指导生产？

✓ 除了提取次数、超声波提取时间、料液比，还有哪些影响波提取效率的因素，若想一并采用正交试验观测，该如何做？

学生博客上留言特点：

✓ 对正交试验设计原理不太理解，方差分析太麻烦，含义不懂；

✓ 留言过于简单，没有思想。

【工作汇报】

轮值组长书面汇报单元任务完成情况

每次当班任务完成以后，只需每组的轮值组长以书面形式，对当班任务完成情况进行汇报。本单元任务书面汇报内容包括如下部分：

✓ 菊花黄酮生产提取技术简介；

✓ 正交试验设计方法的特点及应用注意事项，还有哪些试验设计方法；

✓ 结合课程博客，叙述同学们上课的实际情况及需要改进的地方；

✓ 若要完成订单任务，还需要学习哪些单元生产技术等。

【视野拓展】

微波萃取技术

微波萃取技术（microwave extraction method）是利用微波能来提高萃取效率的一种新技术。微波指频率在300MHz和300GHz之间的电磁波，介于红外线和无线电波之间。在微波场中分子会发生极化，将其在电磁场中所吸收的能量转化为热能。介质中不同组分的介电常数、比热容、含水量不同，吸收微波能的程度不同，由此产生的热量和传递给周围环境的热量也不相同。微波萃取技术起步较微波消解技术晚，还处于初始阶段。在微波萃取过程中，溶剂的极性对萃取效率有很大的影响。

1. 微波萃取机理

微波萃取的机理可从两方面考虑：

一方面微波辐射过程是高频电磁波穿透萃取介质，到达物料的内部维管束和腺胞系统。由于吸收微波能，细胞内部温度迅速上升，使其细胞内部压力超过细胞壁膨胀承受能力，细胞破裂。细胞内有效成分自由流出，在较低的温度条件下萃取介质捕获并溶解。通过进一步过滤和分离，便获得萃取物料。

另一方面，微波所产生的电磁场加速被萃取部分成分向萃取溶剂界面扩散速率，用水作溶剂时，在微波场下，水分子高速转动成为激发态，这是一种高能量不稳定状态，或者水分子汽化，加强萃取组分的驱动力；或者水分子本身释放能量回到基态，所释放的能量传递给其它物质分子，加速其热运动，缩短萃取组分的分子由物料内部扩散到萃取溶剂界面的时间，从而使萃取速率提高数倍，同时还降低了萃取温度，最大限度保证萃取的质量。

2.微波萃取优点

微波与物质相互作用主要是两种方式：极性分子（如 H_2O）在微波电磁场中快速旋转和离子在微波场中的快速迁移，从而相互摩擦而发热。微波加热方式与传统加热方式不同，微波将能量直接作用于被加热物质，空气和器皿基本上不会损耗微波能量，这保证了能量的快速传递和充分利用。

很多研究者在微波萃取作用理论上还存在分歧，但是微波对极性物质的提取的优越性已得到了众多研究者的肯定和支持。微波萃取的优势在于：

① 选择性好。微波萃取过程中由于可以对萃取物质中不同组分进行选择性的加热，因而能使目标物质直接从基体中分离。

② 处理批量大，萃取效率高，省时。基于以上的优点，微波萃取被誉为“绿色分析化学”。

③ 加热效率高，有利于萃取热不稳定物质，可以避免长时间高温引起样品分解。

④ 萃取结果不受物质水分含量影响，回收率高。

⑤ 试剂用量少，节能、污染小。

⑥ 仪器设备简单、低廉，适应面广。

3.微波萃取应用

在微波萃取技术中，存在溶剂水和细胞内水分同时吸收微波以及微波辅助设备的工业放大问题，解决此问题可以采用破壁-浸取联合工艺，先用微波处理润湿的干药材，再用有机溶剂浸提。微波萃取法以其快速的萃取速度和较好的萃取物质量成为天然植物有效成分提取的有力工具，但其萃取机理还需进一步研究，尤其是在国内，微波萃取技术用于中草药提取这方面的研究报道还比较少，其研究和开发的空间和价值极大。

微波萃取技术的应用起步较晚，但由于该技术具有快速高效、操作简单、节能降耗、处理过程中不会产生二次污染物等优点，使其在中草药、香料、保健食品、化妆食品、化妆品、茶饮料、调味料、果胶、高黏度壳聚糖等行业等领域中已经取得了可喜的进展。这些都促使微波萃取技术迅速向工业化发展。

目前微波萃取基本上还停留在实验室小样品的提取及分析阶段，使用设备简陋，有的还使用家用微波炉，工业化微波提取器尚未见报道。近几年，有用于中试生产的微波提取设备问世，主要分两类：一为微波提取罐；另一类为连续微波萃取设备。我们相信，一旦这些设备应用于大生产，必将对食品、香料业，特别是传统中药制药业带来巨大的革命。

提取总结　天然产物有效成分的提取方法

天然产物提取与分离方法的选择，主要是依据该天然产物有效成分及有效群体的存在状态、极性、溶解性及含量等特性，设计一条经济、科学、安全、合理的技术方案来完成。近年来，随着现代工业技术的飞速发展，一些现代生物应用技术不断被应用到天然产物综合利用行业生产中来，大大丰富了天然产物有效成分的提取与分离方法，除了经典的溶剂提取法、水蒸气蒸馏法、升华法、压榨法，微波、超声波技术得到大力发展，高压与真空技术也逐步得以应用。超临界萃取技术由于设备昂贵，生产应用还没有推广。下面将以药用植物为例对以上提取方法作一简单介绍。

一、溶剂提取法

1.溶剂提取法的原理

溶剂提取法是根据药用植物中各种成分在溶剂中的溶解性质，选用对活性成分溶解度大、对不需要溶出成分溶解度小的溶剂，而将有效成分从药材组织内溶解出来的方法。当溶剂加到植物原料（需适当粉碎）中时，溶剂由于扩散、渗透作用逐渐通过细胞壁透入到细胞内，溶解了可溶性物质，而造成细胞内外的浓度差，于是细胞内的浓溶液不断向外扩散，溶剂又不断进入药材组织细胞中，如此多次往返，直至细胞内外溶液浓度达到动态平衡时，将此饱和溶液滤出，继续多次加入新溶剂，就可以把所需要的成分近于完全溶出或大部溶出。

药用植物有效成分在溶剂中的溶解度直接与溶剂性质有关。溶剂可分为水、亲水性有机溶剂及亲脂性有机溶剂，被溶解物质也有亲水性及亲脂性的不同。

有机化合物分子结构中亲水性基团多，其极性大而疏于油；有的亲水性基团少，其极性小而疏于水。这种亲水性、亲脂性及其程度的大小，和化合物的分子结构直接相关。一般来说，两种基本母核相同的成分，其分子中功能基的极性越大，或极性功能基数量越多，则整个分子的极性大，亲水性强，而亲脂性就越弱；其分子非极性部分越大，或碳键越长，则极性小，亲脂性强，而亲水性就越弱。

各类溶剂的性质，同样也与其分子结构有关。例如甲醇、乙醇是亲水性比较强的溶剂，它们的分子比较小，有羟基存在，与水的结构很近似，所以能够和水任意混合。丁醇和戊醇分子中虽都有羟基，保持和水有相似处，但分子逐渐地加大，与水性质也就逐渐疏远。所以它们能彼此部分互溶，在它们互溶达到饱和状态之后，丁醇或戊醇都能与水分层。氯仿、苯和石油醚是烃类或氯烃衍生物，分子中没有氧，属于亲脂性强的溶剂。

这样，我们就可以通过对药用植物有效成分结构分析，去估计它们的此类性质和选用的溶剂。例如葡萄糖、蔗糖等分子比较小的多羟基化合物，具有强亲水性，极易溶于水，就是在亲水性比较强的乙醇中也难以溶解。淀粉虽然羟基数目多，但分子太大，所以难溶解于水。蛋白质和氨基酸都是酸碱两性化合物，有一定程度的极性，所以能溶于水，不溶或难溶于有机溶剂。苷类都比其苷元的亲水性强，特别是皂苷由于它们的分子中往往结合有多数糖分子，羟基数目多，能表现出较强的亲水性，而皂苷元则属于亲脂性强的化合物。多数游离的生物碱是亲脂性化合物，与酸结合成盐后，能够离子化，加强了极性，就变为亲水的性质，这些生物碱可称为半极性化合物。所以，生物碱的盐类易溶于水，不溶或难溶于有机溶剂；而多数游离的生物碱不溶或难溶于水，易溶于亲脂性溶剂，一般以在氯仿中溶解度最大。鞣质是多羟基的化合物，为亲水性的物质。油脂、挥发油、蜡、脂溶性色素都是强亲脂性的成分。

2.溶剂的选择

运用溶剂提取法的关键，是选择适当的溶剂。溶剂选择适当，就可以比较顺利地将需要的成分提取出来。选择溶剂要注意以下三点：①溶剂对有效成分溶解度大，对杂质溶解度小；②溶剂不能与中药的成分起化学变化；③溶剂要经济、易得、使用安全等。

常见的提取溶剂可分为以下三类。

（1）水　水是一种强的极性溶剂。药用植物中亲水性的成分，如无机盐、糖类、分子不太大的多糖类、鞣质、氨基酸、蛋白质、有机酸盐、生物碱盐及苷类等都能被水溶出。为了增加某些成分的溶解度，也常采用酸水及碱水作为提取溶剂。酸水提取，可使生物碱与酸生成盐类而溶出；碱水提取，可使有机酸、黄酮、蒽醌、内酯、香豆素以及酚类成分溶出。但用水提取易酶解苷类成分，且易霉坏变质。某些含果胶、黏液质类成分的中草药，其水提取液常常很难过滤。沸水提取时，植物中的淀粉可被糊化，而增加过滤的困难。故含淀粉量多的植物，不宜磨成细粉后加水煎煮。中药传统用的汤剂，多用中药饮片直火煎煮，加温除可以增大中药成分的溶解度外，还可能与其他成分产生“助溶”现象，增加了一些水中溶解度小的、亲脂性强的成分的溶解度。但多数亲脂性成分在沸水中的溶解度是不大的，即使有助溶现象存在，也不容易提取完全。如果应用大量水煎煮，就会增加蒸发浓缩时的困难，且会溶出大量杂质，给进一步分离提纯带来麻烦。植物水提取液中含有皂苷及黏液质类成分，在减压浓缩时，还会产生大量泡沫，造成浓缩的困难。通常可在蒸馏器上装置一个汽-液分离防溅球加以克服，工业上则常用薄膜浓缩装置。

(2) 亲水性的有机溶剂　也就是一般所说的与水能混溶的有机溶剂，如乙醇（酒精）、甲醇（木精）、丙酮等，以乙醇最常用。乙醇的溶解性能比较好，对植物细胞的穿透能力较强。亲水性的成分除蛋白质、黏液质、果胶、淀粉和部分多糖等外，大多能在乙醇中溶解。难溶于水的亲脂性成分，在乙醇中的溶解度也较大。还可以根据被提取物质的性质，采用不同浓度的乙醇进行提取。用乙醇提取比用水量较少，提取时间短，溶解出的水溶性杂质也少。乙醇为有机溶剂，虽易燃，但毒性小，价格便宜，来源方便，有一定设备即可回收反复使用，而且乙醇的提取液不易发霉变质。由于这些原因，用乙醇提取的方法是历来最常用的方法之一。甲醇的性质和乙醇相似，沸点较低（64℃），但有毒性，使用时应注意。

(3) 亲脂性的有机溶剂　也就是一般所说的与水不能混溶的有机溶剂，如石油醚、苯、氯仿、乙醚、乙酸乙酯、二氯乙烷等。这些溶剂的选择性能强，不能或不容易提出亲水性杂质。但这类溶剂挥发性大，多易燃（氯仿除外），一般有毒，价格较贵，设备要求较高，且它们透入植物组织的能力较弱，往往需要长时间反复提取才能提取完全。如果药材中含有较多的水分，用这类溶剂就很难浸出其有效成分，因此，大量提取植物原料时，直接应用这类溶剂有一定的局限性。

3.提取方法

用溶剂提取药用植物有效成分，常用浸渍法、渗漉法、煎煮法、回流提取法及连续回流提取法等。同时，原料粉碎度、提取时间、提取温度、设备条件等影响提取效率因素，必须加以考虑。

(1) 浸渍法　浸渍法系将植物粉末或碎块装入适当的容器中，加入适宜的溶剂（如乙醇、稀醇或水），浸渍药材以溶出其中成分的方法。本法比较简单易行，但浸出率较差，且如用水为溶剂，其提取液易发霉变质，须注意加入适当的防腐剂。

(2) 渗漉法　渗漉法是将植物粉末装在渗漉器中，不断添加新溶剂，使其渗透过药材，自上而下从渗漉器下部流出浸出液的一种浸出方法。小当溶剂渗进药粉溶出成分比重加大而向下移动时，上层的溶液或稀浸液便置换其位置，造成良好的浓度差，使扩散能较好地进行，故浸出效果优于浸渍法。但应控制流速，在渗渡过程中随时自药面上补充新溶剂，使药材中有效成分充分浸出为止。或当渗滴液颜色极浅或渗漉液的体积相当于原药材重的10倍时，便可认为基本上已提取完全。在大量生产中常将收集的稀渗漉液作为另一批新原料的溶剂之用。

(3) 煎煮法　煎煮法是我国最早使用的传统浸出方法。所用容器一般为陶器、砂罐或铜制、搪瓷器皿，不宜用铁锅，以免药液变色。直火加热时最好时常搅拌，以免局部药材受热太高，容易焦糊。有蒸汽加热设备的药厂，多采用大反应锅、大铜锅、大木桶或水泥砌的池子中通入蒸汽加热。还可将数个煎煮器通过管道互相连接，进行连续煎浸。

(4) 回流提取法 应用有机溶剂加热提取，需采用回流加热装置，以免溶剂挥发损失。小量操作时，可在圆底烧瓶上连接回流冷凝器。瓶内装药材约为容量的30%～50%，溶剂浸过药材表面约1～2cm。在水浴中加热回流，一般保持沸腾约1h放冷过滤，再在药渣中加溶剂，作第二、三次加热回流分别约半小时，或至基本提尽有效成分为止。此法提取效率较冷浸法高，大量生产中多采用连续提取法。

(5) 连续提取法 应用挥发性有机溶剂提取天然植物药用成分，不论小型实验还是大型生产，均以连续提取法为好，而且需用溶剂量较少，提取成分也较完全。实验室常用脂肪提取器或称索氏提取器。连续提取法，一般需数小时才能提取完全。提取成分受热时间较长，遇热不稳定易变化的成分不宜采用此法。

(6) 超声波提取 超声波提取法是利用超声波增大物质分子运动频率和速度，增加溶剂穿透力，提高药物成分溶出速度和溶出次数，缩短提取时间的浸提方法。

(7) 微波辅助提取 微波辅助提取是新发展起来的利用微波能来提高提取效率的新技术。被提取天然植物药用成分在微波电磁场中快速转向及定向排列，从而产生撕裂和相互摩擦引起发热，可以保证能量的快速传递和充分利用，易于溶出和释放。

(8) 超临界流体萃取 超临界流体萃取法是利用超临界状态下的流体为萃取剂，从液体或固体中萃取药用植物有效成分并进行分离的方法。CO_2因其本身无毒、无腐蚀、临界条件适中的特点，成为超临界流体萃取法最为常用的超临界流体。

(9) 酶法提取 植物的细胞壁是由纤维素构成，其中的有效成分往往是包裹在细胞壁内，该法就是利用纤维素酶、果胶酶、蛋白酶等（主要是纤维素酶），破坏植物的细胞壁，以利于有效成分最大限度溶出的一种方法。

二、其他提取方法

1.水蒸气蒸馏法

水蒸气蒸馏法，只适用于难溶或不溶于水、与水不会发生反应、能随水蒸气蒸馏而不被破坏的中草药成分的提取。此类成分的沸点多在100℃以上，与水不相混溶或仅微溶，当温度接近100℃时存在一定的蒸气压，与水在一起加热时，当其蒸气压和水的蒸气压总和为1atm[❶]时，液体就开始沸腾，水蒸气将挥发性物质一并带出。例如药用植物中的挥发油，某些小分子生物碱如麻黄碱、萧碱、槟榔碱，以及某些小分子的酚性物质如牡丹酚、丁香酚、丹皮酚等，都可应用本法提取。有些挥发性成分在水中的溶解度稍大些，常将蒸馏液重新蒸馏，在最先蒸馏出的部分，分出挥发油层，或在蒸馏液水层经盐析法并用低沸点溶剂将成分提取出来。药用植物中的挥发油多采用本法提取，例如玫瑰油、原白头翁素等的制备多采用此法。在具体实验室操作时蒸馏瓶中的药粉和水的总体积为蒸馏瓶容量的1/2为宜，不宜超过2/3。冷凝管的冷凝效率一定要高，当馏出液由浑浊变为澄清时，表示蒸馏已基本完成。

2.升华法

固体物质受热直接气化，称为升华，遇冷后又凝固为固体化合物。药用植物中有一些成分具有升华的性质，故可利用升华法直接自中草药中提取出来。例如樟木中升华的樟脑，在

---

❶ 1atm＝101325Pa。

《本草纲目》中已有详细的记载，为世界上最早应用升华法制取药材有效成分的记述。茶叶中的咖啡碱在178℃以上就能升华而不被分解。游离羟基蒽醌类成分、某些香豆素类、有机酸类成分，有些也具有升华的性质，例如七叶内酯及苯甲酸等。升华法虽然简单易行，但药用植物炭化后，往往产生挥发性的焦油状物，黏附在升华物上，不易精制除去，其次，升华不完全，产率低，有时还伴随有分解现象。

3. 压榨法

某些药用植物有效成分含量较高且存在于植物的液汁中时，可将新鲜原料直接压榨，压出汁液，再进行提取，如从香料植物小提取桔油时，可采用本法，如去香料的植物中精油含量高，多存在于果皮中，大多采用本法抽取精油，如橙皮油、柠檬油、香精油等多采用本法榨取。

4. 半仿生提取法

半仿生提取法（简称SBE法）是将整体药物研究法与分子药物研究法相结合，从生物药剂学的角度，模拟口服给药及药物经胃肠道转运的原理，为经消化道给药中药制剂设计的一种新的提取工艺。即将药料先用一定pH的酸水提取，继以一定pH的碱水提取，提取液分别滤过、浓缩，制成制剂。它将分析思维与系统思维统一起来，形成观察问题的新思路，即在中药提取中坚持了“有成分论，不唯成分论，重在机体的药效学反应”。

这种新提取法可以提取和保留更多的有效成分，能缩短生产周期，降低成本。多种复方制剂的研究提示，“SBE法”有可能替代“WE法”（即水提取法）。“半仿生提取法”能体现中医临床用药的综合作用特点，符合口服给药经胃肠道转运吸收的原理。但目前此方法仍沿袭高温煎煮法，长时间高温煎煮会影响许多有效活性成分，降低药效，为此有人建议将提取温度改为近人体的温度，并且引进酶催化，使药物转化成人体易吸收的综合活性混合物，这样更符合辨证施治的中医药理论。

5. 破碎提取法

在分析各种传统溶剂提取法优缺点的基础上，提出并建立了一种新的提取方法——破碎提取法，这种方法是通过对植物材料在适当溶剂中充分破碎而达到提取的目的。根据流体力学原理，参照国外先进技术，研制出一种新型的破碎提取器，这种提取器主要由高速电机、破碎刀具、容器、底座、主柱及调速开关等组成。电机转速分快、慢两档，破碎提取1次仅需1～2min，提取后药材被破碎成匀浆状。通过选用各种性质的药材，分别进行冷浸提取法、渗漉提取法、回流提取法和破碎提取法所得提取物收得率和薄层色谱对比试验。结果表明，破碎提取法提取快速、完全，且不需加热，可以节约大量的时间、溶剂和能源。破碎提取法虽然操作简单，避免了高温加热，提取时间也极短，但提取物的收率并不是最高，且也局限于实验研究，要应用于大生产，还需进一步研究。

模块二 分离实操模块

入门环节 液液萃取分离茶多酚

1. 茶多酚提纯方法介绍；

2. 液液萃取使用方法概况；
3. 液液萃取的特点；
4. 液液萃取溶剂选择要求。

学习目标

能力目标

1. 能根据订单要求分解生产任务；
2. 用相关方法和设备实现液液萃取分离纯化茶多酚工艺；
3. 按照优化的参数，设计比较合理的试验方案。

知识目标

1. 液液萃取的原理；
2. 萃取剂选择的原则；
3. 工艺参数分析方法；
4. 萃取物含量检测方法。

素质目标

1. 通过真实工作任务，激发学生求知欲；
2. 通过萃取试验设计，培育学生创新意识；
3. 拥有成本意识、节约意识；
4. 团队协作，认真踏实的职业素质。

学习引导

目标要求

1. 根据茶多酚性质设计影响萃取效率因素；
2. 根据试验操作流程，分工安排好组间合作；
3. 液液萃取分离茶多酚工艺操作要点；
4. 做好实验操作记录及现象分析。

做什么?

1. 根据已签订单，分解操作流程；
2. 按照流程，液液萃取分离纯化茶多酚。

怎么做?

1. 查阅文献

➢ 了解绿茶提取液中主要成分；
➢ 了解液液萃取的操作方法；
➢ 设计提取路线。

2. 按照设计路线，分工合作

➢ 按照要求准备实验原料；
➢ 检查实验装置，并调试搭建；
➢ 按照流程进行有序操作；
➢ 做好实验记录，分析实验现象；
➢ 提取效率检测分析。

3. 实验情况，交流汇报

➢ 实验进展及收获心得制成 PPT，班后总结；

➢ 按照规定格式，将实验操作全程以“word”文档进行工作汇报。

【班前例会】

溶剂萃取法概述

用溶剂浸提出天然有效成分后，由于这种浸提物仍是混合物，还需要进一步分离纯化。分离纯化的原理主要是根据目标产物与其它杂质成分物化性质的差异而进行的，这种差异越大，分离纯化显然越易，故在物化性质的几个方面都有差异时，需结合工程实际而有所选择。

1. 两相溶剂萃取法

两相溶剂萃取法简称萃取法，是利用混合物中各成分在两种互不相溶的溶剂中分配系数的不同而达到分离的方法。萃取时如果各成分在两相溶剂中分配系数相差越大，则分离效率越高。如果在水提取液中的有效成分是亲脂性的物质，一般多用亲脂性有机溶剂，如苯、氯仿或乙醚进行两相萃取；如果有效成分是偏于亲水性的物质，在亲脂性溶剂中难溶解，就需要改用弱亲脂性的溶剂，例如乙酸乙酯、丁醇等。还可以在氯仿、乙醚中加入适量乙醇或甲醇以增大其亲水性。

提取黄酮类成分时，多用乙酸乙酯和水的两相萃取。提取亲水性强的皂苷则多选用正丁醇、异戊醇和水作两相萃取。不过，一般有机溶剂亲水性越大，与水作两相萃取的效果就越不好，因为能使较多的亲水性杂质伴随而出，对有效成分进一步精制影响很大。

2. 几个概念

① 分配系数 K_0：在一定温度、一定压力下，溶质分配在两个互不相溶的溶剂里，达到平衡后，它在两相中的浓度之比为常数 K_0，这个常数即称为分配系数。

$$K_0=\frac{c_L}{c_R}=\frac{\text{萃取相浓度}}{\text{萃余相浓度}}$$

② 在溶剂萃取中，含目标物的被提取溶液称为料液（F），其中欲提取的物质称为溶质，用以进行萃取的溶剂称为萃取剂（溶剂）（S）。

③ 经接触混合分相后，大部分溶质转移到萃取剂中，得到的溶液称为萃取液（L），而被萃取出溶质的料液称为萃余液（R）。

④ 选择性或分离程度的高低，用分离因素 β 表示：

$$\beta=\frac{c_{L目}/c_{R目}}{c_{L杂}/c_{R杂}}=\frac{K_{目}}{K_{杂}}$$

β 值被定义为目的物与杂质分配系数之比，其值愈大，分离效果愈好，得到的产品愈纯。

⑤ P（萃取百分率）

$$P=\frac{\text{A 在有机相中的总量}}{\text{A 在两相中的总量和}}$$

⑥ E 称为萃取因素，如分配系数为 K，料液的体积为 V_F，溶剂的体积为 V_S，则经过萃取后，溶质在萃取相与萃余相中数量（质量或摩尔）之比值。

$$E=K\frac{V_S}{V_F}$$

3.萃取剂的选取原则

➢ 溶剂与被萃取的液相互溶度要小，黏度低，界面张力适中，使相的分散和两相分离有利；

➢ 溶剂的回收和再生容易，化学稳定性好；

➢ 溶剂价廉易得，安全性好，如闪点高、低毒等。

➢ 应用溶剂萃取法分离纯化茶多酚时，工程上基本都是选用乙酸乙酯作萃取剂。

4.萃取方式

工业生产中萃取操作一般应包括下面三个过程：

➢ 混合——料液和萃取剂密切接触；

➢ 分离——萃取相与萃余相分离；

➢ 溶媒回收——萃取剂从萃取相（有时需从萃余相）中除去，并加以回收。

因此在萃取流程中必须包括混合器、分离器与回收器。

5.液液萃取塔中试流程装置

见图 2-1。

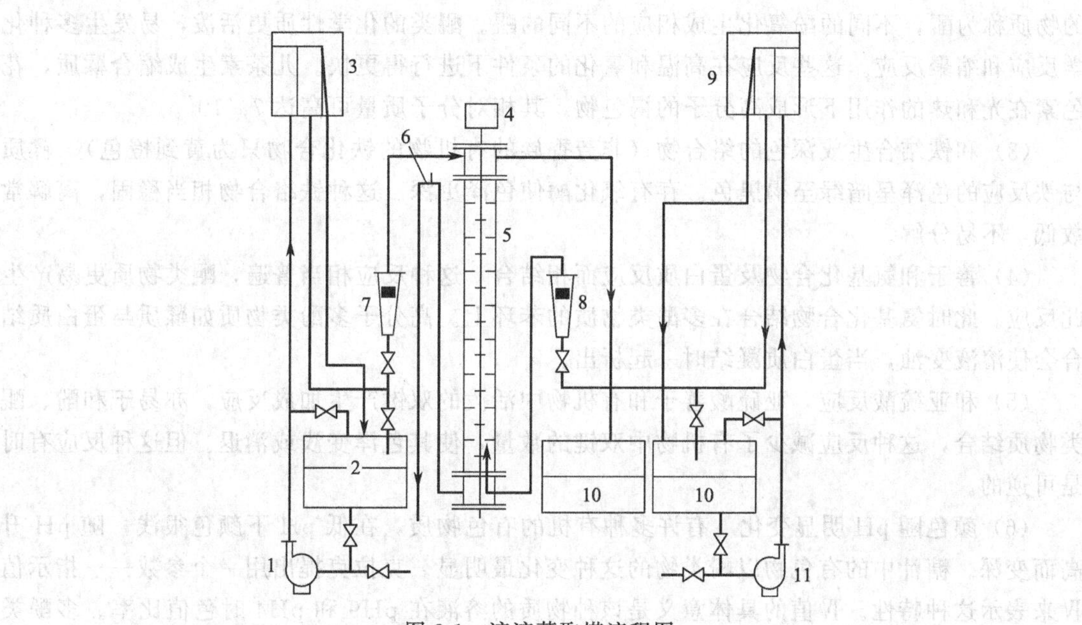

图 2-1　液液萃取塔流程图

1—重相离心泵；2—重相储料罐；3—重相高位槽；4—电机；5—萃取塔；6—π形管；7—重相转子流量计；8—轻相转子流量计；9—轻相高位罐；10—轻相储罐；11—轻相离心泵

萃取塔为桨叶式旋转萃取塔 。塔身为硬质硼硅酸盐玻璃管，塔顶和塔底的玻璃管端扩口处，分别通过增强酚醛压塑法兰、橡皮圈、橡胶垫片与不锈钢法兰连接。塔内有 16 个环形隔板将塔分为 15 段，相邻两隔板的间距为 40mm，每段的中部位置各有在同轴上安装的由 3 片桨叶组成的搅动装置。搅拌转动轴的底端有轴承，顶端亦经轴承穿出塔外与安装在塔顶上的电机主轴相连。电动机为直流电动机，通过调压变压器改变电机电枢电压的方法作无级变速。操作时的转速由指示仪表给出相应的电压。在塔的下部和上部轻重两相的入口管分别在塔内向上或向下延伸约 200mm，分别形成两个分离段，轻重两相将在分离段内分离。萃取塔的有效高度 H 则为轻相入口管管口到两相界面之间的距离。

【任务分解】

多酚类物质分离技术

多酚类化合物是指分子结构中有若干个酚性羟基的植物成分的总称，包括黄酮类、单宁类、酚酸类以及花色苷类等酚是在植物性食物中发现的、具有潜在促进健康作用的化合物。它存在于一些常见的植物性食物，如可可豆、茶、大豆、红酒、蔬菜和水果中。

1.多酚的性质

酚类物质的种类非常多，绝大多数都易溶于水。它们的化学性质很活泼，能产生多种化学反应。它们有多种共通的性质，主要如下：

（1）弱酸性　酚基是弱酸性基团，多数酚类物所含的酚基的离解常数 K 值在 10^{-10}～10^{-9} 之间，即它们约在 pH9～10 之间离解一半，某些多元酚的离解性稍强。因此，它们能在碱性溶液中形成阴离子（大分子则形成负电胶体），并消耗一些碱。不少酚类物含有羧基—COOH，它们的酸性较强（类似一般的有机酸），能在弱酸性下离解。

（2）容易被氧化成醌类物质和发生缩聚反应形成大分子物质　在苯环上结合基团═O的物质称为醌，不同的酚氧化生成相应的不同的醌。醌类的化学性质更活泼，易发生多种化学反应和缩聚反应。这些反应在高温和氧化的条件下进行得更快。儿茶素生成缩合鞣质，花色素在光和热的作用下形成高分子的褐色物，其相对分子质量可高达 7×10^{7}。

（3）和铁结合生成深色的络合物（非芳香族的有机物的铁化合物只为黄到橙色）　鞣质与铁反应的色泽呈暗绿至褐黑色。存有氧化酶使色泽更深。这种铁络合物相当稳固，离解常数低，不易分解。

（4）善于和氨基化合物及蛋白质反应而相结合　这种反应相当普遍，醌类物质更易产生此反应。此时氨基化合物结合在多酚类物质的苯环上。高分子多酚类物质如鞣质与蛋白质结合会使溶液变浊，当蛋白质凝结时一起析出。

（5）和亚硫酸反应　亚硫酸善于和有机物中活泼的双键产生加成反应，亦易于和酚、醌类物质结合，这种反应减少了有机物中双键的数量，使其色泽变浅或消退。但这种反应有时是可逆的。

（6）颜色随 pH 明显变化　有许多种有机的有色物质，在低 pH 下颜色很浅，随 pH 升高而变深。糖汁中的有色物以酚类物的这种变化最明显。克拉克提出用一个参数——指示值Ⅳ来表示这种特性。Ⅳ值的具体意义是该种物质的溶液在 pH9 和 pH4 时色值比率。多酚类的Ⅳ值为 3～10（糖品中其它色素的Ⅳ值低很多），这是由于多酚类在碱性下变成阴离子而使颜色大大加深。

黄酮类结构的物质在高温下特别是碱性下可分裂成 2 分子含酚基或醌基的物质。高分子多酚类物质能与重金属离子结合成不溶性盐。

2.多酚的分离方法

（1）沉淀萃取法　就是先用水溶液将多酚类等物质浸提出来，在一定的 pH 条件下使多酚类物质与 Al^{3+}、Zn^{2+}、Ca^{2+}、Mg^{2+}、Fe^{3+} 等金属离子产生络合沉淀，离心分离出来后用酸转溶，最后用有机溶剂抽提出多酚物质。其操作流程如下：

植物组织预处理→浸提→压滤→调整 pH 值→沉淀→转溶→萃取→有机相浓缩、干燥→多酚类产品也可用冷却沉淀，其原理是根据植物多酚易溶解于热水中，而大分子量多酚在低温下会产生沉淀的性质而达到粗分离的目的。

中国农科院茶叶研究所最早于 20 世纪 80 年代开始用水或乙醇等提取绿茶多酚，可得纯度为72%的粗品。如先用沸水提取，用 $AlCl_3$ 沉淀，再用乙酸乙酯萃取，可得到接近白色的结晶，有效成分达99.5%，提取率约10.5%。沉淀法具有溶剂用量少、设备简单、能耗低等优点，易于推广应用。

(2) 有机溶剂萃取法　主要用于分离可溶性酚类化合物。由于多酚物质在分子结构中具有酚羟基、羟基、羧基等，具有一定的极性，在植物体内通常与蛋白质、多糖以氢键和疏水键形式形成稳定的化合物，而有机溶剂具有断裂氢键的作用，因此可以用乙酸乙酯、丙酮、乙醇等有机溶剂萃取。一般来说，以酸酯多酚为主体的酚类可采用丙酮-水体系萃取，因醇类溶剂易造成醇解反应使多酚分子降解；而以缩合单宁为主体的酚类可采用弱酸性醇-水体系萃取，使以共价键与植物组织分子相联的单宁降解溶出；从乙醚萃取物中可得到低分子量酚类物质，用乙酸乙酯或丙酮-水溶液萃取可得到中等分子量单宁化合物，而在热碱浸提物中可得到大分子量多酚。影响溶剂萃取法效率的因素很多，包括溶剂种类、体积、pH值、温度、提取次数和样品颗粒大小等。有研究分别采用甲醇、乙醇、丙酮或水对香蕉皮多酚进行提取，发现样品中多酚提取率的高低与溶剂的极性有关，以水作溶剂时多酚的提取率最高，其次为甲醇和丙酮，乙醇的多酚提取率最低，而3种有机溶剂分别与水混合作为溶剂时，香蕉皮多酚的提取率高于水及其相应的纯溶剂。

(3) 色谱法　根据植物提取物中不同物质包括多酚类物质不同的分子量、脂溶性、水溶性，可利用色谱法对其进行提取分离。柱色谱是把固定相的吸附剂，如硅胶等装入柱内，然后在柱顶滴入要分离的样品溶液，使它们首先吸附在柱的上端形成一个环带，当样品完全加入后，再选适当的洗脱剂（流动相）进行洗脱。根据载体的不同可具体分为硅胶柱色谱、聚酰胺柱色谱、葡聚糖凝胶柱色谱等进行分离。

(4) 色谱分离法　多种多样，包括纸色谱（PC）、薄层色谱（TLC）、高速逆流色谱（HSCCC）、气相色谱（GC）、高效液相色谱（HPLC）。每种色谱都有各自的分离特点，PC、TLC法虽然简便，成本低，操作方便，但其分离多酚组分不多且定量也不够准确，因此不常用。GC法快速、灵敏度高、分离成分多，但一般用于分离弱极性、易挥发、热稳定性高的有机物。而植物多酚是强极性、不易挥发且结构复杂的有机物，相对分子质量在500～3000之间，相对分子质量越高，热稳定性越弱。为了降低植物多酚的极性和提高挥发性，常常需要加入硅烷化试剂使其衍生化。常用的衍生化试剂有三甲基硅咪唑和*N*,*O*-(三甲基硅烷基）三氟乙酰胺等。由于反相HPLC法具有样品预处理简单、色谱柱选择范围宽、流动相种类及比例可任意变化、分析时间较短和检测方式多样等优点，因此发展特别迅速。

(5) 超临界流体萃取　发展于20世纪60年代，其萃取的优点是结合了气体与液体的萃取特性，近几年被应用于植物多酚的提取。超临界流体低黏度，具有很高的扩散能力，能更易接近与细胞壁结合在一起的酚类化合物；而且密度相当高，具有较强的溶解能力，能使提取更容易。另外，氧化或异构化（如自然发生的顺反异构）在其它传统的提取技术中可能发生，但超临界流体萃取可以使任何可能发生的降解过程降至最低。这是因为超临界流体萃取缩短了提取时间，而且是在没有空气和光照的条件下进行的。

超临界二氧化碳是使用最普遍的萃取溶剂，具有惰性、低毒、无污染、高溶解离力、不易燃等特性。超临界二氧化碳萃取技术与传统提取、浓缩技术相结合，可以制备高纯度的植物多酚，具有有机溶剂用量少、安全性好、污染低、得率高等优点。

3.茶多酚萃取分离

茶多酚提取和分离中所用溶剂的极性由弱到强的顺序为：氯仿＜乙酸乙酯＜丙酮＜乙醇

<水。由于茶多酚是中等极性强度的分子，易溶于水（热水中溶解度更大）和乙醇，乙醇又与水互溶，因此提取茶多酚所用的溶剂主要为水和一定浓度的乙醇。通常情况下用水来提取，但在制造绿色茶多酚时，往往用到乙醇，因乙醇对叶绿素等色素分子具有一定的溶解能力。

在茶多酚萃取分离时，常常通过氯仿萃取来除去咖啡碱及某些色素，但考虑茶多酚的生产用途，鉴于氯仿的毒性，这种方法已经被新技术所取代，如树脂除去咖啡碱等，由于相对成本有所提高，小的企业仍然使用氯仿除去咖啡碱，带来市场混乱。

生产订单：茶多酚 500kg。TP>80%，caf<5%，水分<3%，灰分<2%，国标检测。价格：250 元/kg。

【边做边学】

乙酸乙酯萃取分离茶多酚

1. 材料准备

低纯度茶多酚（45%），氯仿，乙酸乙酯，没食子酸；分析天平，超声波发生器，梨形分液漏斗，铁架台，紫外分光光度计，烧杯，量筒，玻璃棒等。

2. 操作流程

称取粗茶多酚 0.5g→超声波溶解于 25mL 蒸馏水→转入梨形分液漏斗→加 15mL 氯仿萃取→振荡超声波混匀→静置分层→水相→加 10mL 氯仿萃取→振荡超声波混匀→静置分层→水相→加 15mL 乙酸乙酯萃取→振荡超声波混匀→静置分层→水相→加 10mL 乙酸乙酯萃取→振荡超声波混匀→静置分层→水相→加 10mL 乙酸乙酯萃取→振荡超声波混匀→静置分层→酯相→合并酯相→蒸发有机溶剂（可以检测水相）→检测茶多酚及咖啡碱含量（有机溶剂回收）

3. 检测方法

参照 GB/T 8313—2008，GB/T 8312—2002。

4. 关键技术

➢ 标准曲线制备，最后让 2～3 组同学分开做，选择制作最好的那组做标准曲线方程。

➢ 防止萃取时乳化产生，建议学生操作时振荡不要太激烈，但不能因噎废食，不振荡。

➢ 氯仿萃取时，可以在通风橱进行，要注意有机溶剂的回收。

➢ 乳化层在条件允许的前提下可以单独再萃取一次，以便将两相分离彻底。

➢ 最后的酯相检测，一定要把水相中乙酸乙酯除去，方法有电炉直接挥发、旋转蒸发器蒸发，前者防止茶多酚氧化。若检测酯相建议先挥干后，加点乙醇再挥干，然后水溶。

➢ 咖啡碱检测时，可以用高效液相检测（条件允许），方便快速。

➢ 按顺序拆除实验器具，洁净并放回原处，有机溶剂回收。

5. 记录要点

✓ 材料用量；

✓ 萃取次数；

✓ 萃取始末时间；

✓ 萃取液体积；

✓ 检测吸光度，含量计算值。

6. 教师讲解：液液萃取类型及影响因素

（1）影响萃取操作的因素　主要的因素有 pH、温度、盐溶盐析、带溶剂，而在溶剂法分离纯化茶多酚的方法中，最为重要的因素是 pH 和盐溶盐析。

一方面 pH 影响分配系数，因而对萃取收率影响很大；另一方面，pH 对选择性也有影响。如酸性产物一般在酸性下萃取到有机溶剂，而碱性杂质则成盐留在水相，如为酸性杂质则应根据其酸性之强弱，选择合适的 pH，以尽可能去除之。此外，pH 还应该选择在尽量使产物稳定的范围内。

茶多酚因其结构具多酚性羟基而呈弱酸性，咖啡碱属于生物碱，故用乙酸乙酯萃取茶多酚时，偏酸下使咖啡碱成盐有利于减小乙酸乙酯相中咖啡碱的分配系数，从而减少茶多酚成品中咖啡碱的含量，同时偏酸环境下茶多酚不易氧化。

① 盐溶、盐析　加入盐析剂如硫酸铵、氯化钠等可使产物在水中溶解度降低，进而利于产物转入溶剂中去；另外也能减少有机溶剂在水中的溶解度。当然，盐的用量要适当，用量过多也会使杂质一起转入溶剂中。用乙酸乙酯从料液中萃取茶多酚时，加入一定溶度的 NaCl，盐析表现为减小茶多酚在水相中溶解度，降低乙酸乙酯在水中的溶解度，而盐溶则表现为增大茶多酚在乙酸乙酯相中的溶解度，结果自然是增加乙酸乙酯对茶多酚的萃取能力。

② 醇析　如果料液浓缩到一定程度后加入 95% 的酸性乙醇，使茶多糖、蛋白质析出，料液回收乙醇后再用乙酸乙酯萃取茶多酚，可减轻乳化现象。

③ 乳化　影响萃取操作的因素除了上述讨论的内容以外，生产中还经常碰到乳化问题。乳化属于胶体化学范畴，是一种液体成细小液滴（分散相）分散在另一不相混合的液体（连续相）中的分散体系，生成乳状液或乳浊液。在液-液萃取过程中，往往会在两相界面产生乳化现象。

所生成的乳状液可分为“水包油（O/W）”和“油包水（W/O）”两种类型。在生产过程中形成何种类型的乳状液，主要由表面活性剂的性质所决定，如果表面活性剂的亲水基团强度大于亲油基团，则易于形成 O/W 型乳状液；反之，亲油基程度大于亲水基，则易形成 W/O 型乳状液。

④ 去乳化　乳状液的消除方法甚多，有过滤或离心分离、化学法（加电解质破坏双电层）、物理法（超声波、加热、稀释、吸附等）、顶转法（加入其它表面活性剂）。

(2) 萃取操作注意事项

① 先用小试管猛烈振摇约 1min，观察萃取后二液层分层现象。如果容易产生乳化，大量提取时要避免猛烈振摇，可延长萃取时间。如碰到乳化现象，可将乳化层分出，再用新溶剂萃取；乳化现象较严重时，可以采用二相溶剂逆流连续萃取装置。

② 水提取液的相对密度最好在 1.1～1.2 之间，过稀则溶剂用量太大，影响操作。

③ 溶剂与水溶液应保持一定量的比例，第一次萃取时，溶剂要多些，以后的用量可以少一些。

④ 一般萃取 3～4 次即可。但亲水性较大的成分不易转入有机溶剂层时，须增加萃取次数，或改变萃取溶剂。

(3) 液液萃取类型

① 单级萃取　单级萃取只包括一个混和器和一个分离器。料液 F 和溶剂 S 加入混合器中经接触达到平衡后，用分离器分离得到萃取液 L 和萃余液 R。

萃取操作的基本过程如图 2-2 所示。将一定量萃取剂加入原料液中，然后加以搅拌使原料液与萃取剂充分混合，溶质通过相界面由原料液向萃取剂中扩散，所以萃取操作与精馏、

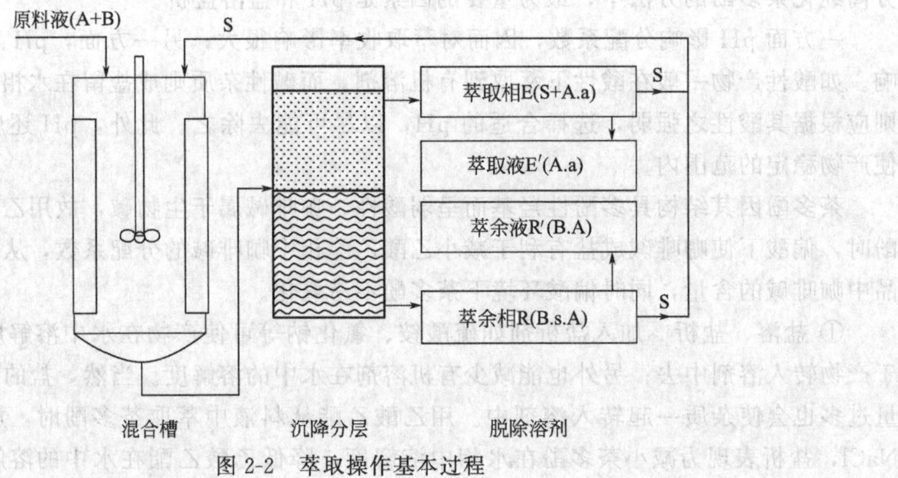

图 2-2　萃取操作基本过程

吸收等过程一样，也属于两相间的传质过程。搅拌停止后，两液相因密度不同而分层：一层以溶剂 S 为主，并溶有较多的溶质，称为萃取相，以 E 表示；另一层以原溶剂（稀释剂）B 为主，且含有未被萃取完的溶质，称为萃余相，以 R 表示。若溶剂 S 和 B 为部分互溶，则萃取相中还含有少量的 B，萃余相中亦含有少量的 S。

由上可知，萃取操作并未有得到纯净的组分，而是新的混合液：萃取相 E 和萃余相 R。为了得到产品 A，并回收溶剂以供循环使用，尚需对这两相分别进行分离。通常采用蒸馏或蒸发的方法，有时也可采用结晶等其它方法。脱除溶剂后的萃取相和萃余相分别称为萃取液和萃余液，以 E′和 R′表示。

② 多级错流萃取　此法中，料液经萃取后，萃余液又与新鲜萃取剂接触，再进行萃取，图 2-3 表示三级错流萃取过程，第一级的萃余液进入第二级作为料液，并加入新鲜萃取剂进行萃取。第二级的萃余液再作为第三级的料液，也同样用新鲜萃取剂进行萃取。此法特点在于每级中都加溶剂，故溶剂消耗量大，而得到的萃取液平均浓度较稀，但萃取较完全。

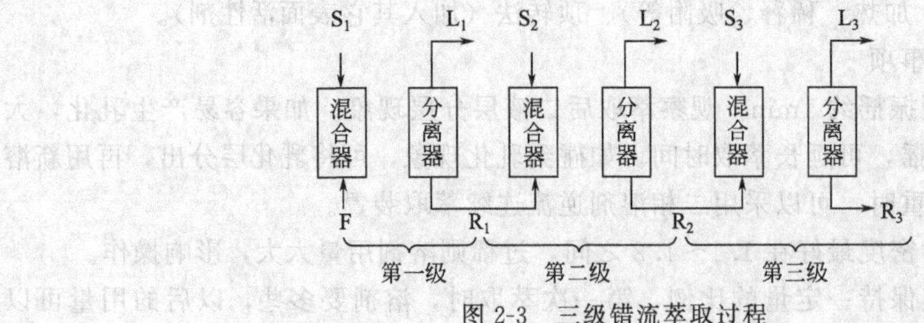

图 2-3　三级错流萃取过程

在多级逆流萃取中，在第一级中加入料液，并逐渐向下一级移动，而在最后一级中加入萃取剂，并逐渐向前一级移动。料液移动的方向和萃取剂移动的方向相反，故称为逆流萃取（图 2-4）。在逆流萃取中，只在最后一级中加入萃取剂，故和错流萃取相比，萃取剂的消耗量较少，因而萃取液平均浓度较高。

原料液 F 以相反方向从第一级加入，逐次通过各级后，溶质组成逐级下降，萃余相由最后一级排出。萃取剂 S 在最后一级加入，逐次通过各级，溶质组成逐级提高，萃取相最终由第一级排出；萃取相 E_1 及萃余相 R_n 经脱除溶剂后得到 E′和 R′，溶剂则返回循环使用（图 2-5）。

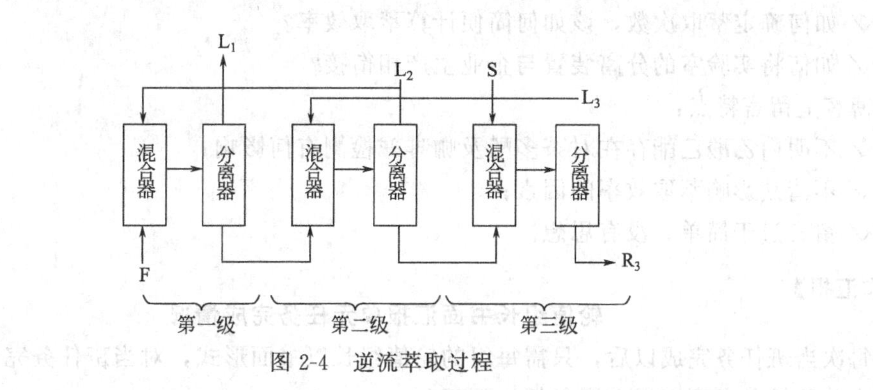

图 2-4 逆流萃取过程

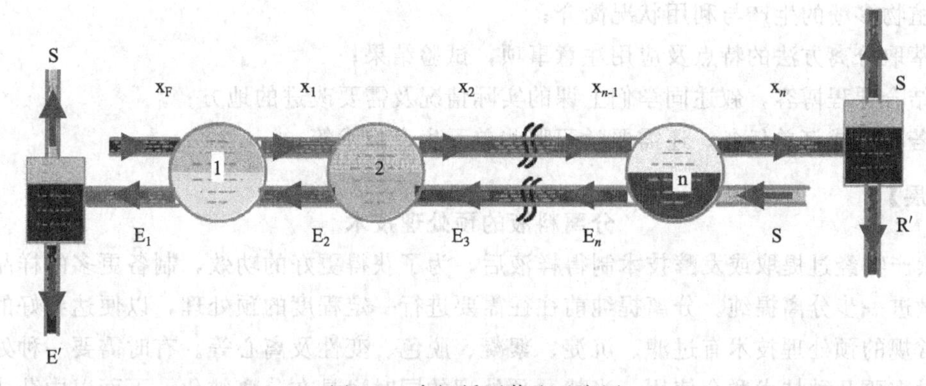

图 2-5 多级循环萃取示意图

7. 文献推荐

[1] 杨贤强，王岳飞，陈留记等. 茶多酚化学. 上海：上海科学技术出版社，2003.

[2] 中国期刊全文数据库，以关键词检索“多酚”及“分离”，寻找文献。

[3] 在百度或谷歌中搜索“茶多酚萃取”，查看相关文献。

【班后总结】

课程博客上回顾与总结

老师在课后要及时对这次单元学习情况进行总结，如学生学习用氯仿除去咖啡碱，乙酸乙酯萃取茶多酚技术的总体情况，有哪些值得表扬，哪些需要改进，同时附上同学们在操作过程中的情景照片，并加上评注；再次针对单元实操过程提出一两个问题要求学生进行讨论或回答；最后学生在留言板上写下自己的心得体会，以及对教师还有什么要求，同时讨论或回答教师留下的问题，畅所欲言。同时提醒同学们该如何进行咖啡碱和茶多酚的检测，尤其是有乙酸乙酯存在该如何操作等。

学生上这次课的情况一般是这样：

➢ 萃取的振荡程度不知该如何把握，经常出现乳化现象，有的萃取不够；

➢ 担心有机溶剂对身体有害，实验草草了事；

➢ 咖啡碱与茶多酚的检测中乙酸乙酯去除不尽，影响检测结果；

➢ 有机溶剂回收后不知该如何贮存，以后该怎么利用；

➢ 检测含量时操作方法有误，如没有调零，比色皿不干净，读数不准等。

问题讨论：

✓ 如何确定萃取溶剂与料液之间的体积比例？

√ 如何确定萃取次数，该如何简便计算萃取效率？

√ 如何将实验室的分离装置与企业生产相衔接？

学生博客上留言特点：

√ 不明白乙酸乙酯存在对茶多酚及咖啡碱检测有何影响；

√ 不清楚影响萃取效率的因素；

√ 留言过于简单，没有思想。

【工作汇报】

轮值组长书面汇报单元任务完成情况

每次当班任务完成以后，只需每组的轮值组长以书面形式，对当班任务完成情况进行汇报。本单元任务书面汇报内容包括如下部分：

√ 植物多酚的生产与利用状况简介；

√ 萃取分离方法的特点及应用注意事项，试验结果；

√ 结合课程博客，叙述同学们上课的实际情况及需要改进的地方；

√ 若要完成订单任务，还需要学习哪些单元生产技术等。

【视野拓展】

分离料液的预处理技术

天然产物经过提取或发酵技术制得样液后，为了获得更好的功效，制备更多的样品，通常需要做进一步分离提纯。分离提纯前往往需要进行一定程度的预处理，以便达到好的分离效果，常规的预处理技术有过滤、沉淀、絮凝、脱色、变性及离心等。有时需要一种处理技术，有时需要几种技术联合使用，当然，预处理的同时也是在分离纯化。下面以中药成分分离纯化的预处理技术为例对此作一简单说明。

1. 过滤技术

有效成分分离纯化的手段及产品质量要求不同，预处理技术也不一样，但过滤通常是各种方法的共同环节。此处的过滤预处理技术，主要是指将分离样液与肉眼可见的固体颗粒分开的技术。实验中心常用滤纸三角漏斗常压过滤、滤布布氏漏斗减压过滤，实训基地或生产车间常用硅藻土过滤、板框过滤等。使用的阶段或前或后根据需要，成本较低，简单方便。

2. 沉淀技术

沉淀法是在天然产物样液中加入某些试剂使其析出其中某种或某些成分，或析出其杂质，产生沉淀。根据使用沉淀试剂的不同分三大类，主要包括铅盐沉淀法、醇沉法、酸碱沉淀法等。

（1）金属盐离子沉淀法　既可用于除去杂质也可用于沉淀有效成分。以铅盐为例，由于醋酸铅及碱式醋酸铅在水及醇溶液中，能与多种天然产物成分生成难溶的沉淀，与 Pb^{2+} 可生成的天然产物成分主要是有机酸、氨基酸、蛋白质、黏液质、鞣质、树脂、酸性皂苷、部分黄酮等。随着安全意识的提高，目前该种处理技术基本不用。

（2）醇沉法　天然产物的水提液中常含有树胶、黏液质、蛋白质、淀粉等，可以加入一定量的乙醇，使这些不溶于乙醇的成分从溶液中沉淀析出，而达到与其它成分分离的目的。丙酮在蛋白质、多糖的提取中也常作沉淀试剂，如自新鲜栝楼根汁中制取天花粉蛋白，可滴入丙酮使分次沉淀析出。另外，提取多糖及多肪类化合物，也多采用水溶解、浓缩、加乙醇或丙酮析出的办法。

（3）酸碱沉淀法　酸碱沉淀法是利用某些成分能在酸或碱液中溶解，当加碱或加酸调整溶液的 pH 后，所需成分又恢复到原来结构，成不溶物而析出以达到分离的目的。例如在生物碱盐的溶液中，加入某些生物碱沉淀试剂，则生物碱生成不溶性复盐而析出。某些蛋白质溶液，可以变更溶液的 pH 值，利用其在等电点时溶解度最小的性质而使之沉淀析出。

3. 絮凝技术

絮凝技术又叫絮凝沉淀技术，是指在混悬的中药提取液或提取浓缩液中加入一种絮凝沉淀剂，以吸附架桥和电中和作用来解除微粒的布朗运动，使微粒能够靠近、接触进而聚集在一起形成絮团，使之沉降，经过滤除去溶液中的粗粒子，以达到精制和提高成品质量目的的一项新技术。在进行高纯度分离之前，利用该技术作为预处理手段，往往效果明显。通常可以除去溶液中的粗粒子，以及淀粉、鞣质、胶质、蛋白质、多糖等无效成分或无需成分。絮凝剂的种类很多，有鞣酸、明胶、蛋清、101 果汁澄清剂、ZTC 澄清剂、壳聚糖等。絮凝技术效率高，生产周期短，成本低，能较多地保留有效成分，在中药制剂的澄清方面已经表现出许多优势，具有相当好的应用前景。

(1) 明胶鞣酸类澄清剂　在含鞣质中的药水提取液中加入明胶或蛋清可以形成明胶鞣酸盐的络合物，与水中悬浮的颗粒一起沉淀。药液中带负电的杂质如树胶、纤维素等在 pH 为酸性时，与带正电荷的明胶相互作用，絮凝而沉淀。

(2) 甲壳素类澄清剂　是一类天然阳离子絮凝剂，为无毒无味不溶于水的白色固体，耐稀酸碱，可生物降解，不形成二次污染，能使料液中带负电荷的悬浮颗粒絮凝沉淀。

(3) 101 果汁澄清剂　是一种新型食用级果汁澄清剂，无毒无味，可与杂质形成絮状沉淀物一并滤过除去，使用时通常配成 5% 水溶液使用。

(4) ZTC 天然澄清剂　南开大学研制，有多种类型，其中广泛用于中草药提取液澄清的是 ZTC-Ⅱ型，可代替醇沉工艺，除去蛋白质、鞣质、树胶等大分子物质，其优点是能保留多糖类成分。

4. 离心技术

离心技术是一种有效的固液分离技术，常有高速离心与低速离心之分。低速离心与过滤处理效果相似，只是利用效率不同，现主要介绍高速离心技术。

利用高速旋转产生的离心力场高效地将固体悬浮物从液体中分离。高速离心技术在使药液澄清的同时，可以有效地防止天然产物有效成分的流失，最大程度地保持天然产物的活性成分，而且还可以缩短工艺流程、降低分离过程的物耗。特别是对解决浸膏、糖浆等用过滤、超滤等难以解决的分离问题，高速离心具有明显的优势。

离心速度对分离效果有显著的影响。但在有些情况下并非离心力越大越好，必须根据体系的具体特征选择合适的离心设备和离心速度。例如对于要除去含蛋白质、多糖等大分子有效成分的天然产物提取液中的悬浮固体颗粒时，离心力场就不能太大。而对蛋白质、多糖等大分子不是有效成分的情况，就可采用比较大的离心力场，除了天然产物提取物中的颗粒外，还可以除去一些蛋白质等大分子，提高提取液澄明度，防止沉淀的产生。对于某些特殊的热敏性极高的有效成分的分离，还可采用冷冻高速离心技术，可以消除高速运动产生的摩擦热，防止热敏的生物活性物质受热失活。

5. 树脂吸附

大孔吸附树脂是一种有机高聚物吸附剂，通过物理吸附和树脂网状孔穴的筛分作用达到分离纯化的目的。应用该技术来对分离料液进行预处理，通常都是经过一定技术处理后的料液。大孔吸附树脂技术既可除去大量杂质，又可使有效成分富集，同时完成除杂、脱色和浓缩两道工序，所以能缩小剂量，提高中药制剂的质量，还可以减少产品的吸潮性，缩短生产周期，去除重金属污染等。大孔树脂的常用型号有：D-101、D-201、MD-05271、CAD-40等，其具有物化稳定性高、吸附选择性好、不受无机物存在的影响、再生简便、解吸条件温和、使用周期长、易于构成闭路循环、节省费用等优点。

但是国产树脂质量较差，如刚性不强，易破碎，致孔剂等合成原料或溶剂去除不易，使得残留物容易混入药液中造成二次污染；在制药业还没有药用标准，对于前处理的方法、再生的条件、树脂吸附和解吸性能判断、残留物的检查等方面，还缺乏工艺条件研究的规范性方法和技术要求。

提高环节　大孔树脂分离荷叶生物碱

行业分析

1. 生物碱性质及应用状况分析；
2. 生物碱生产厂家及市场产品规格介绍；
3. 天然产物有效成分提取技术进展；
4. 大孔树脂的介绍及分离特点。

学习目标

能力目标

1. 能根据订单要求分解生产任务；
2. 用相关方法和设备实现溶剂回流提取茶多酚；
3. 检测馏分中生物碱纯度。

知识目标

1. 生物碱的性质；
2. 大孔树脂分离方法技术要点；
3. 大孔树脂分离设备的使用方法；
4. 分离物含量检测方法。

素质目标

1. 通过真实工作任务，激发学生求知欲；
2. 通过大孔树脂分离纯化方法设计，培育学生创新意识；
3. 拥有成本意识、节约意识；
4. 勤勤恳恳做事、踏踏实实做人职业素质。

学习引导

目标要求

1. 根据生物碱性质设计分离纯化方法；
2. 根据分离洗脱流程，分析影响分离效率因素；
3. 大孔树脂分离洗脱的操作要点；
4. 做好实验操作记录及现象分析。

做什么？

1. 根据已签订单，分解操作流程；

2. 按照流程，大孔树脂分离荷叶生物碱。

怎么做？

1. 查阅文献

➢ 了解荷叶提取物的主要成分；

➢ 了解天然产物常规分离纯化方法；

➢ 分析荷叶生物碱的性质，筛选大孔树脂分离荷叶生物碱的经典方法；

➢ 设计提取路线。

2. 按照设计路线，分工合作

➢ 按照要求准备实验原料；

➢ 检查实验装置，并调试搭建；

➢ 按照流程进行有序操作；

➢ 做好实验记录，分析实验现象；

➢ 提取效率检测分析。

3. 实验情况，交流汇报

➢ 实验进展及收获心得制成 PPT，班后总结；

➢ 按照规定格式，将实验操作全程以“word”文档进行工作汇报。

【班前例会】

大孔树脂分离技术概述

大孔吸附树脂是一种不溶于酸、碱及各种有机溶剂的有机高分子聚合物，应用大孔吸附树脂进行分离的技术是20世纪60年代末发展起来的继离子交换树脂后的分离新技术之一。大孔吸附树脂的孔径与比表面积都比较大，在树脂内部具有三维空间立体孔结构，具有物理化学稳定性高、比表面积大、吸附容量大、选择性好、吸附速度快、解吸条件温和、再生处理方便、使用周期长、宜于构成闭路循环、节省费用等诸多优点。大孔吸附树脂吸附技术最早用于废水处理、医药工业、化学工业、分析化学、临床检定和治疗等领域，近年来在我国已广泛用于中草药有效成分的提取、分离、纯化工作中。应用大孔吸附树脂技术所得提取物体积小、不吸潮、易制成外型美观的各种剂型。

1. 大孔吸附树脂的性质和分离原理

大孔吸附树脂是以苯乙烯、丙烯酸酯、丙烯腈、异丁烯等为单体，加入二乙烯苯等为交联剂，甲苯、煤油等为致孔剂，它们相互交联聚合形成了多孔骨架结构。树脂一般为白色的球状颗粒，直径一般在0.3～1.25mm之间，粒度为20～60目，是一类不含离子交换基团的交联聚合物，理化性质稳定，不溶于酸、碱及有机溶剂，不受无机盐类及强离子低分子化合物的影响。从显微结构上看，大孔吸附树脂包含有许多具有微观小球的网状孔穴结构，颗粒的总表面积很大，具有一定的极性基团，使大孔吸附树脂具有较大的吸附能力；另一方面，这些网状孔穴的孔径有一定的范围，使得它们对通过孔径的化合物根据其分子量的不同而具有一定的选择性。通过吸附性和分子筛原理，有机化合物根据吸附力的不同及分子量的大小，在大孔吸附树脂上经一定的溶剂洗脱而达到分离、纯化、除杂、浓缩等不同目的。

根据分离化合物的大致结构特征来确定分离条件，首先要知道所要分离化合物分子体积的大小；其次要知道分子中是否存在酚羟基、羧基或碱性氮原子等。具体需注意以下几方面。

① 分子极性大小的影响：极性较大的化合物一般适合在中极性的树脂上分离，而极性小的化合物适合在非极性树脂上分离。

② 分子体积大小的影响：在一定条件下，化合物体积越大，吸附力越强，分子体积较大的化合物应选择孔径较大的树脂；对于中极性大孔吸附树脂来说，被分离化合物分子上能形成氢键的基团越多，在相同条件下吸附力越强。对某一化合物吸附力的强弱最终取决于上述因素的综合效应结果。

③ pH 值的影响：被分离溶液的 pH 值对化合物的分离效果至关重要。一般情况下，酸性化合物在适当酸性体系中易被充分吸附；碱性化合物则相反（特殊要求例外），中性化合物在大约中性的情况下吸附分离较好。

④ 被分离成分的柱前处理：在利用大孔吸附树脂进行提纯时，其中需要配合一定的处理工作，如上样分离液的预先沉淀处理、pH 值调节、过滤等，使部分杂质在处理过程中除去；需注意，上样分离液以饱和为好，吸附及洗脱流速根据具体情况选择。

⑤ 洗脱液的选择：洗脱液可使用水、乙醇、甲醇、丙酮、乙酸乙酯以及酸碱溶液等，根据吸附力强弱选用不同的洗脱溶剂及洗脱浓度。对非极性大孔树脂，洗脱溶剂极性越小，洗脱能力越强；对于中极性大孔树脂和极性较大的化合物来说，则用极性较大的溶剂较为合适。

⑥ 树脂柱的清洗：树脂柱吸附化合物洗脱之后，在树脂表面或内部还残留许多杂质成分，这些杂质必须在清洗过程中尽量洗去，否则会影响树脂的吸附力。

2.吸附树脂的种类与型号选择

按照树脂的表面性质，吸附树脂一般分为非极性、中极性和极性三类。非极性吸附树脂是由偶极矩很小的单体聚合物制得的不带任何功能基的吸附树脂。典型的例子是苯乙烯-二乙烯苯体系的吸附树脂。中极性吸附树脂指含酯基的吸附树脂，如丙烯酸酯或甲基丙烯酸酯与双甲基丙烯酸酯等交联的一类共聚物。极性吸附树脂是指含酰胺基、腈基、酚羟基等含氮、氧、硫极性功能基的吸附树脂。此外，有时把含氮、氧、硫等配体基团的离子交换树脂称作强极性吸附树脂，强极性吸附树脂与离子交换树脂的界限很难区别。

据不完全统计，目前国内生产的用于分离、纯化中药提取液的树脂有 D101 型、DA201 型、D 型、SIP 系列、X-5 型、AB-8 型、GDX104 型、LD605 型、LD601 型、CAD-40 型、DM-130 型、R-A 型、CHA-111 型、WLD 型（混合型）、H107 型、NKA-9 型等，这些树脂同国外产的树脂（美国罗姆-哈斯公司的 XAD 系列、日本三菱化成工业株式会社的 HP 系列等）相比，生产厂家和树脂型号显得比较混乱，就以目前最常用的 D101 型树脂来说，供应厂家就有天津树脂厂、天津骨胶厂、天津农药厂（1989 年兼并天津制胶厂，先转制为天津农药股份有限公司）、上海试剂厂、天津市试剂厂、天津南开大学化工厂等，但缺乏统一的标准，厂家提供给用户的有关树脂性能（极性、比表面积、孔径、孔度等）的参数参差不齐，缺乏必要的指导，使得树脂的质量难以得到保证，使用者更在实际应用中带来一定的盲目性，而大孔吸附树脂是吸附性和筛选性原理相结合的分离材料，树脂的孔径、孔度、表面积及极性等不同，性质亦异，使用时必须根据情况加以选择，因此亟待各方共同努力规范树脂的生产供应市场，以统一树脂的质量。

不同极性和含不同官能团的树脂对各类化合物的吸附能力不同，因此，对于中药有效成分或有效部位的纯化，树脂型号的选择非常重要。脂溶性成分（包括甾体类、二萜、三萜、黄酮、木脂素、香豆素、生物碱等）应选择非极性或弱极性树脂，如 D101、AB-8、

HPD100 等；皂苷和生物碱苷类成分应选择弱极性或极性树脂，如 D201、D301、HPD300、HPD600、AB-8、NKA-9 等；黄酮苷、蒽醌苷、木脂素苷、香豆素苷等应选择合成原料中加有甲基丙烯酸甲酯或丙烯腈的树脂，如 D201、D301、HPD600、NKA-9 等。环烯醚萜苷类成分在树脂上吸附能力较差，应选择极性或弱极性树脂，如 HPD600、AB-8、NKA-9 等。

具体使用时还应用试验考察树脂的型号，从两方面考察树脂，即吸附性能和分离性能。有效的吸附树脂应吸附量大、分离效果好。吸附性能也称比吸附值，即树脂对所纯化的目标成分的吸附量。一般考察方法为：将适量的树脂加入已知指标成分含量的药液中，搅拌后放置一定的时间，使树脂充分吸附后，滤出树脂，测定药液中指标成分的含量，计算树脂的吸附量。选择吸附量较大者再进行分离性能试验。分离性能即树脂对目标成分吸附的专属性。一般考察方法为将适量的药液加入选定的各种型号的树脂柱中，先用水洗脱，再用不同浓度的乙醇从低浓度到高浓度进行梯度洗脱，测定各馏分中指标成分的含量，分析树脂的分离性能，选择目标成分在馏分中较集中、指标成分含量高的树脂作为纯化树脂。由于大孔吸附树脂的固有特性，它能富集、分离不同母核结构的药物，可用于单一或复方的分离与纯化。但大孔吸附树脂型号很多，性能用途各异，而中药成分又极其复杂，尤其是复方中药，因此必须根据功能主治明确其有效成分的类别和性质，根据“相似相溶”的原则，即一般非极性吸附剂适用于从极性溶液（如水）中吸附非极性有机物；而高极性吸附剂适用于从非极性溶液中吸附极性溶质；中等极性吸附剂，不但能够从非水介质中吸附极性物质，同时它们具有一定的疏水性，所以也能从极性溶液中吸附非极性物质。

3. 吸附作用机制及影响吸附的因素

吸附作用是指一种或多种物质分子附着在另一种物质（一般是固体）表面上的过程。吸附剂之所以能够吸附某些物质，主要是因为吸附剂表面的原子力场不饱和，有表面能，因而可以吸附某些分子以降低表面能。吸附是一种界面现象，吸附树脂的表面发生吸附作用后，可以使吸附树脂界面上溶质的浓度高于溶剂内溶质的浓度，其结果引起体系内放热和自由能的下降，在给定温度和压力下，吸附都是自动进行的。

吸附剂在溶液内能否吸附某种物质，与该物质在溶剂内的表面张力有关，任何能降低溶剂表面张力的溶质都能被吸附剂吸附。水的表面张力较高，许多溶质能降低其数值，所以在溶液内能被吸附剂吸附。乙醇的表面张力远远低于水，许多溶质降低乙醇表面张力不如降低水表面张力大，故在一般情况下，溶质在水里较在乙醇里被吸附的多，在水里被吸附的物质可以在乙醇里被洗脱。

非极性吸附树脂对物质的吸附主要是通过疏水作用进行的，这是因为该类树脂的表面是聚苯乙烯的疏水性结构，在吸附过程中，溶质分子的疏水部分优先被吸附在该疏水聚合物表面，而溶质分子的亲水部分则留在水相中。研究表明，被吸附物质通常并不进入树脂的微球相，而是被吸附在微球相表面。所以吸附和洗脱的过程一般都比较快。

中极性吸附树脂由于表面亲水性部分和疏水性部分共存，因此当从水中吸附有机物时，吸附质分子的亲水部分和酯基表面之间以极性键联，而疏水部分和吸附树脂骨架之间以标准范德华力相互作用。极性吸附树脂则主要通过它的功能基团与吸附质之间的静电相互作用和氢键等进行吸附。

大孔吸附树脂对天然产物化学成分如生物碱、黄酮、皂苷、香豆素及其它一些苷类成分都有一定的吸附作用。如人参总皂苷、甘草酸、三七总皂苷、绞股蓝总皂苷、蒺藜总皂苷、桔梗总皂苷、知母总皂苷、刺玫果皂苷、毛冬青皂苷、西洋参花皂苷、银杏叶黄酮、葛根黄酮、橙皮苷、荞麦芦丁、川乌、草乌总生物碱、喜树碱、川芎提取物（含川芎嗪及阿魏酸）、银杏内酯及白果内酯、丹参总酚酸、茶多酚、紫草宁、白芍总苷、赤芍总苷、紫苏色素、胆红素、大黄游离蒽醌等。它对糖类的吸附能力很差，对色素的吸附能力较强。利用大孔吸附树脂的多孔结构和选择性吸附功能可从天然产物提取液中分离精制有效成分或有效部位，最大限度地去粗取精，因而被广泛应用于化工、医药等领域。近年来关于大孔吸附树脂在天然产物提取分离中的应用研究报道越来越多。

【任务分解】

生物碱分离技术

生物碱一般指存在于生物体内碱性含氮化合物，多数具有复杂含氮杂环，有光学活性和显著生理效应。生物碱发现始于19世纪初，是人们研究最早且最多的一类天然有机化合物。据统计，目前已发现生物碱约6000种，并仍以每年约100种的速度递增。生物碱在植物体内常与有机酸（如咖啡酸、枸橼酸、草酸、罂粟酸等）结合成盐。所以提取生物碱时，生药粉末可直接用酒精、稀酒精（60％～80％）、水或酸水（一般用0.5％～1％硫酸或乙酸）浸泡、渗漉或加热提取。

1.生物碱分类

生物碱大多具有明显生物活性，且对许多药用植物生物碱分类方法往往较多。若按其植物来源可分为茄科生物碱、百合科生物碱、罂粟科生物碱等；按其生理作用可分为降压生物碱、驱虫生物碱、镇痛生物碱、抗疟生物碱等；按其性质可分为挥发碱、酚性碱、弱碱、强碱、水溶碱等。但最常用分类方法是按其化学结构进行分类，结构已研究清楚的生物碱可分为如下主要类型：嘧啶类，主要是喹喏西啶类（苦参所含生物碱，如苦参碱）；莨菪烷类（洋金花所含生物碱，如莨菪碱）；异喹琳类，主要有苄基异喹琳类（如罂粟碱）、双苄基异喹琳类（汉防已所含生物碱，如汉防已甲素）、原小檗碱类（黄连所含生物碱，如小檗碱）和吗啡类（如吗啡、可卡因）；吲哚类，主要有色胺吲哚类（茱萸碱）、单萜吲哚类（马钱子所含生物碱，如士的宁）、二聚吲哚类（长春碱、长春新碱）；萜类，乌头所含生物碱（如乌头碱；甾体，如贝母碱；有机胺类，麻黄所含生物碱（如麻黄碱、伪麻黄碱）。

2.生物碱分离方法

生物碱分离方法很多，既有经典分离方法，如溶剂萃取法、蒸馏法、沉淀法、盐析法、结晶法、膜渗透升华法等，也有较为先进分离方法，如色谱分离法等。

（1）硅胶柱色谱分离法　主要以二氧化硅作为填料，是较为常用的柱色谱分离方法。硅胶是中性无色颗粒，其性能稳定。硅胶色谱柱适用范围广、成本低、操作方便，是常用的生物碱分离方法。董新荣等利用自制GF254硅胶柱，对北美黄连中主要生物碱进行分离，得到纯度为99.5％的美黄连碱。

（2）柱色谱分离法　即以A_{120}作为填料的色谱分离法，适用于酸性大、活化温度较高的生物碱分离。如采用A_{120}色谱方法，正向分离非酚性粉防已碱与粉防已若林碱，其R_f值适中，展开后放置10min，以显色剂喷显效果好且稳定。这种柱色谱分离法也是较为常用的生物碱分离方法之一，这是由于许多生物碱极性较小，A_{120}对它们的吸附力较小，而杂质则常易被吸附。

（3）大孔树脂分离法　大孔树脂是一类有机高聚物吸附剂，具有大孔网状结构和较大的比表面积，可通过物理吸附从水溶液（或其它溶液）中选择性地吸附有机物。近年来，大孔树脂在中药成分（如生物碱等）精制纯化等领域中应用越来越广泛。黄永林等选择6种大孔吸附树脂分离提取大叶钩藤中的总生物碱，考察大孔吸附树脂对大叶钩藤总生物碱的吸附能力。结果筛选出 D-101 的吸附效果最好，静态吸附容量为 112.5mg/mL，动态吸附容量为 82.7mg/mL，选用 D-101 大孔吸附树脂能很好地提取分离大叶钩藤总生物碱。提取大叶钩藤总生物碱时，用 8 倍树脂体积的 0.08mol/L 盐酸作洗脱剂，成本低、总生物碱洗脱完全，工艺稳定性试验产品含量达 36.7%。

(4) 离子交换树脂　离子交换树脂是一类具有离子交换功能的高分子材料。在溶液中它能将本身的离子与溶液中的同号离子进行交换。按交换基团性质的不同，离子交换树脂可分为阳离子交换树脂和阴离子交换树脂。在生物碱的纯化中一般使用的是阳离子交换树脂。离子交换树脂中的氢离子能与生物碱盐阳离子进行交换。从而与非碱性的化合物分离，再用碱水洗脱得到生物碱。迟玉明等以角蒿总生物碱溶液为对象，以其主要有效成分角蒿酯碱为指标，研究了阳离子交换树脂纯化角蒿总生物碱的方法，包括树脂类型的选择、氨水浓度和乙醇浓度对洗脱效果的影响。试验结果表明，强酸性阳离子交换树脂对角蒿生物碱成分的交换能力较强，且被树脂吸附的生物碱成分可用氨性乙醇溶液快速洗脱。验证试验结果表明，用含氨水的不同浓度（60%、70%和 80%）乙醇溶液进行洗脱，得到的总生物碱含量均在 60%以上，且总生物碱的含量随着乙醇浓度的提高而不断提高。

(5) 膜分离　超滤（UF）的孔径范围为 1～100nm，截留分子量为 10^3～10^6。一般来说生物碱的相对分子质量多在 1000 以下，而提取液中的一些蛋白质、多肽、多糖等无效成分相对分子质量大于 10^4，因此超滤技术可以作为纯化生物碱的有效手段。

马朝阳等用中空纤维膜对苦豆子盐酸提取物中的生物碱进行了超滤纯化的研究，结果表明超滤可以有效去除苦豆子盐酸提取物中的蛋白质和其它杂质，透过液中总生物碱回收率达 93.5%。李淑丽等比较了超滤与醇沉法对黄连解毒汤中有效成分小檗碱的纯化效果，实验结果表明，超滤能够更多去除料液中的杂质，生物碱有效回收率为 95%，明显高于醇沉法 73%的有效回收率。不同的膜会对生物碱提取产生影响，黄罗生等探讨了不同截留分子量的超滤膜对四逆汤中乌头总碱的影响，结果表明乌头总碱的损失与超滤膜截留分子量成反比。

微滤（MF）的孔径在 102～104nm，一般作为纯化的前处理过程，可以起到很好的过滤杂质的效果，高红宁等利用无机陶瓷微滤膜，对苦参水提取液进行处理，微滤后可以得到澄清透明液体，固形物去除率为 39.5%，与醇沉法相当，生物碱保留率在 79.72%，结合大孔树脂法精制苦参中氧化苦参碱，保留率为 78.88%，高于醇沉法，保留更多有效成分和更彻底去除杂质。膜分离技术相对其它分离技术具有显著的优势，但也存在一些亟待解决的问题，如膜在使用过程中的抗污染能力不强，通量衰减造成性能下降、使用寿命短等，尚需在膜材料的选择、优化预处理和清洗方法上作进一步的研究。

3.荷叶生物碱分离

荷叶营养丰富，除含有普通植物所共有的碳水化合物、脂类、蛋白质、单宁等常规成分外，还富含具有明显生物活性的生物碱类化合物和黄酮类化合物。荷叶中的生物碱碱性较弱，不能直接溶解于水中，但能与酸结合生成盐而溶于水，加碱至碱性又可以成为游离态，故荷叶生物碱一般先采用偏酸性的水溶液浸提，然后调溶液的 pH 值至碱性，用有机溶剂（如氯仿）萃取。

经过溶剂提取后的荷叶生物碱粗溶液，除含生物碱及盐类之外，还存在大量其它脂溶性或水溶性杂质，需要先将生物碱成分从中分离出来，然后进行纯化处理。目前在荷叶生物碱的分离纯化中使用较多的方法是有机溶剂萃取、色谱法和树脂吸附法 3 种。常规的有机溶剂萃取虽然操作简单、容易放大，但溶剂用量大且分离纯化的效率不高；色谱法和树脂法使分离效率得到了提高，但分离的荷叶生物碱种类比较单一，对于色谱法中如何选择适合的色谱柱和流动相，以及树脂吸附法中如何选择适合的树脂以及洗脱液，是值得进一步研究的课题，现简单介绍大孔树脂法。

目前在荷叶生物碱纯化中使用较多的是大孔树脂，它具有溶剂用量少、产品质量高、稳定性好、生产周期短、设备简单的特点。赵骏等以荷叶的醇提液分别在D101、D4006、AB-8、NKA-9型四种树脂上进行平行吸附试验，同时采用不同浓度的乙醇进行梯度洗脱，结果表明树脂型号和乙醇浓度对提取效果都有较大影响，且乙醇浓度是主要因素，采用梯度洗脱可使荷叶碱产率达0.8%，产品纯度（质量百分比）在50%～70%之间。王普等采用HPD-100型大孔吸附树脂-柱色谱联用法，以不同体积分数的甲醇水溶液洗脱，分离荷叶中的阿朴啡类生物碱，结果表明3种主要的阿朴啡类生物碱得到了分离富集，80%的甲醇水洗脱液中富集了75.58%的*N*-降荷叶碱和65.03%的*O*-降荷叶碱，95%的甲醇水洗脱液中富集了69.46%的荷叶碱。

生产订单：荷叶生物碱提取物100kg。总生物碱（Total Alkaloids）＞4%，水分＜5%，灰分＜5%，国标检测。价格：400元/kg。

【边做边学】

大孔树脂分离荷叶生物碱

1.材料准备

低纯度荷叶生物碱（2%），乙醇，咖啡碱对照品；D101大孔树脂，玻璃色谱柱（1.6×40），铁架台，紫外分光光度计，分析天平，超声波发生器，烧杯，量筒，玻璃棒等。

2.操作流程

（1）树脂预处理、装柱及平衡

① 预处理 用去离子水漂去树脂中细小颗粒树脂，湿法装柱。用2BV4%的HCl溶液，以5BV/h的流速通过树脂层，并浸泡3h，而后用去离子水以同样流速洗至水洗液呈中性（pH试纸检测pH=7）。用2.5BV 5%的NaOH溶液，以5BV/h的流速通过树脂层并浸泡3h，而后用去离子水以同样流速洗至水洗液呈中性（pH试纸检测pH=7）。

② 湿法装柱 于吸附柱内加入相当于装填树脂1/2的水，然后将新大孔树脂投入柱中，把过量的水从柱底放出，并保持水面高于树脂层表面约20cm，直到所有的树脂全部转移到柱中。从树脂下部缓缓加水，逐渐增加水的流速使树脂床接近完全膨胀，保持这种反冲流速直到所有气泡排尽，所有颗粒充分扩展，小颗粒树脂冲出。

③ 柱平衡 用2倍树脂床体积（2BV）的乙醇，以2BV/h的流速通过树脂层，并保持液面高度，浸泡过夜。用2.5～5BV乙醇，2BV/h的流速通过树脂层，洗至流出液加水不呈白色浑浊为至。从柱中放出少量的乙醇，检查树脂是否洗净，否则继续用乙醇洗柱，直至符合要求为止。

④ 检查方法

a.水不溶性物质的检测 取乙醇洗脱液适量，与同体积的去离子水混合后，溶液应澄清；再在10℃放置30min，溶液仍应澄清。

b.不挥发物的检查 取乙醇洗脱液适量，在200～400nm范围内扫描紫外图谱，在250nm左右应无明显紫外吸收。用去离子水以2BV/h的流速通过树脂层，洗净乙醇。

（2）待分离液制备 称取粗荷叶生物碱提取物2.0g，超声波溶解于100mL 5%的乙醇溶液，抽滤，滤液备用。

(3) 静态吸附

取预处理好的树脂 5mL（树脂层体积）→125mL 锥形瓶（加入 15mL 荷叶生物碱待分离液，再加入 25mL 5%的乙醇溶液，使锥形瓶中液体体积达 50mL）→超声波振荡 15min→静置 15min→过滤树脂，得滤液（Ⅰ）→树脂→加入 45mL 5%的乙醇溶液→过滤树脂→滤液（Ⅱ）→合并滤液（Ⅲ）→检测

滤后树脂→加入 45mL 95%的乙醇溶液→超声波振荡 15min→静置 15min→过滤树脂→滤液（Ⅳ）→树脂→加入 45mL 95%的乙醇溶液→过滤树脂→滤液（Ⅴ）→合并滤液（Ⅵ）→检测

G（树脂吸附量，mg/mL）＝树脂吸附荷叶生物碱量/树脂层体积

(4) 动态分离（BV＝70mL） 按照静态吸附结果，计算上样量。

$$上样体积=G\times BV/20(mL)\times 20\%$$

式中 G——树脂吸附量。

上样流速 V_0＝1.0BV/h，借助核算蛋白分析在线观察洗脱图谱，确定馏分分段界线。

洗脱条件如表 2-1。

表 2-1 洗脱条件

流速/(BV/h)	乙醇浓度/%	洗脱体积/BV	检测点
2.0	20	0.5	
			*
		0.5	
1.5	40		*
		0.5	
			*
		0.5	
			*
		0.5	
1.5	60		*
		0.5	
			*
		0.5	
			*
		0.5	
2.0	80		*
		1.0	
			*

3. 检测方法

参照 GB/T 8312—2002。

4. 关键技术

➢ 树脂中细小颗粒漂去，减少合格树脂损失；

➢ 树脂装柱反洗技术，如何解决装柱中产生气泡问题；

➢ 树脂柱平衡的判断技巧，否则会影响树脂吸附效果；

➢ 静态树脂吸附量计算方法；

➢ 动态树脂吸附分离上样量的确定，洗脱条件的摸索；

➢ 参照咖啡碱检测方法时，如何在这么多分离馏分中选择检测对象，又能既减少检测工作量，又获得需要制备馏分的信息；

➢ 树脂柱注意看护，不能让其产生气泡，整个试验时间跨度较大，如何合理安排试验时间，减少工作量。

5. 记录要点

➢ 材料用量；

➢ 洗脱参数；

➢ 床层体积；

➢ 馏分体积；

➢ 检测吸光度，含量计算值。

6. 教师讲解：影响大孔树脂吸附分离的因素

（1）被分离成分性质

① 极性　分子的极性太小直接影响分离效果。极性较大的分子一般适于在中极性的树脂上分离，极性小的分子适于在非极性树脂上分离。麻秀萍等用极性的 S-8 树脂、弱极性的 AB-8 树脂和非极性的 H107 树脂吸附分离银杏叶黄酮时，S-8 与 AB-8 树脂的吸附量很大，分别达 126.7mg/g 和 102.8mg/g，而 H107 树脂只有 47.7mg/g，这是由于银杏叶黄酮具有多酚结构和糖苷链，具有一定的极性和亲水性，有利于弱极性和极性树脂的吸附。

② 分子大小　有机物通过树脂的网孔扩散到树脂网孔内表面而被吸附，因此树脂吸附能力大小与分子体积密切相关。分子体积较大的化合物选择较大孔径的树脂，否则将影响到分离效果。例如，银杏总黄酮的平均相对分子质量为 760，其分子体积较大。使用孔径较大的树脂 S-8（孔径为 28.0～30.0nm）进行吸附，吸附量为 126.7mg/g；而使用孔径较小的树脂 D4006（孔径为 6.5～7.5nm）时，吸附量仅为 19.0mg/g。

（2）上样溶剂性质

① 溶剂对成分的溶解性　通常一种成分在某种溶剂中溶解度大，则在该溶剂中，树脂对该物质的吸附力就小，反之亦然。故在上样溶液中加入适量无机盐（如氯化钠、硫酸钠、硫酸铵等）可使树脂的吸附量加大，用 D101 型树脂吸附分离人参皂苷时，若在提取液中加入 3%～5%的无机盐，不仅能加快树脂对人参皂苷的吸附速度，而且吸附容量明显增大，这是由于加入无机盐降低了人参皂苷在水中的溶解度，使人参皂苷更易被树脂吸附。

② 溶剂 pH 值　一般而言，酸性化合物在酸性溶液中进行吸附，碱性化合物在碱性溶液中进行吸附较为合适，中性化合物可在近中性的情况下被吸附。用 D 型树脂对汉防已碱等生物碱的酸水溶液进行吸附，其吸附作用很弱。将黄芩素、金丝桃苷、葛根总黄酮的碱性水溶液在 D 型树脂上进行吸附试验，亦有相同现象。而在中性及酸性条件下，树脂对它们的吸附力增大，用 D140 型树脂吸附分离银杏总黄酮，随 pH 的增加，吸附量增加，但到 pH＝4 以后，吸附量则随 pH 的增加而减小，最适合的 pH 条件为 3～4。绞股蓝总苷在碱性

(pH9～10) 条件下，可较好地被树脂吸附，而其它杂质成分形成较强的离子型化合物，随溶液流出，有利于绞股蓝总苷的纯化分离。

(3) 上样溶液浓度 树脂吸附量一般与上样溶液浓度成反比，通常以较低浓度进行吸附较为有利，如果上样溶液浓度偏高，则吸附量会显著减小。用 NKA-9 树脂对绿茶浸提液中的茶多酚进行吸附分离时，随上样溶液中茶多酚浓度的增加（分别为 10mg/L、15mg/L、20mg/L、25mg/L），吸附量逐渐降低（分别为 30.3mg/L、29.4mg/L、26.5mg/L、24.8mg/L）。

(4) 吸附流速 对于同一浓度的上样溶液，吸附流速过大，树脂的吸附量就会下降，例如，对同一浓度的银杏黄酮溶液，用 D140 树脂进行吸附，吸附流速分别为 1BV/h、2BV/h、3BV/h，其吸附率分别为 56.14%、53.79%和 51.97%。但吸附流速过小，吸附时间就会增加，在实际应用时，应综合考虑来确定最佳吸附流速，既要使树脂的吸附效果好，又要保证较高的工作效率，这也正是洗脱条件筛选的参数之一。

(5) 洗脱剂性质

① 洗脱剂种类：常见的洗脱剂有甲醇、乙醇、丙酮、乙酸乙酯等，在实际工作中，乙醇应用较多。可根据吸附力强弱选用不同的洗脱剂及浓度。对于非极性树脂，洗脱剂极性越小，其洗脱能力越强；对于中极性和极性树脂，则用极性较大的洗脱剂为宜。为了达到满意的效果，可设几种不同浓度的洗脱剂洗脱，以确定最佳的洗脱荆浓度。例如，用不同浓度乙醇对芍药苷进行梯度洗脱，结合 HPLC 检测，发现 10%、20%乙醇洗脱液中均含有芍药苷，而 3O%以上浓度的乙醇洗脱液中未检出，故选用 20%乙醇洗脱，即可将芍药苷全部洗脱下来。

② 洗脱剂的 pH 值 洗脱剂的 pH 值对其洗脱能力有显著影响。通过改变洗脱剂的 pH 值，可使吸附物形成较强的离子化合物，很容易被洗脱下来，从而提高洗脱率。例如，黄连生物碱被树脂吸附后，若用 50%、70%、100% 甲醇洗脱，小檗碱的回收率低，为 24.31%～83.46%，若用含 0.5% H_2SO_4 的 50% 甲醇洗脱，则小檗碱的回收率可达 99.78%。

(6) 洗脱流速 洗脱速度也会影响树脂的色谱分离效果，一般洗脱速度要恒定而且合适。保持洗脱速度恒定通常有两种方法：一种是使用恒流泵；另一种是恒压重力洗脱。洗脱速度取决于很多因素，包括柱长、树脂种类、颗粒大小等。一般来讲，洗脱速度慢一些样品可以与树脂基质充分平衡，分离效果好。但洗脱速度过慢会造成样品扩散加剧、区带变宽，反而会降低分辨率，而且实验时间会大大延长；所以实验中应根据实际情况来选择合适的洗脱速度，可以通过进行预备实验来选择洗脱速度。对于内径为 2cm 的色谱柱，流速一般控制在 0.5～5mL/min 为宜，市售的树脂一般会提供一个建议流速，可供参考。例如，用 50%乙醇洗脱毛冬青总皂苷时，流速为 1.5mL/min；用 50%乙醇洗脱川乌总生物碱时，流速为 3mL/min。

装柱示意图见图 2-6。

7. 文献推荐

[1] 王锋鹏. 生物碱化学. 北京：化学工业出版社，2008.

[2] 史作清. 吸附分离树脂在医药工业中的应用. 北京：人民卫生出版社，2008.

[3] 中国期刊全文数据库，以关键词检索“荷叶生物碱”及“大孔树脂”，寻找文献。

[4] 在百度或谷歌中搜索“生物碱分离”，查看相关文献。

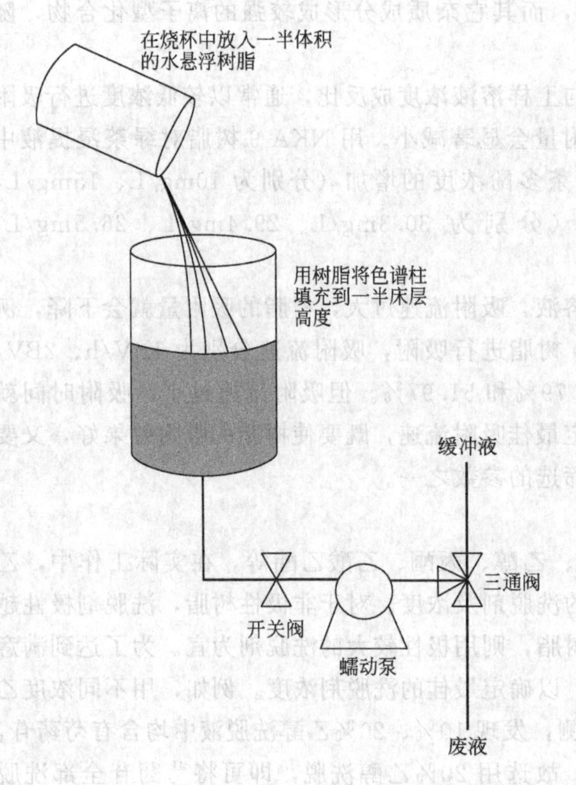

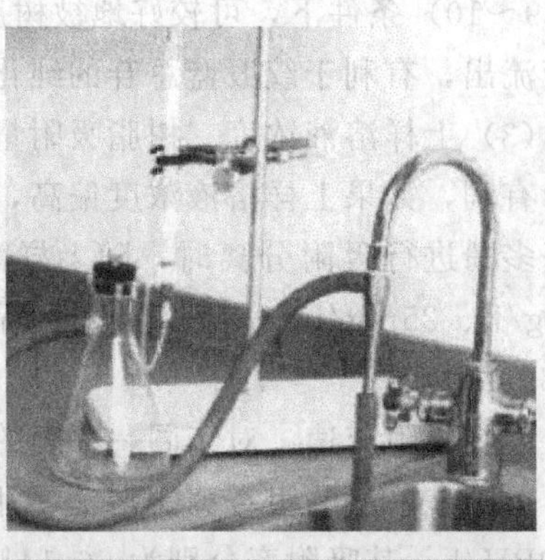

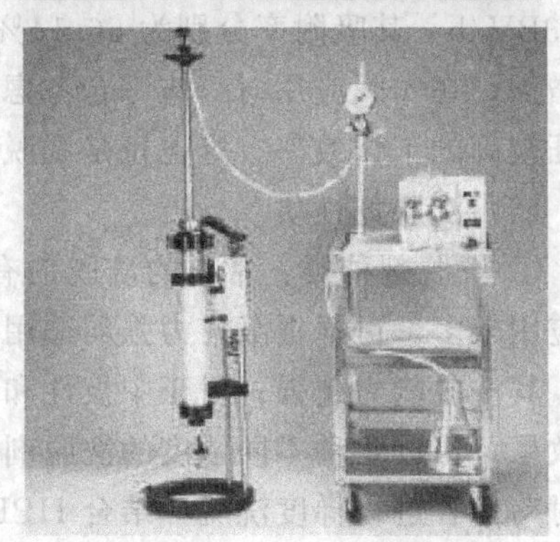

图 2-6　装柱示意图

【班后总结】

课程博客上回顾与总结

老师在课后要及时对这次单元学习情况进行总结，如学生学习用 D101 树脂预处理，装柱、柱平衡、平衡效果判断以及荷叶生物碱静态、动态树脂分离、馏分检测的总体情况，有哪些值得表扬，哪些需要改进，同时附上同学们在操作过程中的情景照片，并加上评注；再次针对单元实操过程提出一两个问题要求学生进行讨论或回答；最后学生在留言板上写下自己的心得体会，以及对教师还有什么要求，同时讨论或回答教师留下的问题，畅所欲言。同时提醒同学们该如何进行树脂柱再生和生物碱的检测，尤其是如何通过检测结果调节分离参数等。

学生上这次课的情况一般是这样：

➢ 整个实训包括树脂预处理、装柱、柱平衡以及柱分离与成分检测，时间跨度要 1 周，同学们往往处理不好各个试验环节的衔接，导致实训效果不好；

➢ 装柱反洗时，不知该如何控制节奏，致使树脂溢出；

➢ 静态吸附时，吸附量计算理解不够，引起每组间差异较大；

➢ 馏分收集无法根据实际情况进行调整，洗脱参数表只是一个参考，要根据在线检测图谱确定；

➢ 蛋白分析操作不熟练，尤其是工作站设置等。

问题讨论：

✓ 如何确定上样液的浓度与上样量？

✓ 洗脱流速对洗脱效果实际影响情况如何？

✓ 如何确定需要收集的馏分？本次实训实际操作情况怎样？

✓ 如何将实验室的树脂分离装置与企业生产相衔接？

✓ 树脂的材料与结构是怎样的？吸附原理该如何理解？

✓ 要想放大操作，还要做什么？

✓ 荷叶生物碱检测方法与茶叶中咖啡碱检测有区别吗？

学生博客上留言特点：

✓ 不清楚影响分离效率的因素；

✓ 留言过于简单，没有思想。

【工作汇报】

轮值组长书面汇报单元任务完成情况

每次当班任务完成以后，只需每组的轮值组长以书面形式，对当班任务完成情况进行汇报。本单元任务书面汇报内容包括如下部分：

✓ 生物碱的生产与利用状况简介；

✓ 荷叶生物碱树脂分离操作过程；

✓ 最后的树脂分离试验结果及分析；

✓ 结合课程博客，叙述同学们上课的实际情况及需要改进的地方；

✓ 若要完成订单任务，还需要学习哪些单元生产技术等。

【视野拓展】

柱色谱技术

液相色谱中的柱色谱法又称柱色谱法，既可以用比较复杂的装置，也可以用简单的设备。用一根适宜的柱子，一个洗脱装置，一个流量控制装置（蠕动泵），一个紫外检测仪和一个部分收集器就可以构成最基本的分离装置。色谱柱是整个过程的心脏，在使用时必须满足下述要求：柱底应有一凝胶的支持层，该支持层应保证溶液能从柱中自由流出；支持层下面的死体积要尽可能小；柱子的出口应有一个合适的接头与检测器和部分收集器相连；以玻璃管和塑料管较好。柱子基本结构如图 2-7。

早期，通过柱子的液体以重力输入为主，这时柱子入口高于出口，以产生静的水压差。但在洗脱期间，贮液容器中洗脱液液面的下降会降低流体压力，从而也降低了洗脱液通过柱子的流速。目前多使用蠕动泵来输送洗脱液（如图 2-8）。蠕动泵可以产生一个稳定的液体流速而被广泛地使用，它可以用于上样品，输送缓冲液，产生梯度洗脱方式。分离生物大分子时，液体流出后要尽快地进行检测，一般使用紫外检测仪。生物大分子一般在 280nm 进行连续的检测，或者在更灵敏的 220nm 或 205nm 波长进行检测，最后使用收集器收集所需的组分。

1. 离子交换色谱法

离子交换色谱是利用离子交换剂上的可交换离子与周围介质中被分离的各种离子间的亲和力不同，经过交换平衡达到分离的目的的一种柱色谱法。该法可以同时分析多种离子化合物，具有灵敏度高、重复性、选择性好、分析速度快等优点，是当前最常用的色谱法之一。

（1）基本原理　离子交换色谱对物质的分离通常是在一根充填有离子交换剂的玻璃管中进行的。离子交换剂为人工合成的多聚物，其上带有许多可电离基团，根据这些基团所带电荷不同，可分为阴离子交换剂和阳离子交换剂。含有欲被分离的离子的溶液通过离子交换柱

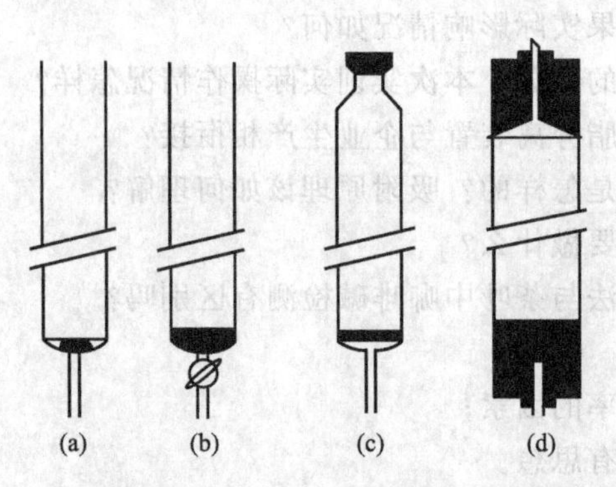

图 2-7 柱子的基本结构

(a) 最简单的玻璃柱，其末端拉成毛细管，出口装有脱脂棉塞；(b) 带有封闭多孔玻璃滤板的玻璃柱，其出口装有毛细管阀；玻璃圆片下面装有玻璃珠，以减小死体积；(c) 顶端装有球面玻璃接头的玻璃柱，出口接上毛细管，多孔玻璃过滤板下面的死体积最小；(d) 柱塞式色谱柱，柱塞底部装有起支撑作用的多孔层，柱中的柱塞用"O"形圈密封，并用一锥体固定，以防止移动

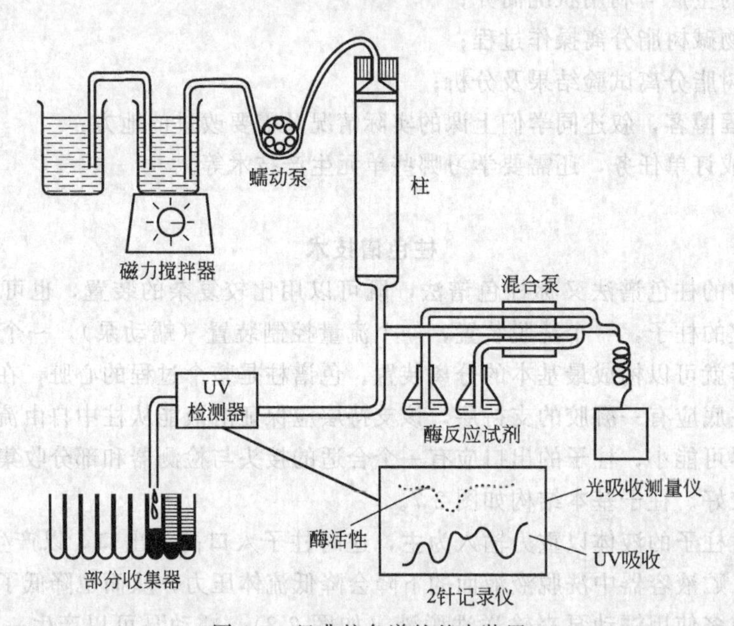

图 2-8 经典柱色谱的基本装置

时，各种离子即与离子交换剂上的荷电部位竞争性结合。任何离子通过柱时的移动速率决定于与离子交换剂的亲和力、电离程度和溶液中各种竞争性离子的性质和浓度。

离子交换剂是由基质、荷电基团和反离子构成，在水中呈不溶解状态，能释放出反离子。同时它与溶液中的其它离子或离子化合物相互结合，结合后不改变本身和被结合离子或离子化合物的理化性质。离子交换剂与水溶液中离子或离子化合物所进行的离子交换反应是可逆的。假定以 RA 代表阳离子交换剂，在溶液中解离出来的阳离子 A^+ 与溶液中的阳离子 B^+ 可发生可逆的交换反应，反应式如下：

$$RA+B^+ \rightleftharpoons RB+A^+$$

该反应能以极快的速率达到平衡，平衡的移动遵循质量作用定律。

离子交换剂对溶液中不同离子具有不同的结合力，结合力的大小取决于离子交换剂的选择性。离子交换剂的选择性可用其反应的平衡常数 K 表示：

$$K=\frac{[RB][A^+]}{[RA][B^+]}$$

如果反应溶液中 $[A^+]$ 等于 $[B^+]$，则 $K=[RB]/[RA]$。若 $K>1$，即 $[RB]>[RA]$，表示离子交换剂对 B^+ 的结合力大于 A^+；若 $K=1$，即 $[RB]=[RA]$，表示离子交换剂对 A^+ 和 B^+ 的结合力相同；若 $K<1$，即 $[RB]<[RA]$，表示离子交换剂对 B^+ 的结合力小于 A^+。K 值是反映离子交换剂对不同离子的结合力或选择性参数，故称 K 值为离子交换剂对 A^+ 和 B^+ 的选择系数。

溶液中的离子与交换剂上的离子进行交换，一般来说，电性越强，越易交换。对于阳离子树脂，在常温常压的稀溶液中，交换量随交换离子的电价增大而增大，如 $Na^+<Ca^{2+}<Al^{3+}<Si^{4+}$。如原子价数相同，交换量则随交换离子的原子序数的增加而增大，如 $Li^+<Na^+<K^+<Pb^+$。在稀溶液中，强碱性树脂的各负电性基团的离子结合力次序是：$CH_3COO^-<F^-<OH^-<HCOO^-<Cl^-<SCN^-<Br^-<CrO_4^{2-}<NO_2^-<I^-<C_2O_4^{2-}<SO_4^{2-}<$柠檬酸根。弱碱性阴离子交换树脂对各负电性基团结合力的次序为：$F^-<Cl^-<Br^-=I^-=CH_3COO^-<MoO_4^{2-}<PO_4^{3-}<AsO_4^{3-}<NO_3^-<$酒石酸根$<$柠檬酸根$<CrO_4^{2-}<SO_4^{2-}<OH^-$。

两性离子如蛋白质、核苷酸、氨基酸等与离子交换剂的结合力，主要决定于它们的理化性质和特定条件下呈现的离子状态。当 $pH<pI$ 时，能被阳离子交换剂吸附；反之，当 $pH>pI$ 时，能被阴离子交换剂吸附。若在相同 pI 条件下，且 $pI>pH$ 时，pI 越高，碱性越强，就越容易被阳离子交换剂吸附。离子交换色谱就是利用离子交换剂的荷电基团，吸附溶液中相反电荷的离子或离子化合物，被吸附的物质随后为带同类型电荷的其它离子所置换而被洗脱。由于各种离子或离子化合物对交换剂的结合力不同，因而洗脱的速率有快有慢，形成了色谱带。

(2) 离子交换剂类型及选择　根据离子交换剂中基质的组成及性质，可将其分成两大类：疏水性离子交换剂和亲水性离子交换剂。

① 疏水性离子交换剂　此类交换剂的基质是一种与水亲和力较小的人工合成树脂，最常见的是由苯乙烯与交联剂二乙烯苯反应生成的聚合物，在此结构中再以共价键引入不同的电荷基团。由于引入电荷基团的性质不同，又可分为阳离子交换树脂、阴离子交换树脂及螯合离子交换树脂。

a. 阳离子交换剂　阳离子交换剂的电荷基团带负电，反离子带正电，故此类交换剂可与溶液中的阳离子或带正电荷化合物进行交换反应。依据电荷基团的强弱，又可将它分为强酸型、中强酸型及弱酸型三种，各含有以下可解离基团：

磺酸基	$—SO_3^- H^+$	(强酸型)
磷酸根	$—PO_3H_2$	(中强酸型)
亚磷酸根	$—PO_2H_2$	(中强酸型)
磷酸基	$—O—PO_2H_2$	(中强酸型)
羧基	—COOH	(弱酸型)
酚羟基	C_6H_5—OH (苯环—OH)	(弱酸型)

这些交换剂在交换时，氢离子为外来的阳离子所取代，如下式所示：

$$R—COOH+Na^+ \rightleftharpoons R—COONa+H^+$$

b. 阴离子交换剂　此类交换剂是在基质骨架上引入季氨［$—N^+(CH_3)_3$］、叔氨［$—N(CH_3)_2$］、仲氨［$—NHCH_3$］和伯氨［$—NH_2$］基团后构成的，依据氨基碱性的强弱，又可分为强碱性（含季氨基）、弱碱性（含叔氨基、仲氨基）及中强碱性（既含强碱性基团又含弱碱性基团）三种阴离子交换剂。它们与溶液中的离子进行交换时，反应式为：

$$R—N^+(CH_3)_3OH^- + Cl^- \rightleftharpoons R—N^+(CH_3)_3Cl^- + OH^-$$

$$R—N^+(CH_3)_2 + H_2O \rightleftharpoons R—N^+(CH_3)_2H \cdot OH^-$$

$$R—N^+(CH_3)_2H \cdot OH + Cl^- \rightleftharpoons R—N^+(CH_3)_2H \cdot Cl^- + OH^-$$

c. 螯合离子交换剂　这类离子交换树脂具有吸附（或络合）一些金属离子而排斥另一些离子的能力，可通过改变溶液的酸度提高其选择性。由于它的高选择性，只需用很短的树脂柱就可以把欲测的金属离子浓缩并洗脱下来。

疏水性离子交换剂由于含有大量的活性基团，交换容量大、流速快、机械强度大，主要用于分离无机离子、有机酸、核苷、核苷酸及氨基酸等小分子物质，也可用于从蛋白质溶液中除去表面活性剂（如 SDS)、去污剂（如 Triton X-100)、尿素、两性电解质等。

② 亲水性离子交换剂　亲水性离子交换剂中的基质为一类天然的或人工合成的化合物，与水亲和性较大，常用的有纤维素、交联葡聚糖及交联琼脂糖等。

a. 纤维素离子交换剂　纤维素离子交换剂或称离子交换纤维素，是以微晶纤维素为基质，再引入电荷基团构成的。根据引入电荷基团的性质，也可分强酸性、弱酸性、强碱性及弱碱性离子交换剂。纤维素离子交换剂中，最为广泛使用的是二乙氨基乙基（DEAE—）纤维素和羧甲基（CM—）纤维素。近年来 Pharmacia 公司用微晶纤维素经交联作用，制成了类似凝胶的珠状弱碱性离子交换剂（DEAE-Sephacel)，结构与 DEAE-纤维素相同，对蛋白质、核酸、激素及其它生物聚合物都有同等的分辨率。目前常用的纤维素交换剂如表 2-2 所示。离子交换纤维素适用于分离大分子多价电解质。它具有疏松的微结构，对生物高分子物质（如蛋白质和核酸分子）有较大的穿透性；表面积大，因而有较大的吸附容量。基质是亲水性的，避免了疏水性反应对蛋白质分离的干扰；电荷密度较低，与蛋白质分子结合不牢固，在温和洗脱条件下即可达到分离的目的，不会引起蛋白质变性。但纤维素分子中只有一小部分羟基被取代，结合在其分子上的解离基团数量不多，故交换容量小，仅为交换树脂的 1/10 左右。

表 2-2　离子交换纤维素

交换剂(简写)	类型	功能基团	交换容量/(毫克当量/g)	适宜工作 pH
磷酸纤维素(P-C)	中强酸型阳离子交换剂	$—PO_3^{2-}$	0.7～7.4	Ph<4
磺酸乙级纤维素(SE-C)	强酸型阳离子交换剂	$—(CH_2)_2SO_3^-$	0.2～0.3	极低
羟甲基纤维素(CM-C)	弱酸型阳离子交换剂	$—CH_2COO^-$	0.5～1.0	pH>4
三乙氨基乙基纤维素(TE-AE-C)	强碱型阴离子交换剂	$—(CH_2)_2N^+(C_2H_5)_3$	0.5～1.0	pH>8.6
二乙氨基乙基纤维素(DE-AE-C)	弱碱型阴离子交换剂	$—(CH_2)_2N^+H(C_2H_5)_2$	0.1～1.0	pH<8.6
氨基乙基纤维素(AE-C)	中等碱型阴离子交换剂	$—(CH_2)_2N^+H_2$	0.3～1.0	
Ecteda 纤维素(ECTE-C)	中等碱型阴离子交换剂	$—(CH_2)_2N^+(C_2H_4OH)_3$	0.3～0.5	

b. 交联葡聚糖离子交换剂　交联葡聚糖离子交换剂是以交联葡聚糖 G-25 和 G-50 为基质，通过化学方法引入电荷基团而制成的。其中交换剂 G-50 型适用于相对分子质量为 $3\times10^4\sim3\times10^6$ 的物质的分离，交换剂 G-25 型能交换相对分子质量较小（$1\times10^3\sim5\times10^3$）的蛋白质。交联葡聚糖离子交换剂的性质与葡聚糖凝胶很相似，在强酸和强碱中不稳定，在 pH＝7 时可耐 120℃的高热。它既有离子交换作用，又有分子筛性质，可根据分子大小对生物高分子物质进行分级分离，但不适用于分级分离相对分子质量大于 2×10^5 的蛋白质。

c. 琼脂糖离子交换剂　主要以交联琼脂糖 CL-6B（Sepharose CL-6B）为基质，引入电荷基团而构成。这种离子交换凝胶对 pH 及温度的变化均较稳定，可在 pH3～10 和 0～70℃范围内使用，改变离子强度或 pH 时，床体积变化不大。例如，DEAE-Sepharose CL-6B 为阴离子交换剂；CM-Sepharose CL-6B 为阳离子交换剂。它们外形呈珠状，网孔大，特别适用于相对分子质量大的蛋白质和核酸等化合物的分离，即使加快流速，也不影响分辨率。

（3）离子交换剂的应用选择　应用离子交换色谱技术分离物质时，选择理想的离子交换剂是提高得率和分辨率的重要环节。任何一种离子交换剂都不可能适用于所有的样品物质的分离，因此必须根据各类离子交换剂的性质以及待分离物质的理化性质，选择一种最理想的离子交换剂进行色谱分离。选择离子交换剂的一般原则如下：

选择阴离子抑或阳离子交换剂，决定于被分离物质所带的电荷性质。如果被分离物质带正电荷，应选择阳离子交换剂；如带负电荷，应选择阴离子交换剂；如被分离物为两性离子，则一般应根据其在稳定 pH 范围内所带电荷的性质来选择交换剂的种类。

强型离子交换剂适用的 pH 范围很广，所以常用它来制备去离子水和分离一些在极端 pH 溶液中解离且较稳定的物质。弱型离子交换剂适用的 pH 范围狭窄，在 pH 为中性的溶液中交换容量高，用它分离生命大分子物质时，其活性不易丧失。

离子交换剂处于电中性时常带有一定的反离子，使用时选择何种离子交换剂，取决于交换剂对各种反离子的结合力。为了提高交换容量，一般应选择结合力较小的反离子。据此，强酸型和强碱型离子交换剂应分别选择 H 型和 OH 型；弱酸型和弱碱型交换剂应分别选择 Na 型和 Cl 型。

交换剂的基质是疏水性还是亲水性，对被分离物质有不同的作用性质（如吸附、分子筛、离子或非离子的作用力等），因此对被分离物质的稳定性和分离效果均有影响。一般认为，在分离生命大分子物质时，选用亲水性基质的交换剂较为合适，它们对被分离物质的吸附和洗脱都比较温和，活性不易破坏。

（4）操作要点

① 交换剂的预处理、再生和转型　商品离子交换树脂为干树脂，要用水浸透使之充分吸水溶胀。又因含有一些水不溶性杂质，所以要用酸、碱处理除去。一般程序如下：干树脂用水浸泡 2h 后减压抽去气泡，倾去水，再用大量去离子水洗至澄清，去水后加 4 倍量的 2mol/L HCl 溶液，搅拌 4h，除去酸液，用水洗至中性，再加 4 倍量的 2mol/L NaOH 溶液，搅拌 4h，除去碱液，用水洗至中性备用。其中处理用的酸碱浓度在不同实验条件下，可以有变动。

如果是亲水型离子交换剂，只能用 0.5mol/L NaOH 和 0.5mol/L NaCl 混合溶液或 0.5mol/L HCl 溶液处理（室温下处理 30min）。

酸碱处理的次序决定了离子交换剂携带反离子的类型。在每次用酸或碱处理后，均应用水洗至近中性，再用碱或酸处理，最后用水洗至中性，经缓冲溶液平衡后即可使用或装柱。

用过的离子交换剂使其恢复原状的方法，称为“再生”。再生时并非每次都用酸碱反复处理，往往只要转型处理就行。所谓转型就是说使用时希望交换剂带何种反离子。长期使用后的树脂含杂质很多，欲将其除掉，应先用沸水处理，然后用酸、碱处理之。树脂若含有脂溶性杂质，可用乙醇或丙酮处理。长期使用过的亲水型离子交换剂的处理，一般只用酸、碱浸泡即可。对琼脂糖离子交换剂的处理，在使用前用蒸馏水漂洗，缓冲溶液平衡后即可。

② 交换剂装柱

a. 离子交换色谱柱　实验室中最简单的色谱柱可用碱式滴定管代替。一般用玻璃或有机玻璃制成的管，底部熔接有3号烧结滤板，也可用玻璃纤维代替。柱的高度依分离物质的不同而定，当所用的交换剂与待分离物质各组分之间的亲和力相差不多而需要交换剂的体积较大时，以增加柱长为宜，使待分离的组分被洗脱后再结合于交换剂上的概率增加，使性质相近的组分能较好地分离，因而增加了分辨率。柱的直径与高度的比以1∶20左右为宜。如采用离子强度较大的梯度洗脱时，以选用粗而短的柱子为宜。因为当柱上洗脱液的离子强度高到足以完全取代被吸附的离子时，这些被置换的离子则以同洗脱液相等的速率从柱上向下移动，如果柱细长，即从脱附到流出之间的距离长，使脱附的离子扩散的机会增加，结果造成分离峰过宽，降低分辨率。用交联葡聚糖离子交换剂和纤维素离子交换剂时，常用的柱高为15～20cm。

b. 装柱　转型再生好的交换剂先放入烧杯，加入少量水，边搅拌边倒入垂直固定的色谱柱中，使交换剂缓慢沉降。交换剂在柱内必须分布均匀，不应有明显的分界线，严防气泡产生，否则将严重影响交换性能。为防止气泡和分界线（即所谓“节”）的出现，在装柱时，可在柱内先加入一定高度的水，一般为柱长的1/3，再加入交换剂，就可借水的浮力而缓慢沉降。同时控制排液口放速率，以保持交换剂面上水的高度不变，交换剂就会连续地缓慢沉降，“节”和气泡就不会产生。

离子交换剂的装柱量要依据其全部交换量和待吸附物质的总量来计算。当溶液含有各种杂质时，必须考虑使交换量留有充分余地，实际交换量只能按理论交换量的25%～50%计算。在样品纯度很低时，或有效成分与杂质的性质相近时，实际交换量应控制得更低些。

③ 样品上柱、洗脱和收集　装柱完毕，通过恒流泵加入起始缓冲溶液，流洗交换剂，直至流出液的pH与起始缓冲溶液相同。关闭色谱柱出液口，准备加样。

打开柱出液口，待缓冲溶液下移至柱床表面时，关闭出液口。用滴管加入已用起始缓冲溶液平衡后的样品。沿柱内壁滴加样品，待样品液加到一定高度后，再移向中央滴加，务必使样品液均匀分布于柱床全表面。然后打开出液口，待样品液全部流入柱床时，先用少量起始缓冲溶液冲洗柱内壁，再接上洗脱装置，按一定速率加入洗脱液，开始色谱分离。

一般分析用的样品液上柱量为床容量的1%～2%。制备用的样品量可适当加大。从交换剂上把被吸附的物质洗脱下来，一种方法是增加离子强度，将被吸附的离子置换出来；另一种是改变pH值，使被吸附离子解离度降低，从而减弱其对交换剂的亲和力而被脱附。

由于被吸附的物质不一定是所要求的单一物质，因此除了正确选择洗脱液外，还采用控制流速和分部收集的方法来获得所需的单一物质。因不同物质的极性不同，容易交换的先流出来，根据先后顺序就能得到较纯的物质。

洗脱液的流速不仅与所用交换剂的结构、颗粒大小及数量有关，而且与色谱柱的粗细及洗脱液的黏度有关，很难定出一定的标准。必须根据具体条件，反复实验，才能得出适合于特定色谱条件的洗脱液流速，一般控制在5～8mL/(cm^2·h)。

经洗脱流出的溶液可用部分收集器分部收集，收集的体积一般以柱体积的1%～2%为宜。若降低分部收集体积，可提高分辨率。分部收集洗脱液经相关的检测分析，便可得知所含物质的数量。也可以用监测仪显示收集的洗脱液在特定波长的吸光度（A）代表被分离物质的浓度，以此为纵坐标，以相应的洗脱体积为横坐标，绘制出洗脱曲线。

离子交换色谱中的洗脱是至关重要的一步，为了有效地从交换剂上将各种被吸附的物质分阶段洗脱下来，常采用梯度溶液进行洗脱，即所谓梯度洗脱。这种溶液的梯度由盐浓度或pH的变化而形成。前者是用一简单的盐（如NaCl或KCl）溶解于稀缓冲溶液中制成的；后者是用两种不同pH值或不同缓冲溶液制成的。

在某些实验条件下，离子交换色谱的洗脱，也选用阶梯式或复合式梯度洗脱液。实践中采用何种形式的梯度洗脱，完全决定于分离要求，无规律可循。一般从线性梯度开始，然后逐步摸索实验，以获得适用于实验的合适洗脱方式。

2.凝胶色谱法

凝胶色谱法也称分子筛色谱法，是指混合物随流动相经过凝胶色谱柱时，其中各组分按其分子大小不同而被分离的技术。该法设备简单、操作方便、重复性好、样品回收率高，除常用于分离纯化蛋白质、核酸、多糖、激素等物质外，还可用于测定蛋白质的分子量，以及样品的脱盐和浓缩等。由于整个色谱过程中一般不变换洗脱液，如过滤一样，故又称凝胶过滤。

（1）基本原理　凝胶是一种不带电荷的具有三维空间的多孔网状结构、呈珠状颗粒的物质，每个颗粒的细微结构及筛孔的直径均匀一致，像筛子。直径大于孔径的分子将不能进入凝胶内部，便直接沿凝胶颗粒的间隙流出，称为全排出；较小的分子在容纳它的空隙内，自

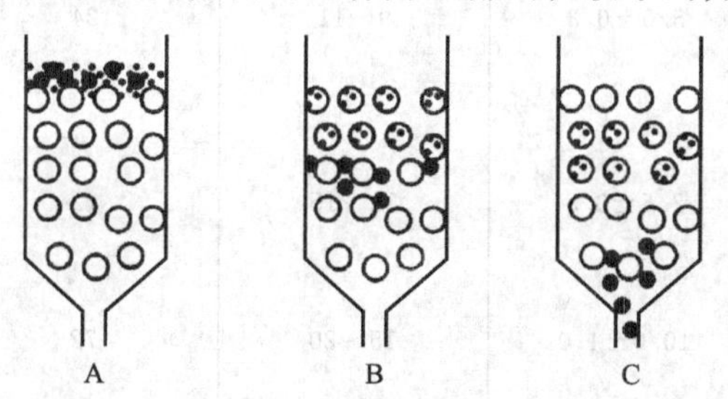

A.加样：含有溶质分子的溶液，通过网状结构的凝胶粒子；B.洗脱：小分子溶质自由扩散于凝胶粒了的缝隙中而进入凝胶相，大分子溶质被排阻于外；C.分离：大分子物质由于扩散受阻，在凝胶中行径较短而最先洗脱下来，小分子物质从凝胶相中扩散出来，最后被洗脱下柱

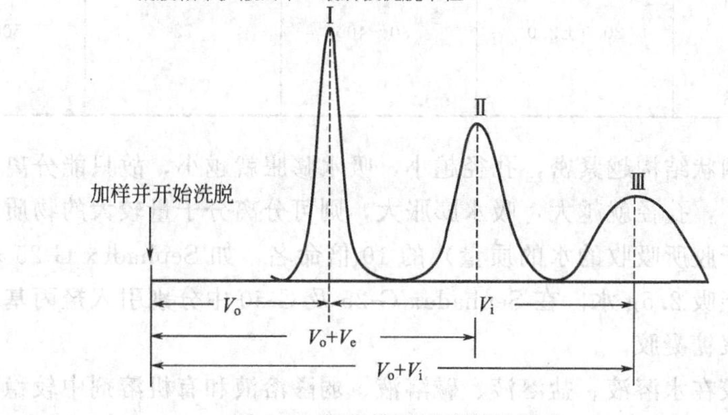

图2-9　凝胶排阻原理及洗脱峰

由出入，造成在柱内保留时间长。这样，较大的分子先被洗脱下来，而较小的分子后被洗脱下来，从而达到相互分离的目的。洗脱时峰的位置和该物质分子量有直接的定量关系。在一根凝胶柱中，颗粒间自由空间所含溶液的体积为外水体积 V，不能进入凝胶孔径的那些大分子，当洗脱体积为 V_o 时，出现洗脱峰。凝胶颗粒内部孔穴的总体积称为内水体积 V_i，能全部渗入凝胶的那些小分子，当洗脱体积为 V_o+V_i 时出现洗脱峰（图 2-9）。

（2）凝胶的类型及性质　色谱用时凝胶都是三维空间的网状高聚物，有一定的孔径和交联度。它们不溶于水，但在水中有较大的膨胀度，具有良好的分子筛功能。它们可分离的分子大小范围广，相对分子质量在 10^2～10^8 范围之间。在柱色谱分离中常用的凝胶有以下几类：

① 交联葡聚糖凝胶　交联葡聚糖凝胶的商品名称为 Sephadex，由葡聚糖和 3-氯-1,2-环氧丙烷（交联剂）以醚键相互交联而形成具有三维空间多孔网状结构的高分子化合物。交联葡聚糖凝胶，按其交联度大小分成 8 种型号（表 2-3）。

表 2-3　各型号交联葡聚糖的性能

型号	颗粒大小（目数）	干胶吸水量/(mL/g 干胶)	干胶膨胀度/(mL/g 干胶)	溶胀时间(20～25℃)/h	分离范围(蛋白质，M_r)
G-10	100～200	1.0±0.1	2～3	3	至 700
G-15	120～200	1.5±0.2	2.5～3.5	3	至 1500
G-25		2.5±0.2	4～6	3	1000～1500
	50～100				
	100～200				
	200～400				
	≥400				
G-50		5.0±0.3	9～11	24	1500～30000
	50～100				
	100～200				
	200～400				
G-75		7.5±0.5	12～15	72	3000～70000
	120～200				
	10～40μm				
G-100		10.0±1.0	15～20	72	4000～150000
	120～200				
	10～40μm				
G-150		15.0±1.5	20～30	72	5000～400000
	120～200				
	10～40μm				
G-200		20.0±2.0	30～40	72	5000～800000
	120～200				
	10～40μm				

交联度越大，网状结构越紧密，孔径越小，吸水膨胀就越小，故只能分离分子量较小的物质；而交联度越小，孔径就越大，吸水膨胀大，则可分离分子量较大的物质。各种型号是以其吸水量（每克干胶所吸收的水的质量）的 10 倍命名，如 Sephadex G-25 表示该凝胶的吸水量为每克干胶能吸 2.5g 水。在 Sephadex G-25 及 G-50 中分别引入羟丙基基团，即可构成 LH 型烷基化葡聚糖凝胶。

交联葡聚糖凝胶在水溶液、盐溶液、碱溶液、弱酸溶液和有机溶剂中较稳定，但当暴露于强酸或氧化剂溶液中，则易使糖苷键水解断裂。在中性条件下，交联葡聚糖凝胶悬浮液能耐高温，用120℃消毒10min而不改变其性质。如要在室温下长期保存，应加入适量防腐剂，如氯仿、叠氮钠等，以免微生物生长。

交联葡聚糖凝胶由于有羧基基团，故能与分离物质中的电荷基团（如碱性蛋白质）发生吸附作用，但可通过提高洗脱液的离子强度得以克服。因此在进行凝胶色谱时，常用含有NaCl的缓冲溶液作洗脱液。交联葡聚糖凝胶可用于分离蛋白质、核酸、酶、多糖、多肽、氨基酸、抗生素，也可用于高分子物质样品的脱盐及测定蛋白质的分子量。

② 琼脂糖凝胶　琼脂糖的商品名称有Sepharose（瑞典）、Bio-gelA（美国）、Segavac（英国）、Gelarose（丹麦）等多种，因生产厂家不同名称各异。琼脂糖是由D-半乳糖和3,6位脱水的L-半乳糖连接构成的多糖链，在温度100℃时呈液态，当下降至45℃以下时，它们之间相互连接成线性双链单环的琼脂糖；再凝聚即呈琼脂糖凝胶。商品除Segavac外，都制备成珠状琼脂糖凝胶。琼脂糖凝胶按其浓度不同，分为Sepharose 2B（浓度为2%）、4B（浓度为4%）及6B（浓度为6%）。Sepharose与1,3-二溴异丙醇在强碱条件下反应，即生成CL型交联琼脂糖，其热稳定性和化学稳定性均有所提高，可在广泛pH溶液（pH3～14）中使用。通常的Sepharose只能在pH4.5～9.0范围内使用。琼脂糖凝胶在干燥状态下保存易破裂，故一般均存放在含防腐剂的水溶液中。

琼脂糖凝胶的机械强度和筛孔的稳定性均优于交联葡聚糖凝胶。琼脂糖凝胶用于柱色谱时，流速较快，因此是一种很好的凝胶色谱载体。

③ 聚丙烯酰胺凝胶　它是由丙烯酚胺与交联剂甲基双丙烯酚胺交联聚合而成。改变单体（丙烯酚胺）的浓度，即可获得不同吸水率的产物。聚丙烯酚胺凝胶的商品名称为Bio-gel P。该凝胶多制成干性珠状颗粒剂型，使用前必须溶胀。聚丙烯酰胺凝胶的稳定性不如交联葡聚糖凝胶，在酸性条件下，其酚胺键易水解为羧基，使凝胶带有一定的离子交换基团，一般在pH4～9范围内使用。实践证明，聚丙烯酰胺凝胶色谱对蛋白质分子量的测定、核苷及核苷酸的分离纯化，均能获得理想的结果。

（3）柱色谱凝胶的选择　在进行凝胶色谱分离样品时，对凝胶的选择是必须考虑的重要方面。一般在选择使用凝胶时应注意以下问题：

混合物的分离程度主要决定于凝胶颗粒内部微孔的孔径和混合物分子量的分布范围。和凝胶孔径有直接关系的是凝胶的交联度。凝胶孔径决定了被排阻物质分子量的下限。移动缓慢的小分子物质，在低交联度的凝胶上不易分离，大分子物质同小分子物质的分离宜用高交联度的凝胶。例如欲除去蛋白质溶液中的盐类时，可选用Sephadex G-25。

凝胶的颗粒粗细与分离效果有直接关系。一般来说，细颗粒分离效果好，但流速慢；而粗颗粒流速快，但会使区带扩散，使洗脱峰变平而宽。因此，如用细颗粒凝胶宜用大直径的色谱柱，用粗颗粒时用小直径的色谱柱。在实际操作中，要根据工作需要，选择适当的颗粒大小并调整流速。

选择合适的凝胶种类以后，再根据色谱柱的体积和干胶的溶胀度，计算出所需干胶的用量，其计算公式如下：

$$干胶用量(g)=\pi r^2 h/溶胀度$$

考虑到凝胶在处理过程中会有部分损失，用上式计算得出的干胶用量应再增加10%～20%。

（4）操作要点

① 凝胶处理　交联葡聚糖及聚丙烯酰胺凝胶的市售商品多为干燥颗粒，使用前必须充

分溶胀。方法是将欲使用的干凝胶缓慢地倾倒入 5～10 倍的去离子水中，参照表 2-3 及其它相关资料中凝胶溶胀所需时间，进行充分浸泡，然后用倾倒法除去表面悬浮的小颗粒，并减压抽气排除凝胶悬液中的气泡，准备装柱。在许多情况下，也可采用加热煮沸方法进行凝胶溶胀，此法不仅能加快溶胀速率，而且能除去凝胶中污染的细菌，同时排除气泡。

② 凝胶柱制备　合理选择色谱柱的长度和直径，是保证分离效果的重要环节。理想的色谱柱的直径与长度之比一般为 1∶(25～100)。凝胶柱的装填方法和要求，基本上与离子交换柱的制备相同。一根理想的凝胶柱要求柱中的填料（凝胶）密度均匀一致，没有空隙和气泡。通常新装的凝胶柱用适当的缓冲溶液平衡后，将蓝色的葡聚糖凝胶-2000、细胞色素或血红蛋白等物质配制成浓度为 2g/L 的溶液过柱，观察色带是否均匀下移，以鉴定新装柱的技术质量是否合格，否则必须重新装填。

③ 加样与洗脱　加样量与测定方法和色谱柱大小有关。如果检测方法灵敏度高或柱床体积小，加样量可小；否则，加样量增大。例如利用凝胶色谱分离蛋白质时，若采用 280nm 波长测定吸光度，对一根 2cm×60cm 的柱来说，加样量需 5mg 左右。一般来说，加样量越少或加样体积越小（样品浓度高），分辨率越高。通常样品液的加入量应掌握在凝胶床总体积的 5%～10%。样品体积过大，分离效果不好。

对高分辨率的分子筛色谱，样品溶液的体积主要由内水体积（V_i）所决定，故高吸水量凝胶如 Sephadex G-200，每毫升总床体积可加 0.3～0.5mg 溶质，使用体积约为 0.02 倍总体积；而低吸水量凝胶如 Sephadex G-75，每毫升总床体积加溶质质量为 0.2mg，样品体积为 0.01 倍总体积。

a. 加样方法　如同离子交换柱色谱一样，凝胶床经平衡后，吸去上层液体，待平衡液下降至床表面时，关闭流出口，用滴管加入样品液，打开流出口，使样品液缓慢渗入凝胶床内。当样品液面恰与凝胶床表面持平时，小心加入数毫升洗脱液冲洗管壁。然后继续用大量洗脱液洗脱。

b. 洗脱　加完样品后，将色谱床与洗脱液储瓶、检测仪、分部收集器及记录仪相连，根据被分离物质的性质，预先估计好一个适宜的流速，定量地分部收集流出液，每组分 1mL 至几毫升。各组分可用适当的方法进行定性或定量分析。

凝胶柱色谱一般都以单一缓冲溶液或盐溶液作为洗脱液，有时甚至可用蒸馏水。洗脱时用于流速控制的装置最好的是恒流泵。若无此装置，可用控制操作压的办法进行。

(5) 凝胶的再生和保存　凝胶色谱的载体不会与被分离的物质发生任何作用，因此凝胶柱在色谱分离后稍加平衡即可进行下一次的分析操作。但使用多次后，由于床体积变小，流动速率降低或杂质污染等原因，使分离效果受到影响。此时对凝胶柱需进行再生处理，其方法是：先用水反复进行逆向冲洗，再用缓冲溶液平衡，即可进行下一次分析。对使用过的凝胶，若要短时间保存，只要反复洗涤除去蛋白质等杂质，加入适量的防腐剂即可；若要长期保存，则需将凝胶从柱中取出，进行洗涤、脱水和干燥等处理后，装瓶保存之。

拓展环节　超滤膜分离海带多糖

行业分析

1. 海带多糖性质及应用状况分析；

2. 海带多糖生产厂家及市场产品规格介绍；

3. 天然产物有效成分提取技术进展；
4. 超滤膜分离技术特点。

学习目标

能力目标

1. 能根据订单要求分解生产任务；
2. 用相关方法和设备实现超滤膜分离海带多糖；
3. 检测计算分离效率。

知识目标

1. 海带多糖性质；
2. 超滤膜分离方法技术要点；
3. 超滤膜设备使用方法；
4. 透过液与截留液含量检测方法。

素质目标

1. 通过真实工作任务，激发学生求知欲；
2. 通过超滤膜分离方法设计，培育学生创新意识；
3. 拥有成本意识、节约意识；
4. 勤勤恳恳做事、踏踏实实做人职业素质。

学习引导

目标要求

1. 根据海带多糖性质设计分离方法；
2. 根据膜过滤操作流程，分析影响分离效率因素；
3. 超滤膜分离海带多糖操作要点；
4. 做好实验操作记录及现象分析。

做什么？

1. 根据已签订单，分解操作流程；
2. 按照流程，超滤膜分离海带多糖。

怎么做？

1. 查阅文献

➢ 了解海带提取物的主要成分；
➢ 了解天然产物常规分离纯化方法；
➢ 分析海带多糖性质，筛选膜孔径、过膜压力；
➢ 设计分离路线。

2. 按照设计路线，分工合作

➢ 按照要求准备实验原料；
➢ 检查实验装置，并调试膜设备；
➢ 按照流程进行有序操作；
➢ 做好实验记录，分析实验现象；
➢ 提取效率检测分析。

3. 实验情况，交流汇报

➢ 实验进展及收获心得制成 PPT，班后总结；

➢ 按照规定格式，将实验操作全程以“word”文档进行工作汇报。

【班前例会】

超滤技术

超滤（ultrafiltration，简称 UF）过程通常可以理解成与膜孔径大小相关的筛分过程。以膜两侧的压力差为驱动力、以超滤膜为过滤介质，在一定的压力下，当水流过膜表面时，只允许水、无机盐及小分子物质透过膜，而阻止水中的悬浮物、胶体、蛋白质和微生物等大分子物质通过，以达到溶液的净化、分离与浓缩的目的。图 2-10 简单地表示了这一过程。

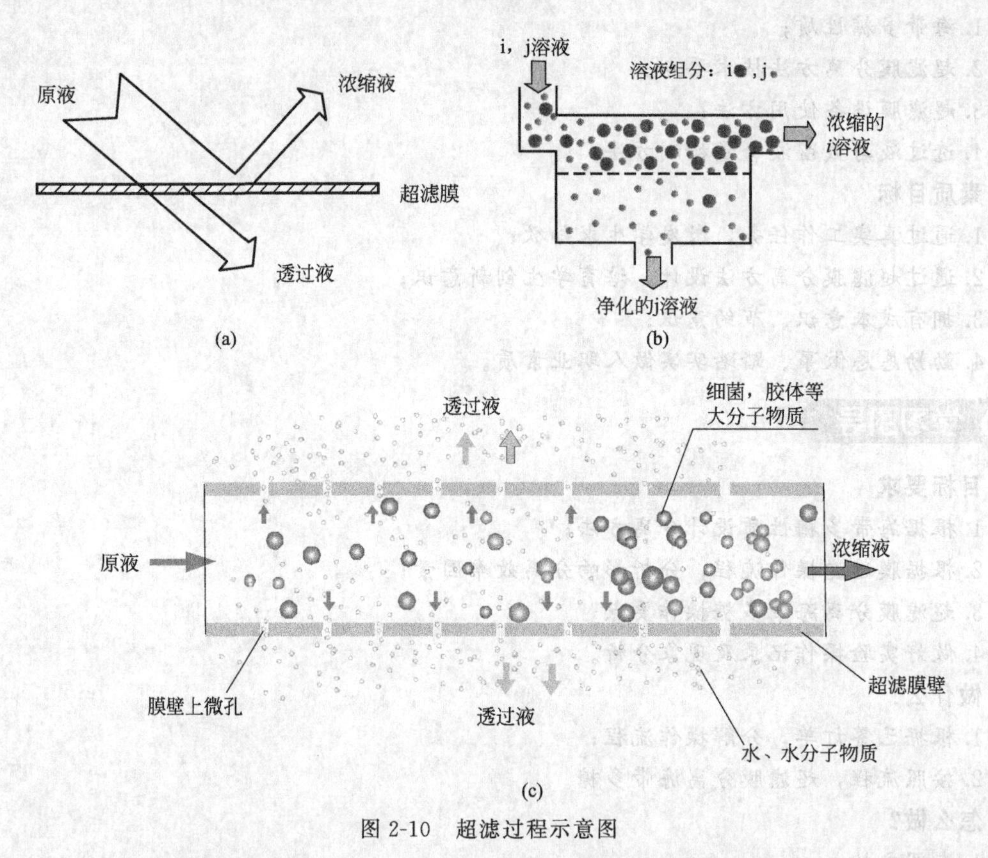

图 2-10 超滤过程示意图

超滤的膜孔径范围为 0.05～1μm，其典型应用是从溶液中分离大分子物质和胶体，所能分离的溶质分子质量下限为几千道尔顿（Dalton，物理单位，对分子来说，1 个分子的质量，用道尔顿表示单位时，其值相当于分子量）。超滤膜可视为多孔膜，其截留取决于溶质大小和形状（与膜孔大小相对而言）。超滤膜具有不对称结构，微观上可分两层结构：上层是具有致密微孔结构的，拦截大分子的功能层（或称皮层），孔径为 1nm～1μm；下层是具有大通孔的支撑层，起增大强度的作用。因功能层很薄，膜具有很高的透水通量。超滤膜皮层厚度一般小于 1μm，如图 2-11 所示典型不对称聚砜超滤膜，超滤过程中，膜通量正比于操作压力。

中空纤维超滤膜是工业上应用比较广泛的超滤膜之一。一个中空纤维超滤膜组件主要是由成百到上千根细小的中空纤维丝和膜外壳两部分组成，一般将中空纤维膜内径在 0.6～

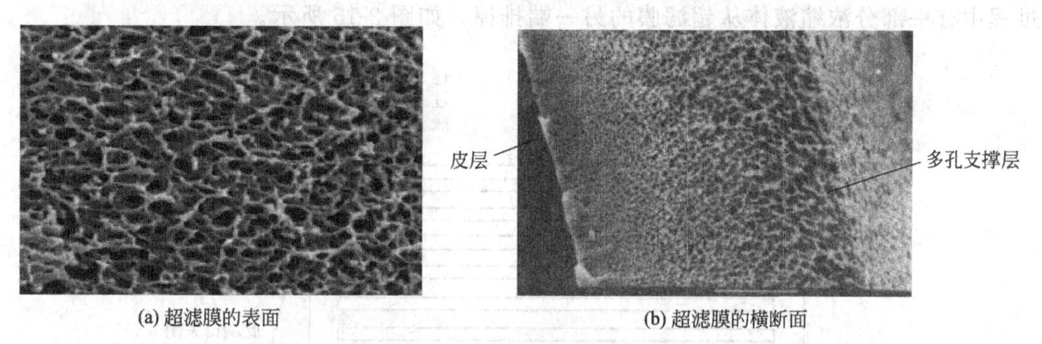

图 2-11 聚砜超滤膜扫描电镜图（放大：10000 倍）

6mm 之间的超滤膜称为毛细管式超滤膜，毛细管式超滤膜因内径较大，因此不易被大颗粒物质堵塞，更适用于过滤原液浓度较大的场合。按进水方式的不同，中空纤维超滤膜又分为内压式和外压式两种。

（1）内压式　即原液先进入中空丝内部，经压力差驱动，沿径向由内向外渗透过中空纤维成为透过液，浓缩液则留在中空丝的内部，由另一端流出，其流向如图 2-12 所示。其中环氧树脂端封的作用是在中空纤维膜丝的端头密封住膜丝之间的间隙，从而使原液与透过液分离，防止原液不经过膜丝过滤而直接渗入到透过液中。

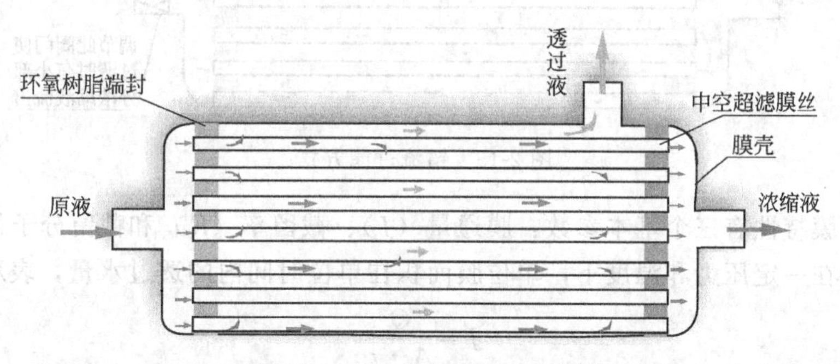

图 2-12 内压式中空纤维超滤膜

（2）外压式中空纤维超滤膜　则是原液经压力差沿径向由外向内渗透过中空纤维成为透过液，而截留的物质则汇集在中空丝的外部，其流向如图 2-13 所示。

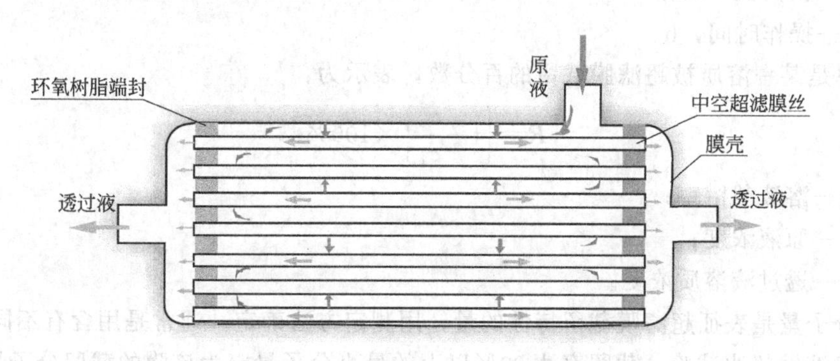

图 2-13 外压式中空纤维超滤膜

中空纤维超滤膜的过滤方式主要分为全量过滤和错流过滤两种：全量过滤方式是指原液中的水分子全部渗透过超滤膜，没有浓缩液流出，如图 2-14；而错流过滤方式则是在过滤的过程中有一部分浓缩液体从超滤膜的另一端排掉，如图 2-15 所示。

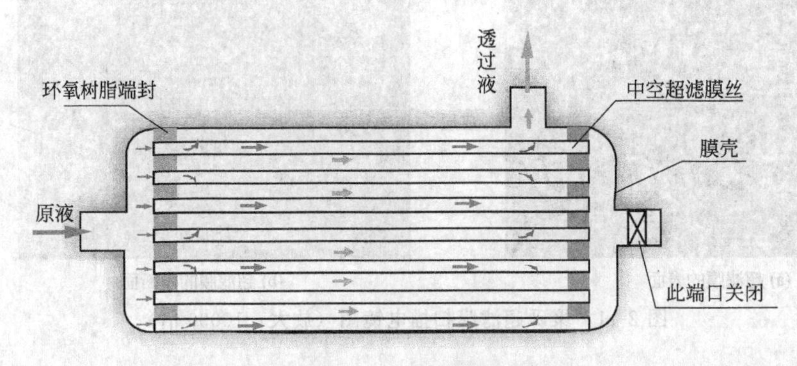

图 2-14　全量过滤方式

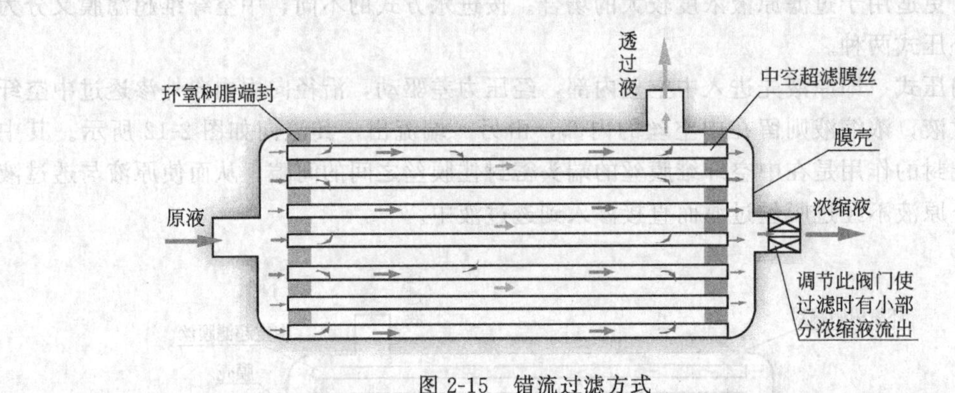

图 2-15　错流过滤方式

表征超滤膜特性有三个基本参数：膜通量（J）、截留率（R）和截留分子量（MWC）。膜通量是在一定压力和温度下，单位膜面积在单位时间内的透过水量，表示为：

$$J=\frac{Q}{A\cdot t} \tag{2-1}$$

式中　J——膜通量，$L/(m^2\cdot h)$；

Q——透过膜的透过液的体积，L；

A——膜面积，m^2；

t——操作时间，h。

截留率是某一溶质被超滤膜截留的百分数，表示为：

$$R=\left(1-\frac{c_p}{c_f}\right)\times 100\% \tag{2-2}$$

式中　R——溶液截留率；

c_f——原液浓度；

c_p——透过液溶质浓度。

截留分子量是表征超滤膜截留特性的量，用测定方法确定。通常是用含有不同分子量的溶质的水溶液做超滤试验，截留率达 90%以上的最小分子量定为该膜的截留分子量。

超滤技术实际生产过程中一般采用部分循环间间歇操作，图 2-16 简单描述了这一过程：

在实际生产过程中，超滤技术有如下的优点：①无相际间变化，可在常温下完成及低压下分离纯化；②设备体积小，结构简单；③超滤分离纯化过程只是简单的加压输送流体，工

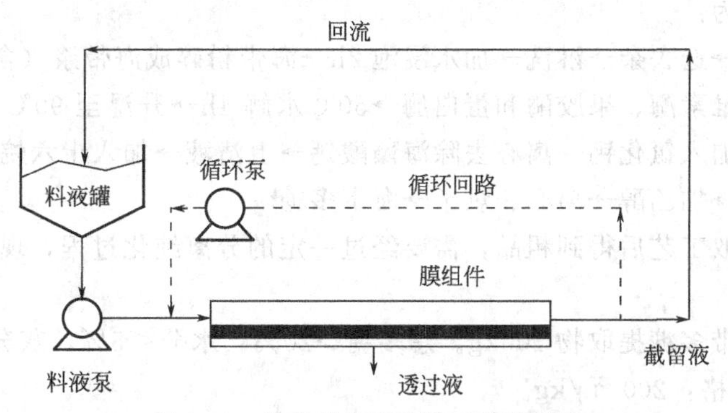

图 2-16　生产型超滤装置工艺流程图

艺简单，易于操作管理；④物质在浓缩分离过程中不发生质的变化；⑤能将不同分子量级别的物质分级分馏；⑥超滤膜一般由高分子聚合物制成的均匀连续体，在使用过程中无任何杂质脱落，保证超滤液的纯净。但在长期的使用过程中，超滤膜容易出现膜污染现象，所谓的污染就是指被处理液体中的微粒、胶体粒子、有机物和微生物等大分子溶质与膜产生物理化学作用或机械作用而引起在膜表面或膜孔内吸附、沉淀，使膜孔变小或堵塞，导致膜的通量或分离能力下降的现象。

为了更好地降低或消除膜污染，延长膜的使用寿命，在超滤过程前，一般会对料液进行预处理，包括絮凝沉降、杀菌消毒、活性炭吸附、精密过滤等方法，而且定期对超滤膜进行清洗。

在海带多糖的分离过程中，经过超滤处理后，海藻糖提取率达可 85%以上，纯度为 99.4%，产品质量和收率优于传统提取方法；截留分子量为 6000 的中空纤维超滤，膜对褐藻糖胶（海带多糖的主要成分之一）进行脱盐，脱盐率达 99.9%；对甘露醇的提取也克服了传统工艺的诸多弊端，并于 2001 年 12 月在青岛胶南明月海藻工业有限责任公司建造了世界上第一条年产 1000t 甘露醇的示范工程。

【任务分解】

海带多糖的提取技术

目前，从海带中发现 3 种多糖：褐藻胶（algin）、褐藻糖胶（fucoidan）、褐藻淀粉（laminaran）。褐藻胶和褐藻糖胶是细胞壁的填充物，褐藻淀粉存于细胞质中。褐藻胶在海带中相对含量最丰富，约为 19.17%，它是由 α-1,4-L-古罗糖醛酸（G）和 β-1,4-D-甘露糖醛酸（M）为单体构成的嵌段二共聚物。褐藻糖胶，即褐藻多糖硫酸酯（FPS），是褐藻具有的一类硫酸化多糖。褐藻多糖硫酸酯组成很复杂，在不同褐藻中变化很大，既存在简单的岩藻多糖硫酸酯，也有由多种单糖组成的结构复杂的杂多糖。褐藻淀粉又称昆布糖，有水溶性和水不溶性两种，主要由葡萄糖的多聚物组成。

海带多糖经证明有很多的生物活性，其中褐藻糖胶医药上有很大的利用价值。但是传统的提取方法所得到海带多糖的结构复杂，分子量过大，传统提取方法有：热水提取法、碱提取法、酶提取法。

热水提取法工艺为：

干海带→称量→挑选去杂→淋洗→热水浸提→抽滤→海带多糖提取液

碱液提取法工艺为：

干海带→称量→挑选去杂→淋洗→碱液提取→过滤→去腥→过滤→海带多糖提取液

酶提取法工艺为：

干海带→称量→选去杂→淋洗→加水浸泡 2h→海带粉碎成海带浆（含水量约 93%）→加入纤维素酶、半纤维素酶、果胶酶和蛋白酶→50℃水解 4h→升温至 90℃，使酶失活→冷至室温→过滤→滤液加入氯化钙→离心去除海藻酸钙→上清液→加入十六烷基三甲基溴化铵→离心→加入氯化钙→加乙醇→离心、烘干→海带多糖

海带多糖经提取工艺后得到粗品，需要经过一定的分离纯化过程，现介绍比较先进的超滤法分离海带多糖。

生产订单：海带多糖提取物 100kg。总多糖＞20%，水分＜5%，灰分＜5%，国标检测(苯酚-硫酸法)。价格：200 元/kg。

【边做边学】

超滤膜分离海带多糖

1. 材料准备

海带，蒸馏水；高速粉碎机，离心机，紫外-可见分光光度计，冷冻干燥仪，电子天平，超滤仪，超滤膜（截留分子量 5000、10000、30000、50000、100000），漏斗，滤纸，滤布，烧杯，量筒，玻棒等。

2. 操作流程

(1) 海带多糖的提取工艺

称取海带粉 200g→加入 2.4L 水中搅拌均匀→90℃水浴中提取 6h→冷却至室温→5000r/min 离心 15min，保留上清液→减压浓缩（40℃）→加入 3 倍体积的 95%乙醇→沉淀过液→海带粗多糖→无水乙醇、乙醚洗涤→溶于水→冷冻干燥→海带多糖

(2) 超滤膜分离海带多糖工艺见图 2-17。

海带粗多糖配制成 100μg/mL 溶液→取上述溶液 1000mL 超滤（截留分子量 10000、50000、100000）→收集透过液和截留液→用硫酸-蒽酮法测定每段溶液中总糖的含量

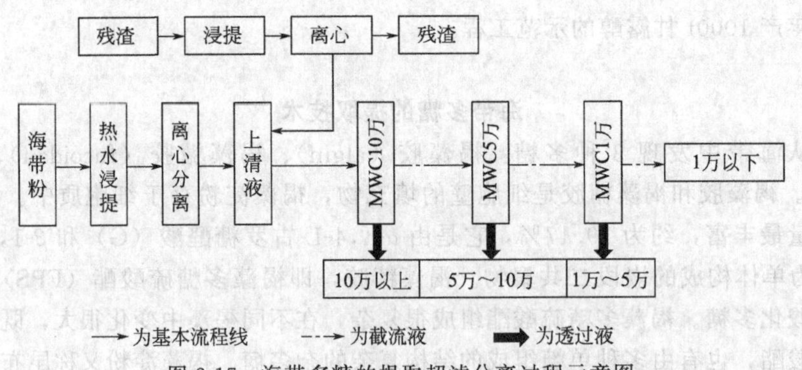

图 2-17 海带多糖的提取超滤分离过程示意图

3. 关键技术

➢ 购买干海带后，先用自来水洗净，晒干，然后用 60～80 目粉碎机将干海带粉碎，收集备用；

➢ 水提过程中始终保持不断地搅拌水解，并定时补足由于水分蒸发损失掉的水分；

➢ 提取时间从提取液温度到达 90℃起计；

➢ 离心后得到的残渣，加入适量水搅拌均匀后，再次离心，并将所得上清液与之前的上清液合并；

➢ 超滤时操作压力为 0.7atm；
➢ 超滤结束后，要对超滤膜组件进行反冲洗，以保护膜。

4.记录要点

➢ 材料用量；
➢ 提取始末时间、提取滤液体积；
➢ 超滤截留液和透过液体积；
➢ 硫酸-蒽酮法测定每段溶液中总糖的含量。

5.教师讲解：超滤工艺的优化

（1）膜的选择　在选择膜时需要充分考虑膜材质和截留分子量等因素。膜材质的选择应特别注意膜材质表面性质，膜表面的极性、溶液的 pH 值等对膜的分离效率影响很大。常用的膜材质为聚丙烯腈（PAN）、聚醚酮、聚砜、聚酰胺、聚偏氟乙烯等。由于中药成分中胶质等黏性物质的含量很高，膜的污染现象较为严重，因此最好采用抗污性较好的膜材料如聚丙烯腈、磺化聚砜膜等。膜的孔径或截留分子量的选择虽然主要是根据被分离物的分子量而定，但是分子的表观尺寸不仅与分子的构型和聚集状态有关，而且还与药物溶液的浓度有关。由于中药的黏度较大，高分子胶体物质较多，膜污染现象较严重。因此一般情况下，膜的截留分子量应选择稍大些。

不同截留分子量的膜，能截留不同分子级别的物质。选择越多个不同截留分子量的超滤膜，多糖（或其物质）被分离的程度就越细。一般选择 3～5 个不同的超滤膜。

（2）膜预处理　在天然产物分离过程中，由于煎煮提取液中含有较多的固体杂质和高分子量的胶体等，直接用超滤技术有时会造成膜的污染，降低膜的使用寿命。因此，提取液的预处理是超滤前必不可少的工序，是保证分离效率与质量的关键。

常见的预处理包括以下步骤。

① 絮凝沉淀　在料液中加入絮凝剂，使大部分悬浮物沉积下来，从而使悬浮颗粒尺寸变大，便于过滤。

② 用压滤、离心分离，以去除较大的固体杂质。相比之下，离心分离去除杂质效果较好，有效成分的损失也少。

在实施过滤操作时，为避免杂质和微粒堵塞微孔或嵌入孔内部，造成水通量衰减，一般需在料液中加入助滤剂，如硅藻土或活性白土等，以便在膜表面形成一层具有弹性的过滤层，以阻止杂质在膜表面的沉积（堆积），形成致密的滤饼。

③ 用微孔滤膜预处理。如果在超滤膜前用比超滤膜孔径大 10 倍左右的微孔滤膜去除细菌、悬浮颗粒和胶体类物质，对提高超滤膜的寿命和分离效果均有好处。

（3）超滤的压力　超滤是通过压力驱动的，所以只有压力大到一定的程度，超滤才能顺利的进行。但是压力过大容易造成膜的破损或管路的破裂，所以选择适合的操作压力很重要，一般根据前人操作经验选择并作适当调整。

（4）超滤膜的保护及清洗　超滤装置在其长期使用运行过程中，膜表面会被它截留的各种有害杂质所覆盖，甚至膜孔也会放更为细小的杂质堵塞而使其分离件能下降。原水预处理质量的好坏，只能解决膜被污染速度的快慢问题，而无法从根本上解决污染问题。即使预处理再彻底，水中极少量的杂质也会因日积月累而使膜的分离性能逐渐受到影响，因此，一般越滤系统都应当建立清洗和再生技术。清洗膜的方法可分物理方法利化学方法两大类。

① 物理清洗法　该方法是利用机械的力量来剥离膜而污染物，整个清洗过程不发生任

何化学反应。

a. 手工擦洗法　该方法是一种比较原始仍有效的方法。仅适用于各种可拆式板框超滤组件。具体做法是将拆解开来的平板膜用柔软物质（如海绵）轻轻擦拭膜上面的污垢，边擦边用水冲洗掉。这种方法可有效地除掉膜表面大量的污垢，但对于深入膜孔中的更细小的杂质则无能为力。

b. 等压水力冲洗法　任何构型的超滤组件均可利用这种方法进行清洗。具体做法是关闭透过水阀门，打开浓缩水出口阀门，靠增大的流速冲洗膜表面，这对去除膜表面上大量松软的杂质有效。

c. 热水冲洗法　利用加热过的水（30～40℃）冲洗膜表面，对那些黏稠而又有热溶性的杂质（如糖类）去除效果明显。

d. 高纯水冲洗法　通常情况下，水的纯度越高，溶解能力越强。为了节约使用高纯水，可先利用过滤水冲去膜面上大量松散的污垢，然后利用电阻≥1MΩ 的纯水循环清洗，效果比较好。

e. 水-气混合清洗法　将净化过的压缩空气与水一道送入超滤装置，水-气混合流体会在膜表面产生剧烈的搅动作用而去除比较顽固的杂质，效果也比较好。

f. 背压反向冲洗法　是一种从膜的背面（多孔支撑层）向正面（致密层）进行冲洗的方法。这是一种行之有效但常与风险共存的方法。因为一旦操作不慎，很容易把膜冲破或者破坏密封粘接面（如卷式、管式、中空纤维超滤组件）。

② 化学清洗法　利用某种化学药品与膜面有害杂质进行化学反应来达到清洗膜的目的。选择化学药品的原则：一是不能与膜及其它组件材质发生任何化学反应；二是不能因为使用化学药品而引起二次污染。

a. 酸溶液清洗法　常用的酸有盐酸、柠檬酸、草酸等。配制酸溶液的 pH 值因膜材质类型而定。例如对醋酸纤维素（CA）膜、清洗液 pH＝3～4 左右，其它膜如聚偏氟乙烯，pH＝1～2。利用水泵循环操作或者浸泡 0.5～1h，对去除无机杂质效果好。

b. 碱溶液清洗法　常用的碱主要有氢氧化钠和氢气化钾。配制碱溶液的 pH 也是因膜材质类型而定。例如对 CA 膜，清洗液 pH＝8 左右，其它耐腐蚀膜 pH＝12。同样利用水泵循环操作或者浸泡 0.5～1h，对去除有机杂质及油质有效。

c. 氧化性清洗刑　利用 1%～3% H_2O_2、500～1000mg/L NaClO 等水溶液清洗超滤膜，既去除了污垢又灭了细菌。H_2O_2 和 NaClO 是目前常用的灭菌剂。

d. 加酶洗涤剂　加酶洗涤剂如 0.5%～1.5% 胃蛋白酶、胰蛋白酶等，对去除蛋白质、多糖、油脂类污染物质有效。

总之，膜的清洗方法很多，根据膜材料的不同，可以采用一种或几种方法联合使用，来降低膜的污染，延长膜的使用寿命。

6. 文献推荐

[1] 刘海光. 海带多糖的分离纯化及活性研究 [学位论文]. 济南：山东大学，2007.

[2] 中国期刊全文数据库，以关键词检索“超滤”及“海带多糖”，寻找文献.

[3] 在百度或谷歌中搜索“超滤分离多糖”，查看相关文献.

【班后总结】

课程博客上回顾与总结

老师在课后要及时对这次单元学习情况进行总结，如学生学习海带多糖提取及超滤膜分离海带多糖的总体情况，有哪些值得表扬，哪些需要改进，同时附上同学们在操作过程中的情景照片，并加以评注；再次针对单元实操过程提出一两个问题要求学生进行讨论或回答；最后学生在留言板上写下自己的心得体会，以及对教师还有什么要求，同时讨论或回答教师留下的问题，畅所欲言。

学生上这次课的情况一般是这样：

➢ 上课前预习得不够充分，或压根就没有预习，对膜分离技术的了解不够；
➢ 对超滤膜概念理解不够清楚，从而混淆不同膜系统概念的理解；
➢ 不会利用校园网网络查阅与筛选有关"超滤分离多糖"方法的文献；
➢ 海带样品的粉碎程度掌握不够，导致提取率偏低；
➢ 对海带多糖成分的分子量大小不够了解，从而增加了选择超滤膜孔径大小的困难；
➢ 超滤操作时对流程领会不够，如开水泵有什么注意事项，压力阀如何调节；
➢ 检测含量时操作方法有误，如没有调零、比色皿不干净、读数不准等问题。

问题讨论：

➢ 如何确定海带样品粉碎程度？
➢ 超滤分离海带多糖与其它的化学分离法相比，有何优点？
➢ 如何确定超滤膜分离效果？如何检测？
➢ 如何将实验室的超滤装置与企业生产相衔接？

学生博客上留言特点：

➢ 只简单描述超滤过程中遇到的表面现象问题，如过滤液太黏稠，很难超滤，无法提出较好的解决思路等；

➢ 超滤装置在企业与实验中试的规格不太清楚，对膜内部结构的空间想象不足，弄不懂超滤的真正应用价值等；

➢ 还是存在有的同学不能及时登录博客，临时 copy 别的同学留言。

【工作汇报】

轮值组长书面汇报单元任务完成情况

减轻学生压力，多点动手操作时间，每次当班任务完成以后，只需每组的轮值组长以书面形式，对当班任务完成情况进行汇报。本单元任务书面汇报内容包括如下部分：

✓ 超滤膜分离技术简介；
✓ 超滤膜分离技术的特点及应用范围；
✓ 结合课程博客，叙述同学们上课的实际情况及需要改进的地方；
✓ 若要完成订单任务，还需要学习哪些单元生产技术等。

【视野拓展】

膜分离及其集成技术

膜分离过程除了超滤外还包括微滤、反渗透、纳滤、渗透气化等。

1. 反渗透（RO，reverse osmosis）

当纯水和盐水被理想半透膜隔开，理想半透膜只允许水通过而阻止盐通过，此时膜纯水侧的水会自发地通过半透膜流入盐水一侧，这种现象称为渗透。若在膜的盐水侧施加压力，那么水的自发流动将受到抑制而减慢，当施加的压力达到某一数值时，水通过膜的净流量等于零，这个压力称为渗透压力。当施加在膜盐水侧的压力大于渗透压力时，水的流向就会逆转，此时，盐水中的水将流入纯水侧，上述现象就是水的反渗透的基本原理。

反渗透技术是利用压力表差为动力的膜分离过滤技术，其分离原理属于溶解扩散模型。它源于美国20世纪60年代宇航科技的研究，后逐渐转化为民用，目前已广泛运用于太空水、纯净水、蒸馏水等制备；酒类制造及降度用水；医药、电子等行业用水的前期制备；化工工艺的浓缩、分离、提纯及配水制备；锅炉补给水除盐软水；海水、苦咸水淡化；造纸、电镀、印染等行业用水及废水处理等。

2. 纳滤（NF，nanofiltration）

纳滤是一种介于反渗透和超滤之间的压力驱动膜分离过程，纳滤膜的孔径范围在几个纳米左右。纳滤膜大多从反渗透膜衍化而来，但与反渗透相比，其操作压力更低，因此纳滤又被称作“低压反渗透”或“疏松反渗透”（loose RO）。纳滤分离作为一项新型的膜分离技术，技术原理近似机械筛分。

与超滤或反渗透相比，纳滤过程对单价离子和相对分子质量低于200的有机物截留较差，而对二价或多价离子及相对分子质量介于200～500之间的有机物有较高脱除率，基于这一特性，纳滤过程主要应用于水的软化、净化以及相对分子质量在百级的物质的分离、分级、浓缩、脱色和去异味等。

3. 渗透汽化（PV，pervaporation）：

渗透汽化（PV）是一种新型膜分离技术，由于其在液体混合物中痕量、微量物质的移除，近、共沸物质的分离等方面具有独特优势，成为了近年膜科学研究中最活跃的领域之一。渗透汽化是以混合物中组分蒸气压差为推动力，依靠各组分在膜中的溶解与扩散速率不同的性质来实现混合物分离的过程。料液进入渗透汽化膜分离器，在膜下游侧保持低压（绝压几百到几千帕）。由于原液侧与膜后侧组分的化学位（直观表现为组分的蒸气压）不同，原液侧组分的化学位（蒸气压）高，膜后侧组分的化学位（蒸气压）低，所以原液中各组分将通过膜向膜后侧渗透。因为膜后侧处于低压，组分通过膜后即汽化成蒸气，蒸气用真空泵抽走或用惰性气体吹扫等方法除去，使渗透过程不断进行。原液中各组分通过膜的速率不同，有的快，有的慢，透过膜快的组分就可以从原液中分离出来，从膜组件流出的渗余物可以是纯度较高的透过速率慢的组分的产物。对于一定的混合液来说，渗透速率主要取决于膜的性质，透过速率快的组分可以是蒸气压高（沸点低）的组分，也可以是蒸气压低（沸点高）的组分。采用适当的膜材料和制造方法可以制得对一种组分透过速率快，对另一组分的渗透速率相对很小、甚至近于零的膜。

渗透汽化被开发为工业上可以接受的实用化技术，至今已有20多年的历史。应用渗透汽化法脱除有机溶剂或混合溶剂中的水以及从废水、废气中回收有机溶剂已经成为一种新的工艺技术。最近几年来，在食品和饮料工业中回收和浓缩芳香物质方面也进行了研究，为该技术开辟了新的应用领域。

在实际工业生产过程中，膜分离过程常与其他分离纯化过程相结合，称为集成过程；几种膜过程结合使用，常称为混合过程或膜集成工艺（Integrated membrane process）。

常用的膜集成工艺有：微滤（MF）-超滤（UF）-反渗透（RO）/纳滤（NF）、超滤（UF）-反渗透（RO）、超滤（UF）-反渗透（RO）/纳滤（NF）、微滤（MF）-超滤（UF）-反渗透（RO）/纳滤（NF）-渗透汽化（PV）等。

膜集成工艺应用实例：

实例一：膜集成技术生产和回收苹果汁芳香成分的工艺（UF-RO-PV）（图2-18）

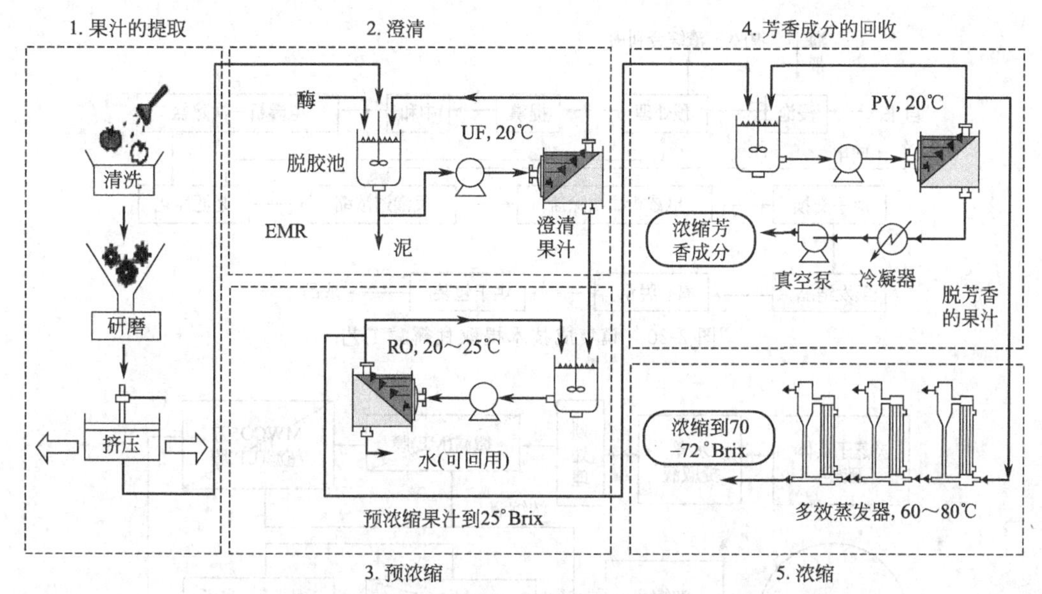

图 2-18 生产苹果浓缩汁和回收芳香成分的膜集成技术工艺图

其中，酶膜反应器（EMR）用来澄清原汁，UF 澄清果汁，RO 预浓缩果汁到 25°Brix，PV 回收和浓缩芳香成分，最后的蒸发工序将果汁浓缩到 72°Brix。

实例二：膜集成技术澄清和浓缩柑桔汁的工艺（UF-RO-PV）（图 2-19）

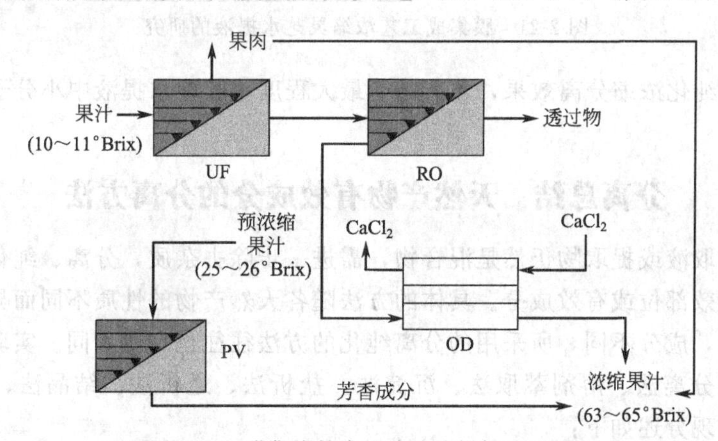

图 2-19 膜集成技术澄清浓缩柑橘汁工艺

UF 澄清果汁，RO 预浓缩果汁，PV 回收芳香成分，渗透蒸馏（OD）进一步浓缩果汁。这种工艺可将果汁浓缩到 63～65°Brix，还能很好地保留柑橘的芳香成分。

实例三：膜集成技术提取甘露醇工艺［电渗析（ED)-UF-RO-ED］（图 2-20)。

该工艺是 2001 年 12 月在全国最大的海藻工业企业青岛胶南明月海藻工业有限责任公司建造的我国第一条年产 1500t 甘露醇的示范工程。该集成工艺将甘露醇浓度由 1.3%～1.4%，浓缩到 4.2%～4.3%。每生产 1t 甘露醇较传统工艺节省蒸汽 65%，节约用水 60%，提高产品得率 1%，减少蒸发器维修费用 50%。每生产 1t 甘露醇可降低生产成本 2000 元左右。

实例四：膜集成工艺浓缩灵芝水提液的研究（MF-UF-NF）（图 2-21）

该集成工艺与传统工艺相比，提高灵芝水提液有效成分的收率，且能始终保持着较高的

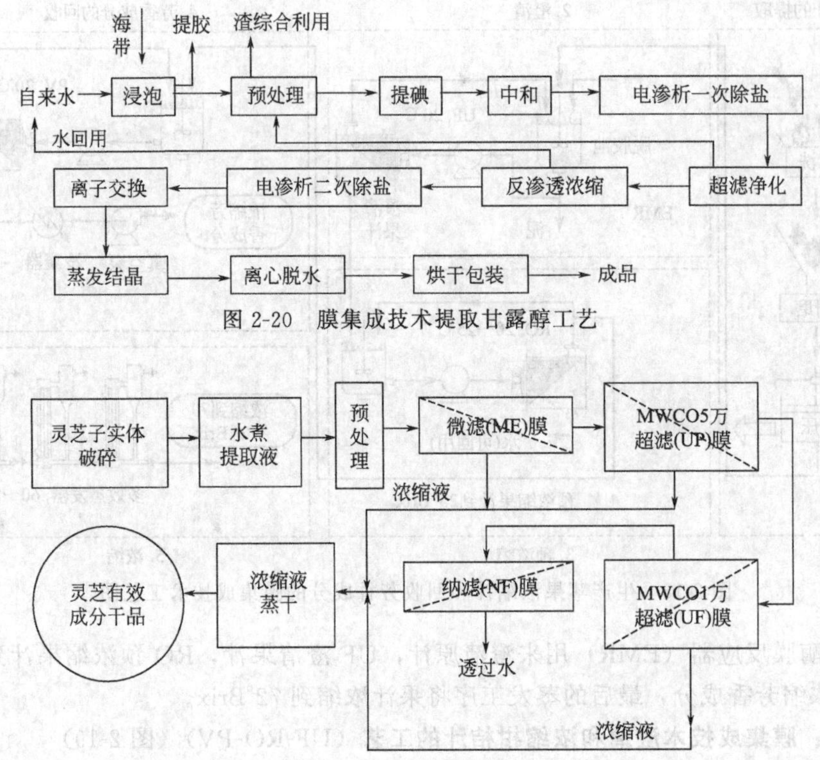

图 2-20 膜集成技术提取甘露醇工艺

图 2-21 膜集成工艺浓缩灵芝水提液的研究

截留率和良好的纯化浓缩分离效果，尤其是能最大程度地收取水提液中小分子质量的灵芝有效成分。

分离总结 天然产物有效成分的分离方法

天然产物提取液或提取物仍然是混合物，需进一步除去杂质，分离、纯化、精制，才能得到所需要的有效部位或有效成分。具体的方法随各天然产物的性质不同而异，根据各种成分的性质来选择，成分不同，所采用的分离纯化的方法往往也有所不同。实验室和工业生产中通常采用溶剂分离法、溶剂萃取法、沉淀法、盐析法、透析法、结晶法、超滤法、吸附法、澄清法等，现分述如下：

一、有效成分分离的经典方法

（一）溶剂分离法

1.改变溶剂极性分离法

一般是将上述总提取物，选用三四种不同极性的溶剂，由低极性到高极性分步进行提取分离。水浸膏或乙醇浸膏常常为胶状物，难以均匀分散在低极性溶剂中，故不能提取完全，可拌入适量惰性填充剂，如硅藻土或纤维粉等，然后低温或自然干燥，粉碎后，再以选用溶剂依次提取，使总提取物中各组成成分，依其在不同极性溶剂中溶解度的差异而得到分离。具体操作是：将总提取物拌入适量吸附剂，如硅藻土或纤维粉或粗硅胶等，最好选用对所要成分无吸附损失的吸附剂，然后低温或自然干燥，粉碎后，置布氏漏斗中，选用三四种不同极性的溶剂，由低极性到高极性依次进行提取分离。使总提取物中各组分依照其在不同极性溶剂中溶解度的差异而得到分段分离。常用溶剂是：石油醚→氯仿→乙酸乙酯→正丁醇依次提取，有时根据所要成分的性质选用苯、乙醚等溶剂，利用天然产物中的化学成分，在不同极性溶剂中的溶解度进行分离纯化，是最常用的方法。

自天然产物提取溶液中加入另一种溶剂，析出其中某种或某些成分，或析出其杂质，也是一种溶剂分离的方法。天然产物的水提液中常含有树胶、黏液质、蛋白质、糊化淀粉等，可以加入一定量的乙醇，使这些不溶于乙醇的成分自溶液中沉淀析出，而达到与其它成分分离的目的。例如从天然产物提取液中除去这些杂质，或从白及水提取液中获得白及胶，可采用加乙醇沉淀法；从新鲜栝楼根汁中制取天花粉素，可滴入丙酮使分次沉淀析出。目前，提取多糖及多肽类化合物，多采用水溶解、浓缩、加乙醇或丙酮析出的办法。

2. 改变 pH 值分离法

除了改变溶剂极性来达到分离目的外，还可以利用天然产物的某些成分能在酸或碱中溶解，又在加碱或加酸变更溶液的 pH 后，成不溶物而析出以达到分离。例如内酯类化合物不溶于水，但遇碱开环生成羧酸盐溶于水，再加酸酸化，又重新形成内酯环从溶液中析出，从而与其它杂质分离；生物碱一般不溶于水，遇酸生成生物碱盐而溶于水，再加碱碱化，又重新生成游离生物碱。这些化合物可以利用与水不相混溶的有机溶剂进行萃取分离。一般天然产物总提取物用酸水、碱水先后处理，可以分为三部分：溶于酸水的为碱性成分（如生物碱），溶于碱水的为酸性成分（如有机酸），酸、碱均不溶的为中性成分（如甾醇），这些性质均有助于化合物的分离纯化。如橙皮苷、芦丁、黄芩苷、甘草皂苷均易溶于碱性溶液，当加入酸后可使之沉淀析出。具体操作是：总提取物用酸水（碱水）处理成盐，然后再经碱水（酸水）处理，恢复原来的结构，使预分离成分得以沉淀析出，最后可以离心或利用与水不相混溶的有机溶剂把这些化合物萃取分离。

（二）溶剂萃取法

两相溶剂提取又简称萃取法，是利用混合物中各成分在两种互不相溶的溶剂中分配系数的不同而达到分离的方法。萃取时如果各成分在两相溶剂中分配系数相差越大，则分离效率越高。如果在水提取液中的有效成分是亲脂性的物质，一般多用亲脂性有机溶剂，如苯、氯仿或乙醚进行两相萃取；如果有效成分是偏于亲水性的物质，在亲脂性溶剂中难溶解，就需要改用弱亲脂性的溶剂，例如乙酸乙酯、丁醇等。还可以在氯仿、乙醚中加入适量乙醇或甲醇以增大其亲水性。提取黄酮类成分时，多用乙酸乙酯和水的两相萃取；提取亲水性强的皂苷则多选用正丁醇、异戊醇和水作两相萃取。不过，一般有机溶剂亲水性越大，与水作两相萃取的效果就越不好，因为能使较多的亲水性杂质伴随而出，对有效成分进一步精制影响很大。

萃取法所用设备，如为小量萃取，可在分液漏斗中进行；如系中量萃取，可在适当大的有向下出口的玻璃瓶中进行。在工业生产中大量萃取，多在密闭萃取罐内进行，用搅拌机搅拌一定时间，使二液充分混合，再放置令其分层；有时将两相溶液喷雾混含，以增大萃取接触，提高萃取效率，也可采用二相溶剂逆流连续萃取装置。

1. 逆流连续萃取法

逆流连续萃取法是一种连续的两相溶剂萃取法。其装置可具有一根、数根或更多的萃取管。管内用小瓷圈或小的不锈钢丝圈填充，以增加两相溶剂萃取时的接触面。例如用氯仿从川楝树皮的水浸液中萃取川楝素。将氯仿盛于萃取管内，而相对密度小于氯仿的水提取浓缩液贮于高位容器内，开启活塞，则水浸液在高位压力下流入萃取管，遇瓷圈撞击而分散成细粒，使与氯仿接触面增大，萃取就比较完全。如果一种中草药的水浸液需要用比水轻的苯、乙酸乙酯等进行萃取，则需将水提浓缩液装在萃取管内，而苯、乙酸乙酯贮于高位容器内。萃取是否完全，可取样品用薄层色谱、纸色谱及显色反应或沉淀反应进行检查。

2.逆流分配法

逆流分配法又称逆流分溶法、逆流分布法或反流分布法。逆流分配法与两相溶剂逆流萃取法原理一致，但加样量一定，并不断在一定容量的两相溶剂中，经多次移位萃取分配而达到混合物的分离。本法所采用的逆流分布仪是由若干乃至数百只管子组成。若无此仪器，小量萃取时可用分液漏斗代替。预先选择对混合物分离效果较好，即分配系数差异大的两种不相混溶的溶剂。并参考分配色谱的行为分析推断和选用溶剂系统，通过试验测知要经多少次的萃取移位而达到真正的分离。逆流分配法对于分离具有非常相似性质的混合物，往往可以取得良好的效果。但操作时间长，萃取管易因机械振荡而损坏，消耗溶剂亦多，应用上常受到一定限制。

3.液滴逆流分配法

液滴逆流分配法又称液滴逆流色谱法，为近年来在逆流分配法基础上改进的两相溶剂萃取法。对溶剂系统的选择基本同逆流分配法，但要求能在短时间内分离成两相，并可生成有效的液滴。由于移动相形成液滴，在细的分配萃取管中与固定相有效地接触、摩擦不断形成新的表面，促进溶质在两相溶剂中的分配，故其分离效果往往比逆流分配法好，且不会产生乳化现象，用氮气压驱动移动相，被分离物质不会因遇大气中氧气而氧化。本法必须选用能生成液滴的溶剂系统，且对高分子化合物的分离效果较差，处理样品量小（1g 以下），并要有一定设备。应用液滴逆流分配法曾有效地分离多种微量成分，如柴胡皂苷等。液滴逆流分配法的装置，近年来虽不断在改进，但装置和操作较繁。目前，对适用于逆流分配法进行分离的成分，可采用两相溶剂逆流连续萃取装置或分配柱色谱法进行。

（三）结晶法

一般来说，天然产物化学成分在常温下多半是固体的物质，都具有结晶的通性，可以根据溶解度的不同用结晶法来达到分离、精制的目的。结晶法，是研究天然产物化学成分单体纯品必须经历的一个环节，是最常用的实验室操作方法。如果鉴定的物质不是单体纯品，不但不能得出正确的结论，还会造成工作上的浪费。因此，结晶法是求得结晶并制备成单体纯品，成为鉴定天然产物有效成分、研究其分子结构重要的一步。但是，并非由提取得到的所有提取液都可以直接用结晶法分离、纯化，过多杂质的存在会干扰结晶的形成，有时少量的杂质也会阻碍晶体的析出。因此，结晶前应该先对提取液进行适当的处理，如除去杂质。

制备结晶，要注意选择合适的溶剂和应用适量的溶剂。合适的溶剂是结晶的关键。所谓合适的溶剂，最好是在冷时对所需要的成分溶解度较小，而热时溶解度较大，溶剂的沸点亦不宜太高，一般常用甲醇、丙酮、氯仿、乙醇、乙酸乙酯等。制备结晶溶液也常采用混合溶剂。一般是先将化合物溶于易溶的溶剂中，再在室温下滴加适量的难溶的溶剂，直至溶液微呈浑浊，并将此溶液微微加温，使溶液完全澄清后放置。如虎杖苷重结晶时，可先溶于水，制成饱和水溶液，再加一层乙醚放置，即可促使虎杖杆的结晶。

结晶是把含有固体溶质的饱和溶液加热蒸发溶剂或降低温度后，使原来溶解的溶质成为有一定几何形状的固体（晶体）析出的过程，析出晶体后的溶液仍是饱和溶液，又称母液。因此，结晶的方法通常有两种：

① 蒸发溶剂法 也叫浓缩结晶法，对于溶解度受温度变化影响不大的固体溶质适用。将溶液加热蒸发（或慢慢挥发），过饱和的溶质就能成固体析出。

②冷却热的饱和溶液法　也叫降温结晶法，适用于溶解度受湿度变化影响较大的固体溶质的结晶。先用适量的溶剂，在加温的情况下，将化合物溶解制成过饱和的溶液，然后再放置冷处，通常放于冰箱中让其溶质从溶液中析出。

制备结晶除应注意以上各点外，在放置过程中，最好先塞紧瓶塞，避免液面先出现结晶，而致结晶纯度较低。如果放置一段时间后没有结晶析出，可以加入极微量的种晶，即同种化合物结晶的微小颗粒。加种晶是诱导晶核形成常用而有效的手段。一般地说，结晶化过程是有高度选择性的，当加入同种分子或离子，结晶多会立即长大。而且溶液中如果是光学异构体的混合物，还可依种晶性质优先析出其同种光学异构体。没有种晶时，可用玻璃棒蘸过饱和溶液一滴，在空气中任溶剂挥散，再用其摩擦容器内壁溶液边缘处，以诱导结晶的形成。如仍无结晶析出，可打开瓶塞任溶液逐步挥散，慢慢析晶。或另选适当溶剂处理，或再精制一次，尽可能除尽杂质后进行结晶操作。

（四）透析法

透析法是利用小分子物质在溶液中可通过半透膜，而大分子物质不能通过半透膜的性质，达到分离的方法。例如分离和纯化皂苷、蛋白质、多肽、多糖等物质时，可用透析法以除去无机盐、单糖、双糖等杂质；反之也可将大分子的杂质留在半透膜内，而将小分子的物质通过半透膜进入膜外溶液中，而加以分离精制。透析是否成功与透析膜的规格关系极大。透析膜的膜孔有大有小，要根据欲分离成分的具体情况而选择。透析膜有动物性膜、火棉胶膜、羊皮纸膜（硫酸纸膜）、蛋白质胶膜、玻璃纸膜等。实验室操作市常用市售的玻璃纸或动物性半透膜扎成袋状，外面用尼龙网袋加以保护，小心加入欲透析的样品溶液，悬挂在清水容器中。经常更换清水使透析膜内外溶液的浓度差加大，必要时适当加热，并加以搅拌，以利透析速度加快。为了加快透析速度，还可应用电透析法，即在半透膜旁边纯溶剂两端，放置两个电极，接通电路，则透析膜中的带有正电荷的成分如无机阳离子、生物碱等向阴极移动，而带负电共荷的成分如无机阴离子、有机酸等则向阳极移动，中性化合物及高分子化合物则留在透析膜中。透析是否完全，须取透析膜内溶液进行定性反应检查。

一般透析膜可以自制：动物半透膜如猪、牛的膀胱膜，用水洗净，再以乙醚脱脂，即可供用；羊皮纸膜可将滤纸浸入50%的硫酸15～60min，取出铺在板上，以水冲洗制得，其膜孔大小与硫酸浓度、浸泡时间以及用水冲洗速度有关；火棉胶膜系将火棉胶溶于乙醚及无水乙醇，涂在板上，干后放置于水中即可供用，其膜孔大小与溶剂种类、溶剂挥发速度有关，溶剂中加入适量水可使膜孔增大，加入少量醋酸可使膜孔缩小；蛋白质胶（明胶）膜可用20%明胶涂于细布上，阴干后放水中，再加甲醛使膜凝固，冲洗干净即可供用。目前已经有透析膜成品出售，有各种大小厚度规格，可供不同大小分子量的多糖、多肽透析时选用。

（五）盐析法

盐析法是在天然产物的水提液中加入无机盐至一定浓度，或达到饱和状态，可使某些成分在水中的溶解度降低沉淀析出，而与水溶性大的杂质分离。一般生物碱、皂苷、挥发油等都可从盐析从水溶液中分离出来。常用作盐析的无机盐有氯化钠、氯化钙、氯化钾、硫酸钠、硫酸镁、硫酸铵、碳酸钾等。例如三七的水提取液中加硫酸镁至饱和状态，三七皂苷乙即可沉淀析出；从大麦中提取淀粉酶也是加入硫酸铵盐析；自黄藤中提取掌叶防己碱，自三颗针中提取小檗碱，在生产上都是用氯化钠或硫酸按盐析制备。有些水溶性较大的成分如原白头翁素、麻黄碱、苦参碱等水溶性较大，在提取时，亦往往先在水提取液中加入一定量的食盐，再用有机溶剂萃取。

(六) 色谱法

色谱法也称层析法，是一种物理分离方法。色谱法的基本原理是利用混合物各组分在某一物质中的吸附或溶解性能（即分配）的不同，或其它亲和作用性能的差异，使混合物分离的溶液称为流动相；固定的载体物质（可以是固体或液体）称为固定相。根据组分在固定相中的作用原理不同，可分为吸附色谱、分配色谱、离子交换色谱、排阻色谱等；根据操作条件的不同，又可分为柱色谱、纸色谱、薄层色谱、气相色谱及高效液相色谱等。近年来在实验室和生产中被广泛应用于中草药有效成分和有效部位的分离、纯化和制备上，是分离、纯化和鉴定有机化合物的重要方法之一。

二、有效成分分离的现代方法

(一) 大孔吸附树脂分离法

大孔吸附树脂是20世纪60年代末发展起来的一类有机高聚物吸附剂，它具有多孔网状结构和较好的吸附性能，一般为白色球形颗粒，粒度多为20～60目，常分为非极性和中极性两类；理化性质稳定，不溶于酸、碱和有机溶剂；对有机活性成分有较好的选择吸附性，不受无机盐、强离子小分子化合物存在的影响。大孔吸附树脂由于范德华引力或产生氢键作用，导致其具有吸附性；同时又由于自身多孔性结构使其拥有筛选性能。根据分离化合物的大致结构特征来确定分离条件，首先要知道所要分离化合物分子体积的大小；其次要知道分子中是否存在酚羟基、羧基或碱性氮原子等。

具体需注意以下几方面。

(1) 分子极性大小的影响　极性较大的化合物一般适合在中极性的树脂上分离，而极性小的化合物适合在非极性树脂上分离。

(2) 分子体积大小的影响　在一定条件下，化合物体积越大，吸附力越强，分子体积较大的化合物应选择孔径较大的树脂；对于中极性大孔吸附树脂来说，被分离化合物分子上能形成氢键的基团越多，在相同条件下吸附力越强。对某一化合物吸附力的强弱最终取决上述因素的综合效应结果。

(3) pH值的影响　被分离溶液的pH值对化合物的分离效果至关重要。一般情况下，酸性化合物在适当酸性体系中易被充分吸附；碱性化合物则相反（特殊要求例外）；中性化合物在大约中性的情况下吸附分离较好。

(4) 被分离成分的柱前处理　在利用大孔吸附树脂进行提纯时，其中需要配合一定的处理工作，如上样分离液的预先沉淀处理，pH值调节，过滤等，使部分杂质在处理过程中除去；需注意，上样分离液以饱和为好，吸附及洗脱流速根据具体情况选择。

(5) 洗脱液的选择　洗脱液可使用水、乙醇、甲醇、丙酮、乙酸乙酯以及酸碱溶液等，根据吸附力强弱选用不同的洗脱溶剂及洗脱浓度。对非极性大孔树脂，洗脱溶剂极性越小，洗脱能力越强；对于中极性大孔树脂和极性较大的化合物来说，则用极性较大的溶剂较为合适。

(6) 树脂柱的清洗　树脂柱吸附化合物洗脱之后，在树脂表面或内部还残留许多杂质成分，这些杂质必须在清洗过程中尽量洗去，否则会影响树脂的吸附力。

(二) 超临界流体（SFE）萃取分离法

超临界流体萃取技术是利用超临界流体非同寻常的性质，使之在高压条件下与待分离的固体或液体混合物接触，控制体系的压力和温度萃取所需要的物质，然后通过降压或升温的方法，降低超临界流体的密度，从而使萃取物得到分离。SFE结合了溶剂萃取和蒸馏的特点，是近十几年开发的一项新分离技术。与普通萃取和浸提操作相比较，相同的是同时加入溶剂，在不同的相之间完成传质分离；不同的是 SFE 所用的溶剂是超临界状态下的液体。SF 的物理性质介于液体和气体之间，溶质在溶剂中的溶解度与溶剂的密度正相关，通过改变压力（或温度），改变超临界流体的密度，使其能溶解许多不同类型的化学成分，达到选择地提取各种类型化合物的目的。由于 SF 具有密度大、拆散系数大、黏度小、介电常数大等特性，较液体溶剂易于穿透到样品介质中，故它对分离物的提取明显快于溶剂法提取。由于 CO_2 具有超临界湿度低、临界压力低、化学惰性、低膨胀性、无毒性、价格低廉且能分离多种物质等特点，是 SFE 中最常用的 SF。

我国 SFE 研究开发工作，大致可分为三个阶段：第一阶段，20 世纪 80 年代初，国内少数研究单位和大学利用进口的实验装置进行了 SFE 技术工艺的探索；第二阶段，80 年代后期，一些工程设计力量较强的研究单位开始进行 SFE 装置的研究与工业化开发；第三阶段，90 年代初，SFE 的研究工作开始向深层次发展，如夹带剂、萃取精馏的研究等，装置的工业化开发初见成效。与一些传统的方法相比，SFE 具有许多独特的优点：超临界流体的萃取能力取决于流体的密度，因而很容易通过调节温度和压力来加以控制；溶剂回收简单方便，节省能源；由于 SFE 工艺可以在较低温度下操作，故特别适合于热敏组分的分离；可以较快地达到平衡。因此广泛应用于包括高纯天然香料、食品、药物有效成分等的萃取。SFE 在应用方面还存在以下主要问题：一般需要很高的压力，使用高压装置在法规方面受到限制，设备成本高，而且萃取釜无法连续操作，生产能力低下，因此 SFE 应用局限于一些附加值比较高的品种；溶解力比较小，萃取需要大量的二氧化碳；超临界状态的基础数据不足，高压物体系的非理想性影响了 SFE 的工业化进程。

（三）双水相萃取分离法

双水相萃取（ATPE）技术是为适应生物工程的迅速发展，于 20 世纪 60 年代首先由瑞典的 P. A. Albertsson 等提出的，在 30 多年中得到广泛重视，已开始运用在酶、核酸、生长激素、病毒等各种活性有效成分的分离及提纯上。用于生物活性成分分离的高聚物体系有：聚乙二醇（简称 PEG）/葡聚糖（简称 Dextran）和 PEG/Dextran 硫酸盐体系；常见的高聚物/无机盐体系为 PEG/硫酸盐或磷酸盐体系。由于 ATPE 技术具有活性损失小、分离步骤少、操作条件温和，且不存在有机溶剂残留等优点，无疑在天然产物有效成分的提取分离方面具有广阔的前途。

1. 双水相萃取技术的基本原理

（1）双水相的形成　由于高聚物分子间的空间阻碍作用，相互无法渗透，不能形成单一稳定相，从而具有分离倾向，如将两种不同的水溶性聚合物的水溶液混合时，当聚合物浓度达到一定值，体系会自然地分成互不相溶的两相，从而形成双水相体系。

（2）萃取原理　图 2-22 为 PEG/Dextran 体系相图，通常两种聚合物能与水无限混合，当组成体系在图中曲线的上方时（用点 M 表示）就会分成两相；上相组分用点 T 表示，下相组分用点 B 表示。由图可见，上相主要含 PEG，下相主要含 Dextran，C 为临界点，曲线 TCB 称为结线，直线 TMB 称为系线。结线上方是两相区，下方为单相区；所有组成在系统上的点，分成两相后，其上下相组成分别为 T 和 B。M 点时两相 T 和 B 的量之间的关系服从杠杆定律；又由于两相的密度与水相近（常在 1.0～1.1kg/dm^3 之间），故上下相体积之比也近似等于系线上 MB 与 MT 线段长度之比。

双水相体系提取分离技术的原理也就是生物活性物质在双水相体系中的选择性分配，当

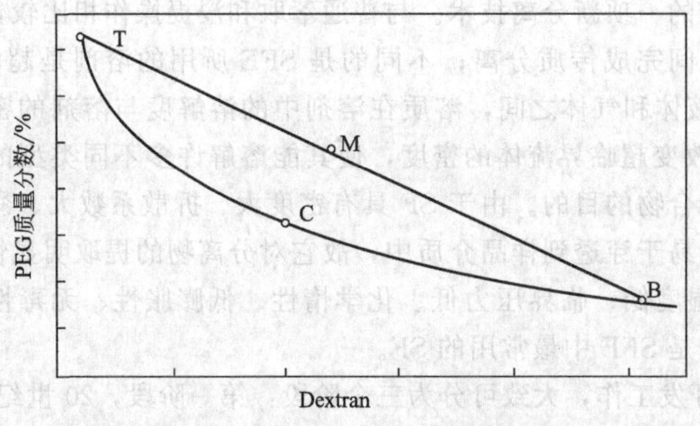

图 2-22 PEG/Dextran 体系的相图

生物活性物质（如酶、核酸、病毒等）进入双水相体系后，在上相和下相间进行选择性分配，表现出一定的分配系数，因此双水相体系对生物活性物质的分配具有很大的选择性。

2. 双水相萃取技术特点

与传统的水煎醇沉工艺相比，双水相萃取技术有以下特点。

（1）所形成的两相大部分是水，两相界面张力很小，为有效成分的溶解和萃取提供了适宜的环境；相际间的质量传递快，所需操作时间较短。

（2）操作方便，条件温和，所用的聚合物如聚乙二醇等对活性有效成分有稳定作用；易于工程放大和连续操作，处理量较大。

（四）反胶束萃取分离法

随着现代生物工程技术的不断发展，传统溶剂萃取方法难以满足生化分离的要求，1977年，Luisi 等首先提出用反胶束萃取蛋白质的概念。20 世纪 80 年代，生物化学家对反胶束萃取蛋白质原理及工艺条件作了深入研究。反胶束萃取技术由于具有成本低，溶剂可重复利用，萃取率高，条件温和，不会引起蛋白质和酶变性，操作简便等优点，到 20 世纪 90 年代成为生物工程的热门技术。反胶束又称逆胶束，是表面活性剂分散于连续的有机相中自发形成的与正常胶束（表面活性剂溶于水中，当其浓度超过临界胶束浓度时，形成的聚集体）结构相反的一种含水聚合体。在反胶束中，组成反胶束的表面活性剂极性基团朝内形成一个内表面，与平衡离子和水一起构成一个极性核心，称为“水池”（water pool），如图 2-23。萃取时，待萃取的原料液以水相形式与反胶束体系接触，调节各种参数，使其中要提取分离的物质以最大限度转入反胶束体系，后将含该物质的萃取液与另外一个水相接触，再次调节 pH、离子强度等参数分离出要提取物质。

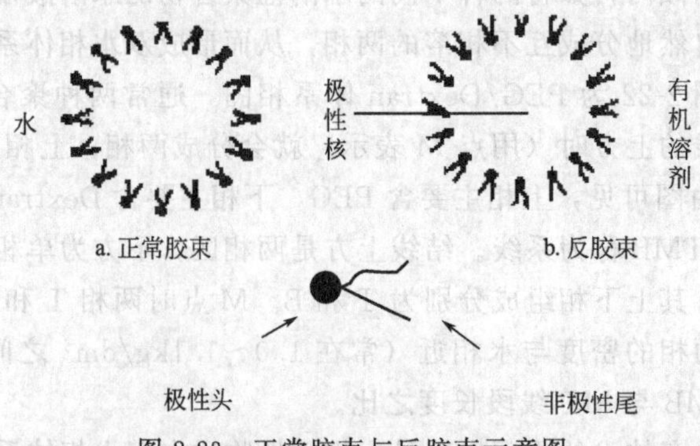

图 2-23 正常胶束与反胶束示意图

反胶束体系的性质常用参数 W/O（或 R）、θ 与 N 来表示，其中 W/O 为水与表面活性剂的摩尔比，θ 是增溶水相对总体积的浓度，N 是组成每个反胶束微粒的表面活性剂分子个数（聚焦数）。当 W/O 一定时，θ 与 N 决定了胶束微粒的相对浓度，其中最重要的参数为 W/O。大量研究工作表明，利用反胶束技术提取分离酶和蛋白质等具有可行性和优越性，这一新的分离手段一出现就受到广泛关注，逐渐延伸至其它的生物分子（氨基酸、抗生素、核酸）分离研究。

近年来，该技术和其它方法的结合，如亲和配体的引入、超临界流体萃取技术的联用以及分离萃取工艺设备的完善，提高了目标物的萃取率和分离的选择性，拓展了该技术的应用空间，可以预见它在天然产物的研究和开发及生物制药方面有良好的应用潜力。但是要将此项技术真正应用于工业化生产，还有许多亟需解决的问题，例如：如何开发更有效的表面活性剂；如何克服表面活性剂对于产品的黏结；如何改进反萃取手段，提高反萃取率；如何获得将此项技术扩大到工业规模所需要的基础数据等。

（五）分子蒸馏分离法

分子蒸馏又叫短程蒸馏。基本原理是根据分子运动理论知识，即液体混合物的分子受热后运动会加剧，当接受到足够的能量时，就会从液面逸出成为气体分子，随着液面上方气体分子的增加，有一部分气体分子就会返回液体，当外界温度保持恒定时，最终会达到动态平衡。此外，由分子平均自由程公式可知，不同种类的分子，由于其分子有效直径不同，平均自由程不同。分子蒸馏的分离作用就是利用液体分子受热会从液面逸出，轻分子的平均自由程大，重分子的平均自由程小，在离液面小于轻分子平均自由程而大于重分子平均自由程处设置一冷凝面，使得轻分子落在冷凝面上被冷凝，从而破坏了轻分子的动态平衡，使得轻分子继续逸出；而重分子因达不到冷凝面，很快趋于动态平衡，这样就将混合物物料分离。由于物料在分离过程中，处于高真空和相对低温的环境中，且停留时间极短，分离过程对物料的损伤（如热分解、氧化、聚合和缩合等）极少，故分子蒸馏技术特别适合对高沸点、热敏性物料进行有效无损分离，尤其是那些具有香味对温度极为敏感的活性成分分离。由于分子蒸馏技术自身优点，越来越受到各国的重视，许多工业强国纷纷投入大量人力和物力进行设备的研究和工艺的开发，取得了一批可喜的成果。目前，国外已将该技术应用于食品、香料、石油、化工和医药工业等领域，而我国主要集中在食品添加别和香料工业上，并已实现了工业化。

分子蒸馏技术的优越性及局限性如下。

(1) 优越性　分子蒸馏是在低于沸点的温度下进行操作的；分子蒸馏能在很低的绝对压强下进行操作；物料受热时间短，分离纯度高。

(2) 局限性　生产能力相同的情况下，分子蒸馏的设备体积要比常规蒸馏的大；相对于生产能力相同的常规设备而言，投资增加。

（六）高速逆流色谱分离法

高速逆流色谱（HSCCC）技术是一种新型的液-液分配技术，它不用任何固体载体或支撑体，于 1982 年由 Yiochiro Ito 博士首创。其原理是基于组分在旋转螺旋管内的相对移动，互不相溶的两相溶剂间分布不同而获得分离。从原理上讲与液液分配色谱完全相同，但所用的技术不同，它主要采用一根 100 多米长的空心柱，实现无载体快速高效分离，可用于分析各类化合物。到目前为止，此项技术已用于生物化学、生物工程、医学、药学、天然产物化学、有机合成、化工、环境、农业、食品、材料等领域。

HSCCC的工作原理同逆流色谱技术一样，也是基于液液分配原理。当仪器工作时，互不相溶的两相溶剂在绕成线圈的聚四氟乙烯管内具有单向性流体动力平衡性质，溶剂在聚四氟乙烯管内做高速行星运转时，如用其中一相溶剂作固定相，则用恒流泵可以输送另一相溶剂载着样品穿过固定相。两相溶剂在螺旋管中实现高效的接触、混合、分配和传递。由于样品中各组分在两相中的分配能力不同，导致在聚四氟乙烯管中移动的速度也不同，因而能使样品中各组分得到分离。所用的溶剂系统常分为三类：亲水性系统，由极性小的非水相与水相组成，两相极性相差很大；亲油性系统，由高极性的非水相与水相组成，两相极性相差不大；还有一类处于两者之间，为中间系统。对于不同的组分可以采用不同的溶剂系统，控制不同的条件加以分离分析。

高速逆流色谱技术在化学成分分离上有其独特的优点：无固态支撑体，不吸附样品；富集样品，无污染，易回收；节约溶剂，节约时间，耗费低；可采用广泛的溶剂系统；样品处理简单。到目前为止，HSCCC技术已经成功用于天然产物化学、生物化学、无机化学等领域。

（七）膜分离法

膜工业崛起于20世纪60年代，不到40年的时间，形成了相当大的产业规模，全世界膜技术产品的年销售额已猛增至300多亿美元。膜分离技术以其节能、高效、环保和分子级过滤等特性，已广泛用于医药、化工、水处理、食品加工等领域，成为分离科学中最重要的技术之一，它主要包括以下几种方法：

1. 微滤

微滤主要是根据筛分原理以压力差作为推动力的膜分离过程。在给定压力（50～100kPa）下，溶剂、盐类及大分子物质均能透过孔径为0.1～20μm的对称微孔膜，只有直径大于50nm的微细颗粒和超大分子物质被截留，从而使溶液或水得到净化。微滤技术是目前所有膜技术中应用最广、经济价值最大的技术。

2. 超滤

与微滤一样，也是利用筛分原理以压力差为推动力的膜分离过程。同微滤相比，超滤过程受膜表面孔的化学性质的影响较大。在一定的压力（100～1000kPa）条件下溶剂或小分子量的物质透过孔径为1～20μm的对称微孔膜，而直径在5～100nm之间的大分子物质或微细颗粒被截留，从而达到了净化的目的。超滤主要用于浓缩、分级、大分子溶液的净化方面。

3. 反渗透

反渗透主要是根据溶液的吸附扩散原理，以压力差为主要推动力的膜过程。在浓溶液一侧施加外加压力（1000～10000kPa），当此压力大于溶液的渗透压时，就会迫使浓溶液中的溶剂反向透过孔径为0.1～1nm的非对称膜流向稀溶液一侧，这一过程叫反渗透。反渗透过程主要用于低分子量组分的浓缩、水溶液中溶解盐类的脱除等。

4. 纳滤

纳滤是膜分离技术的一个新兴领域，纳滤膜是20世纪80年代末期问世的一种新型分离膜，其截留分子量介于反渗透膜和超滤膜之间，约为200～2000，由此推测纳滤膜可能拥有1nm左右的微孔结构，故称之为“纳滤”。纳滤膜大多是复合膜，其表面分离层由聚电解质构成，因而对无机盐具有一定的截留率。纳滤是根据吸附扩散原理以压力差作为推动力的膜分离过程，兼有反渗透和超滤的工作原理，堪称当代最先进的工业分离膜。由于它具有热稳定性、耐酸、碱和耐溶剂等优良性能，被广泛地应用于食品、医药、生化行业的各种分离、精制和浓缩过程。

5.电渗析

电渗析是膜分离技术中较为成熟的一项技术，它的原理是利用离子交换和直流电场的作用，从水溶液和其它一些不带电离子组分中分离出小离子的一种电化学分离过程。电渗析用的是离子交换膜，主要用于含有中性组分溶液的脱盐及脱酸。电渗析的发展经历过三次大的革新：具有选择性离子交换膜的应用；设计出多层电渗析组件；采用倒换电极的操作模式。

6.渗透蒸发

渗透蒸发作为一种有相变化的膜分离过程，是在近20多年才迅速发展起来的液体混合物的新分离技术，可用于传统分离手段较难处理的恒沸物、近沸物系的分离，微量水的脱除和水中微量有机物的去除。渗透蒸发是利用溶液的吸附扩散原理，以膜两侧的蒸汽压差(0～100kPa)作为推动力，使一些组分首先选择性地溶解在膜料液的侧表面，再扩散透过膜，最后在透过侧表面汽化、解吸，而一些不易溶解或难挥发的组分被截留，从而达到分离过程，此过程采用均聚物制成的非对称可溶性膜。

膜分离作为一种新型的分离单元操作过程，在技术进步、产品结构调整、节省能耗及污染治理方面日益显示出其强大的生命力和竞争能力。但目前，膜技术的发展受到了几个方面的制约：一是膜产品昂贵的价格；二是膜的易污染；三是膜分离性能有待提高。如果在这几方面能更好解决的话，则膜分离技术将会在国民经济中发挥更为重要的作用。

（八）吸附澄清法

吸附澄清法是向水提取液中加入澄清剂，使药液中微粒互相合并形成较大微粒而沉析除去。按澄清剂的不同又可分为以下几种。

1.明胶鞣酸类澄清剂

在含鞣质中的药水提取液中加入明胶或蛋清可以形成明胶鞣酸盐的络合物，与水中悬浮的颗粒一起沉淀。药液中带负电的杂质如树胶、纤维素等在pH为酸性时，与带正电荷的明胶相互作用，絮凝而沉淀。用甲醛使明胶变性，变成固相多孔微球，能选择性地吸附药液中的鞣质，对丹参中的原儿茶醛、丹参素含量无影响；利用明胶和鞣酸水溶液澄清中药水提液，结果表明吸附澄清工艺制备的制剂稳定性好且疗效优于原工艺。

2.甲壳素类澄清剂

甲壳素类澄清剂是一类天然阳离子絮凝剂，为无毒无味不溶于水的白色固体，耐稀酸碱，可生物降解，不形成二次污染，能使经液中带负电荷的悬浮颗粒絮凝沉淀。用甲壳素澄清白芍提取液，结果表明澄明度好，成本低，对芍药苷含量无影响；以壳聚糖为主，制备丹参口服液，结果原儿茶醛、丹参素含量均高于醇沉法，且产品稳定性良好；用壳聚糖澄清黄芪口服液，以黄芪甲苷、多糖含量为指标考察，认为可代替醇沉法；但对葛根等20味单味生药的研究表明，壳聚糖絮凝澄清用于中药有一定的适用范围，并认为当药液中有效成分水溶性较小时应慎用。

3.101果汁澄清剂

果汁澄清剂是一种新型食用级果汁澄清剂，无毒无味，可与杂质形成絮状沉淀物一并滤过除去，使用时通常配成5%水溶液使用。用此澄清剂澄清黄芪、茯苓提取液，可使混悬杂质基本沉淀，并证明可完整地保留药液中有效成分。用此法澄清玉屏风口服液，经与醇沉法比较，氨基酸多糖、黄芪甲苷、总固体含量等指标均以澄清法为优。

4. ZTC天然澄清剂

南开大学研制，已规模上市，有多种类型，其中广泛用于中草药提取液澄清的是ZTC-Ⅱ型，可代替醇沉工艺，除去蛋白质、鞣质、树胶等大分子物质，其优点是能保留多糖类成分。但有关该技术用于中草药提取液精制的研究报道较少，使用时应通过试验研究其处方中有效成分等指标的影响，有针对性地选用。

（九）高速离心分离技术

高速离心分离技术是一种有效的固液分离技术。它利用高速旋转产生的离心力场高效地将固体悬浮物从液体中分离。高速离心技术在使药液澄清的同时，可以有效地防止天然产物有效成分的流失，最大程度地保持天然产物的活性成分，而且还可以缩短工艺流程、降低分离过程的物耗。特别是对解决浸膏、糖浆等用过滤、超滤等难以解决的分离问题，高速离心具有明显的优势。

研究表明，离心速度对分离效果有显著的影响。但在有些情况下并非离心力越大越好，必须根据体系的具体特征选择合适的离心设备和离心速度。例如对于要除去含蛋白质、多糖等大分子有效成分的天然产物提取液中的悬浮固体颗粒时，离心力场就不能太大。而对蛋白质、多糖等大分子不是有效成分的情况，就可采用比较大的离心力场，除了天然产物提取物中的颗粒外，还可以除去一些蛋白质等大分子，提高提取液澄明度，防止沉淀的产生。对于某些特殊的热敏性极高的有效成分的分离，还可采用冷冻高速离心技术，可以消除高速运动产生的摩擦热，防止热敏的生物活性物质受热失活。

模块三　干燥实操模块

入门环节　真空浓缩大蒜提取液

行业分析

1. 大蒜油性质及应用状况分析；
2. 大蒜油生产厂家及市场产品规格介绍；
3. 天然产物有效成分干燥技术进展；
4. 真空浓缩技术特点。

学习目标

能力目标

1. 能根据订单要求分解生产任务；
2. 用相关方法和设备实现真空浓缩大蒜提取液；
3. 检测计算相关得率。

知识目标

1. 大蒜油性质；
2. 真空浓缩技术要点；
3. 真空浓缩设备使用方法；

4. 浓缩物含水量检测方法。

素质目标

1. 通过真实工作任务，激发学生求知欲；
2. 通过浓缩方法设计，培育学生创新意识；
3. 拥有成本意识、节约意识；
4. 勤勤恳恳做事、踏踏实实做人职业素质。

学习引导

目标要求

1. 根据大蒜提取物性质设计提取方法；
2. 根据提取操作流程，分析影响干燥效率因素；
3. 真空浓缩大蒜提取物操作要点；
4. 做好实验操作记录及现象分析。

做什么？

1. 根据已签订单，分解操作流程；
2. 按照流程，真空浓缩大蒜提取物。

怎么做？

1. 查阅文献
➢ 了解大蒜提取物主要成分；
➢ 了解天然产物常规浓缩干燥方法；
➢ 分析大蒜提取物性质，选择合适干燥方法；
➢ 设计提取路线。
2. 按照设计路线，分工合作
➢ 按照要求准备实验原料；
➢ 检查实验装置，并调试干燥设备；
➢ 按照流程进行有序操作；
➢ 做好实验记录，分析实验现象；
➢ 干燥效率检测分析。
3. 实验情况，交流汇报
➢ 实验进展及收获心得制成 PPT，班后总结；
➢ 按照规定格式，将实验操作全程以“word”文档进行工作汇报。

【班前例会】

浓缩技术概述

浓缩是天然产物提取分离生产中常用的工艺之一，是指使溶液中溶剂蒸发，溶液浓度增大的过程。用溶剂进行有效成分或营养成分提取后，回收溶剂一般用浓缩方法；物质的提取液由于固体物含量过低，需要经过浓缩达到一定的含量；提取液进行后续处理时，也常需要提高浓度，如结晶、喷雾干燥等，都要设计浓缩这道工艺。浓缩虽然是比较简单的工艺，但采用工艺不当，也会造成一定损失。在实际生产中浓缩主要有蒸发浓缩、常压浓缩、真空浓缩等方法。近年来，又出现了反渗透膜浓缩等新技术。实验室主要采用真空浓缩，如旋转蒸发器真空浓缩。

1.蒸发浓缩

蒸发，是使浓状物料浓缩的方法之一。凡是液体或水果、蔬菜压汁均可用蒸发的方法进行浓缩。传统蒸发，就是加热使液料沸腾而使气体飞入空间。而现代蒸发则改用低温、低压蒸发的方法，以免损坏有效成分。

蒸发器主要由加热室（器）和分离室（器）两部分组成。加热室的作用是利用水蒸气为热源来加热被浓缩的料液。加热室的类型随着技术的改进而不断发展。最初采用的是夹套式和管式，其后有卧式短管加热室和竖式短管加热室。为了强化传热过程，采用强制循环代替自然循环。也有采用带叶片的刮板薄膜蒸发器等。蒸发器分离室的作用是将二次蒸汽中央带的雾沫分离出来。为使这些雾滴下落回到液体中，分离室须具有足够大的直径和高度以降低蒸汽流速，并有充分机会使其返回波体中。分离室的类型，最初是将其置于加热室之上并与后者成为一体。其后，出现了外加热型加热室（加热器），分离室也就独立成为分离器。

2.冷冻浓缩

冷冻浓缩是利用冰与水溶液之间的固液相平衡原理的一种浓缩方法。采用冷冻浓缩方法，溶液在浓度上是有限度的。当溶液中溶质浓度超过低共熔浓度时，过饱和溶液冷却的结果表现为溶质转化成品体析出，此即结晶操作的原理。这种操作，不但不会提高溶液中浓质的浓度，相反却会降低溶质的浓度。但是当溶液中所含溶质浓度低于低共熔浓度时，则冷却结果表现为溶剂（水分）成晶体（冰晶）析出。随着溶剂成品体析出的同时，余下溶液中的溶质浓度显然就提高了，此即冷冻浓缩的基本原理。

由此可见，冷冻浓缩的操作包括两个步骤，首先是部分水分从水溶液中结晶析出，而后将冰晶与浓缩液加以分离。

冷冻浓缩方法特别适用于热敏天然产物的浓缩。由于溶液中水分的排除不是用加热蒸发的方法，而是靠从溶液到冰晶的相间传递，所以可以避免芳香物质因加热所造成的挥发损失。为了更好地使操作时形成的冰晶不混有溶质，分离时又不致使冰晶中带溶质，防止造成过多的溶质损失，结晶操作要尽量避免局部过冷，分离操作要很好地加以控制。

在这种情况下，冷冻浓缩就可以充分显示出它独特的优越性。将这种方法应用于含挥发性芳香物质的食品浓缩，要比用蒸发浓缩和反相渗透法都好。可在同一设备中或在不同的设备中进行。

冷冻浓缩的主要缺点是：采用这种方法，不仅受到溶液浓度的限制，而且还取决于冷晶与浓缩液可能分离的程度；一般而言，溶液黏度愈高，分离就愈困难；因为加工过程中，细菌和酶的活性得不到抑制，所以制品还必须再经热处理或加以冷冻保藏；过程中会造成不可避免的溶质损失；成本高。

到目前为止，冷冻浓缩法尚有许多技术问题未获满意解决，特别是在成本高，溶质损失严重这些问题上，致使这项新技术还不能广泛地应用。

冷冻浓缩能够很好地保持果汁的色泽、风味、香气和营养成分。因为在全过程中，果汁处于低温条件下（一般－7～－3℃），果汁中几乎不发生可能产生的化学变化和生物化学反应。

3.常压浓缩

常压浓缩是在常压下使溶液进行蒸发，如果溶剂为有机溶剂，常常进行冷凝回收，以便回收利用并防止空气污染。浓缩设备一般由加热器、蒸发器、冷凝器和溶剂接收器组成。常压浓缩设备比较简单，操作方便，但由于蒸发温度高，能耗较大，尤其在浓缩后期，溶液浓度升高，沸点进一步上升，溶液中的许多成分容易在高温条件下焦化、分解、氧化，使产品质量下降。因此，在实际生产中常压浓缩已经用得越来越少。

4.真空浓缩

真空浓缩又称减压浓缩，在工业生产中应用极为普遍，在天然产物生产中，该方法的利用最多。真空浓缩具有很多优点。液体物质在沸腾状态下溶剂的蒸发很快，其沸点因压力而变化，压力增大，沸点升高，压力小，沸点降低。例如牛奶在101kPa下，沸点为100℃，而在82.7～90.6kPa下，沸点仅为45～55℃。由于在较低温度下蒸发，可以节省大量能源。同时，由于物料不受高温影响，避免了热不稳定成分的破坏和损失，更好地保存了原料的营养成分和香气。特别是某些氨基酸、黄酮类、酚类、维生素等物质，可防止其因受热而破坏。而对于一些糖类、蛋白质、果胶、黏液质等黏性较大的物料，采用低温蒸发可防止物料焦化。

真空浓缩设备主要有以下几种。

(1) 降膜式浓缩设备　物料循环时间少，物料受热时间仅2min左右，故适合于热敏性物料的浓缩。其传热系数、能耗与升膜式相近。有时液膜形成不均匀，物料易焦化、结垢。

(2) 双效升（降）膜式浓缩设备　该设备的结构及工作原理与单效膜式浓缩设备相似，主要是增加了一台热泵，并增加了二效加热器、二效分离器等。主要是由于二次蒸汽能够加以利用，降低了能耗，生产能力大。但设备结构趋于复杂，给操作和管理带来较高要求。

(3) 间歇式单效盘管式真空浓缩锅　该设备主要由盘管式加热器、蒸发室、冷凝器、抽真空装置、雾沫分离器、进出料阀及各种控制仪表所组成。该设备结构简单、制造方便、操作稳定、易于控制，传热系数较高、蒸发速率快，一般蒸发量为1200L/h的浓缩设备，在生产乳粉时，其实际蒸发量可达1500L/h。可调节加热蒸汽的量和蒸汽压力的高低，以满足生产或操作的需要。在锅内物料混合均匀，特别适用于黏稠物料的浓缩。其缺点是间歇出料，物料受热时间较长，在一定程度上对产品质量有一定影响。该设备体积较大，清洗比较困难。

(4) 单效升膜式浓缩设备　该设备为自然循环的长管型液膜式蒸发器，主要由加热器、分离器、雾沫捕集器、水力喷射泵、循环管等部分组成。

该设备工作时，液料自加热器底部进入加热管，液位约占管长的1/5～1/4，蒸汽在管外加热，使料液沸腾，迅速汽化，蒸汽在管内高速上升，将物料挤向管壁。二次蒸汽在管内由下而上逐渐增多，使物料不断形成薄膜，在二次蒸汽的诱导及分离器高真空的吸力下，被浓缩的物料及二次蒸汽以较快的速度沿切线方向进入分离器。在分离器离心力作用下，物料沿其周壁高速旋转，并均匀分布于周壁及锥底上，物料液表面积增大，加速了水分的进一步汽化。二次蒸汽及其夹带的物料液滴，经雾沫分离器进一步分离后，二次蒸汽导入水力喷射泵冷凝，分离得到的浓缩液沿循环管下降，回到加热器底部，与新加入的料液自行混合，再进入加热管浓缩。几分钟后，料液浓度即可达到要求。其中一部分浓缩液可在循环管底部连续抽出，一部分回到加热器。

单效升膜式浓缩设备结构简单，制造方便，占地面积小，投资省，经济实用。生产能力大，传热系数高，蒸汽消耗较低，可连续出料，有利于提高产品质量，特别适用于牛奶等易起泡沫的物料。但由于管子较长，清洗不太方便，且不大适用于黏度较大或高浓度物料。

在天然产物浓缩设备中，尚有多效薄膜式浓缩设备、刮板式薄膜蒸发器、板式蒸发器、离心式薄膜蒸发器等，后三者适合于高黏度或含悬浮颗粒成分的浓缩。

5.反渗透浓缩

反渗透浓缩是近年来发展起来的新技术。膜分离是一种使用半透膜的分离方法。分离膜是一类坚固的具有一定大小孔径的合成材料，在一定压力或电场的作用下，可使溶液中不同大小的分子或不同电性的离子有选择地通过膜，从而使物质得到分离、纯化或浓缩。膜技术有超滤、反渗透和电渗析三种，其具体特点和应用后面特设置专题讨论。这里仅简述反渗透在浓缩中的应用。

在膜分离中，如通过半透膜的只是溶剂，则溶液获得了浓缩，此过程称为膜浓缩。反渗透膜是一类具有表层非对称的复合膜，它与一般渗透或超滤不同，不是纯溶剂向溶液方向渗透，而是在外压下溶液的溶剂向非溶液方向渗透，因此称为反渗透。

反渗透用于果蔬汁及其它食品溶液的浓缩，与传统的蒸发法相比，具有较好的保持果蔬汁风味、营养成分，降低能耗和操作简单等优点，而且能提高果蔬汁的稳定性。多年来，人们采用反渗透对苹果、梨、柑、菠萝、葡萄、番茄等果汁进行浓缩，品质优于热浓缩法。例如，利用反渗透浓缩山楂汁，不仅可保持营养和功效成分，而且配合超滤可生产高凝胶能力的果胶，避免了热浓缩时果胶的破坏。在国外，反渗透已用于牛奶、水果汁、氨基酸溶液的浓缩。

由于半透膜的制造技术以及膜过滤工艺条件的研究尚有差距，再加上其他一些原因，目前在我国食品生产上膜浓缩实际应用还较少，但随着技术的进步，膜浓缩会被广泛认识并得到应用，并在保健食品生产中发挥重要的作用。

总体来看，目前用于天然产物有效成分浓缩的方法还是以真空蒸发为主，而反渗透浓缩技术在不远的将来有可能以其突出的优点，在许多方面获得干燥的方法是通过气化而使固体、半固体或浓缩液中除去水分。目的在于提高产品的稳定性，易于保存、运输和使用。

【任务分解】

大蒜功能性成分研究状况

大蒜中碳水化合物、蛋白质和微量元素等营养物质约占其重量15%左右，粗纤维占15%、水分占70%左右，其中大蒜油约占0.24%～0.3%。现代医学研究证实，大蒜集100多种药用和保健成分于一身，其中含硫挥发物43种，硫化亚磺酸（如大蒜素）酯类13种、氨基酸9种、肽类8种、苷类12种、酶类11种。

大蒜油的主要成分为85%*S*-烯丙基蒜氨酸、2%丙基蒜氨酸和13%*S*-丙基蒜氨酸等，这些物质在室温下即会发生分解，降解成各种含硫的有机化合物，形成大蒜的特殊气味，主要是二烯丙基硫醚、烯丙基甲基三硫醚、烯丙基甲基二硫醚和烯丙基甲基硫醚等30余种含硫有机物。大蒜油成分中研究较多的有蒜氨酸、大蒜素和大蒜新素。

大蒜素是挥发性油状物，是二烯丙基三硫化物、二烯丙基二硫化物以及甲基烯丙基二硫化物等的混合物。大蒜素，淡黄色油状液体，沸点80～85℃（0.2kPa），相对密度1.112（20/4℃），折射率1.561。溶于乙醇、氯仿或乙醚。水中溶解度2.5%（质量）（10℃），其水溶液pH值为6.5，静置时有油状物沉淀物形成。大蒜素与乙醇、乙醚及苯可互溶，对热碱不稳定，对酸稳定，存在于百合科植物大蒜的鳞茎中，由大蒜氨酸在大蒜酶作用下转化产生，具有强烈的大蒜臭，味辣。

大蒜含有30多种风味物质，主要为含硫化合物，并以二烯丙基三硫、二烯丙基二硫、甲基烯丙基三硫、甲基烯丙基二硫和烯丙基硫为主。完整大蒜没有臭味，但大蒜受到外力作用（挤压、食用、破碎或切分后），大蒜细胞破裂，在微量溶解氧的存在下，蒜氨酸在蒜氨酸酶的作用下形成大蒜素，同时释放出特殊的蒜臭味，这就是完整的大蒜没有蒜臭味而食用大蒜时有蒜臭味的原因。大蒜素非常不稳定，当蒜氨酸转化为大蒜素后，大蒜素存在的时间很短，在蒜氨酸酶的作用下，大蒜素进一步降解成各种风味物质。

另外，蒜氨酸是大蒜独具的成分，当它进入血液时便成为大蒜素，这种大蒜素即使稀释10万倍仍能在瞬间杀死伤寒杆菌、痢疾杆菌、流感病毒等。蒜素与维生素B_1结合可产生蒜硫胺素，具有消除疲劳、增强体力的奇效。大蒜含有的肌酸酐是参与肌肉活动不可缺少的成分，对精液的生成也有作用，可使精子数量大增，所谓吃大蒜精力旺盛即指此而言。大蒜还能促进新陈代谢，降低胆固醇和甘油三酯的含量，并有降血压、降血糖的作用，故对高血压、高血脂、动脉硬化、糖尿病等有一定疗效。大蒜外用可促进皮肤血液循环，去除皮肤的老化角质层，软化皮肤并增强其弹性，还可防日晒、防黑色素沉积、去色斑、增白。近年来国内外研究证明，大蒜可阻断亚硝胺类致癌物在体内的合成，其防癌效果在40多种蔬菜、水果中是最好的。在大蒜含有的100多种成分中，其中几十种成分都有单独的抗癌作用。

大蒜中保健作用很高的大蒜精油是蒜中所有含硫化合物的总称，这些物质中的硫原子具有高度的活性，能自发地转变成多种有机硫化合物。这些有机硫化合物在物理、化学、生物的因素作用下，又可转变成其他的含硫化合物。大蒜中的所有含硫化合物大多具有广泛药理、药效作用，也是构成大蒜特有辛辣气味的主要风味物质。

此外，日常食物中含有机锗最丰富的也是大蒜。有研究证明，有机锗化合物和一些抗癌药物合用，无论在抑制肿瘤局部生长还是防止肿瘤转移方面，均有协同作用；有机锗化合物能够刺激体内产生干扰素，而干扰素的抗癌作用已被医学所证实；有机锗化合物对受损的免疫系统具有不同程度的修复作用，可激活自然杀伤细胞和巨噬细胞，有利于癌症的控制！有机锗化合物能降低血液的黏稠度，从而减少了癌细胞黏附、浸润和破坏血管壁的机会，这对阻止癌细胞的扩散起着很重要的作用。

大蒜还富含硒，这种物质同样具有强大的抗癌效应。实验发现，癌症发生率最低的人群就是血液中含硒量最高的人群。另外，硒以谷胱甘肽过氧化酶的形式发挥抗氧化作用，从而起到保护膜的作用。大蒜中还富含超氧化物歧化酶，在抗氧化方面也有着不可低估的作用。此外，大蒜中含有17种氨基酸，其中赖氨酸、亮氨酸、缬氨酸的含量较高，蛋氨酸的含量较低。白皮蒜的必需氨基酸含量低于紫皮蒜，但氨基酸总量略高于紫皮蒜。大蒜中矿物元素含量以磷为最高，其次为镁、钙、铁、硅、铝和锌等。

我国是大蒜的主产国之一，常年的种植面积为20.0万～26.7万公顷，产量为400万吨，居世界首位，约占世界总产量的1/4，日本及东南亚市场80%的大蒜是从我国进口。一直以来我国多以鲜蒜销售为主，深加工产品少，经济效益相对较低。国外，尤其美、英、日等发达国家非常重视大蒜的深加工。随着现代医学的发展，揭示了大蒜具有重要的药理活性，大蒜越来越受到人们的重视，研制开发大蒜制品成为一种潮流。目前对大蒜的开发利用，从针剂、片剂、粉剂到胶囊等用于临床已取得显著疗效。随着社会发展、疾病更新、医疗发展，大蒜在人类的发展中体现了它的价值，从出口大蒜头到加工成蒜片、蒜酱、蒜粉，又发展到提取大蒜精油、大蒜素出口，大蒜深加工事业方兴未艾。

目前，提取蒜油的方法主要是采用水蒸气蒸馏法、溶剂浸出法和超临界CO_2（SCF-CO_2）萃取法，其中以超临界萃取的大蒜素稳定性最好，得率最高，品质最优。一般以大蒜素的含量表示蒜油的品质。国内大蒜油萃取主要采取传统水蒸气蒸馏法，其主要生产工艺为使用优质麻油作溶剂、融取大蒜素而制成，其间经过筛选、浸泡、去皮、大浆、液化、恒温、离心、蒸馏、过滤等多道工序制备。该法工序繁杂，而且需适当温度，极其容易损失有效的活性成分。近年来随着超临界 CO_2 萃取技术的发展，大蒜精油、大蒜素的提取已成为大蒜加工的一个热点，大蒜具有广阔开发利用前景。

提取大蒜油后的大蒜废渣还可以提取大蒜精，用于食品、饮料和化妆品的添加剂；大蒜精提取后的废渣进行有效处理，还可以作为饲料添加剂等，因此可进行有效的综合利用，为大蒜产业健康发展提供可靠的保证。生产厂家统计，生产每吨大蒜油可以消耗大蒜 200～300t，并能副产 100t 大蒜精（粉）。

无臭蒜素原液生产制备路线：

(1) 备料　选成熟、干燥、无虫蛀、无霉烂的蒜头，去蒂、分瓣、剥内衣，用清水漂洗，除去杂质及不合要求的蒜粒。

(2) 破碎、烘干　用粉碎机把蒜粒加工成糊状。将蒜糊放入烘箱，以文火烘干，温度控制在 60～65℃，烘 6～8h，每 2h 翻动 1 次，使蒜糊受热均匀。

(3) 磨粉　干蒜湖送入粉碎机磨成粉，过 80～100 目筛。

(4) 浸泡除臭　蒜粉放入 30～40℃酒精（70%食用酒精）内密封浸泡 6h 除臭，蒜粉与酒比例为 1∶3。

(5) 分离　采用抽滤法，将上层的溶液取出，即为无臭蒜素原液。

大蒜素提取液中除了大蒜素等风味物质外，还含有可溶性糖、蛋白质和色素等成分，还需对提取液进行纯化，故在纯化前还需要浓缩。

生产订单：大蒜精油 5kg。大蒜素＞8%，乙醇＜5%，水分＜3%，国标检测。价格：300 元/kg。

【边做边学】

低压真空浓缩大蒜精油提取液

1. 材料准备

干蒜粉乙醇提取液；台秤，电热恒温鼓风干燥箱，粉碎机，超声波发生器（带加热功能），旋转蒸发器，真空泵，烧杯，量筒，玻璃棒等。

2. 操作流程

(1) 大蒜精油提取液制备（由轮值组长实训前制好）

精选大蒜→去皮清洗→破碎→低温烘干（＜65℃）→磨粉过筛→称量→蒜粉与 70%食用酒精（1∶3）→超声波低温（＜40℃）浸提→4h 后→抽滤→滤液→量取体积贮藏待浓缩。

(2) 真空浓缩

旋转蒸发器水槽预热→50℃后→恒温→量取提取液 200mL→移入 500mL 的浓缩蒸馏瓶→接通冷凝水→150r/min 旋转→真空度在 0.08～－0.1MPa 范围→浓缩至 70mL→取出浓缩液→重复新的浓缩。

3. 关键技术

➢ 浓缩原液体积与浓缩蒸馏瓶体积比例关系，一般小于 1/2；

➢ 浓缩温度控制，由于大蒜素易分解，温度严格控制在 50℃以下，但低温不易浓缩，调整真空度与温度关系，达到最佳浓缩效果；

➢ 真空度控制在 0.08～－0.1MPa 范围，越低越容易浓缩；

➢ 防止在浓缩过程中爆沸现象，最好让其始终处于沸腾状态；

➢ 浓缩的程度根据实际情况而定，看浓缩液后续目的，通常为其原体积的 1/3，但不需要移出后量，可以事先做好 1/3 体积的位置；

➢ 考虑到大蒜素易分解的特性，最好浓缩好一批移出一批，重新浓缩下一批，如果浓缩对象性质比较稳定，不需要每次都移出浓缩液，可以浓缩到一定程度再加入一些新的原液，继续浓缩。

4. 记录要点

✓ 材料用量；

✓ 浓缩参数；

✓ 浓缩液体积。

5. 教师讲解：旋转蒸发器的使用方法

(1) 使用方法

① 高低调节：手动升降，转动机柱上面手轮，顺转为上升，逆转为下降；电动升降，手触上升键主机上升，手触下降键主机下降。

② 冷凝器上有三个外接头，其中两个是接冷却水用的，一个是接真空泵的。下面一头接进水，上面一头接出水，一般接自来水，冷凝水温度越低效果越好。上端口装抽真空接头，接真空泵皮管抽真空用的。

③ 操作前，先将水槽中的水加至能没过蒸发瓶 2/3 的位置，设置需要的浓缩温度，提前预热。

④ 加入待浓缩的原液，方法有直接倒入蒸发瓶中，还可以通过仪器附带的真空吸入装置加料液，有的设备有，有的没有。

⑤ 开机前先将调速旋钮左旋到最小，按下电源开关指示灯亮，然后慢慢往右旋至所需要的转速，一般大蒸发瓶用中、低速，黏度大的溶液用较低转速。烧瓶是标准接口 24 号，随机附 500mL、1000mL 两种烧瓶，溶液量一般不超过 50%为适宜。

(2) 操作注意事项

① 玻璃零件接装应轻拿轻放，安装前应清洗干净，然后擦干或烘干；

② 各磨口、密封面、密封圈及接头安装前都需要涂一层真空脂；

③ 加热槽通电前必须加水，不允许无水干烧；

④ 如真空抽不上来需检查：

a. 各接头，接口是否密封；

b. 密封圈，密封面是否有效；

c. 主轴与密封圈之间真空脂是否涂好；

d. 真空泵及其皮管是否漏气；

e. 玻璃件是否有裂缝、碎裂、损坏的现象。

6. 文献推荐

[1] 肖旭霖. 食品机械与设备. 北京：科学出版社，2006.

[2] 中国期刊全文数据库，以关键词检索“大蒜素”及“制备”，寻找文献.

[3] 在百度或谷歌中搜索“真空浓缩”，查看相关文献.

【班后总结】

课程博客上回顾与总结

老师在课后要及时对这次单元学习情况进行总结，如轮值组长提前准备用乙醇提取大蒜精油，学生学习用旋转蒸发器真空浓缩该提取液的总体情况，有哪些值得表扬，哪些需要改进，同时附上同学们在操作过程中的情景照片，并加上评注；再次针对单元实操过程提出一两个问题要求学生进行讨论或回答；最后学生在留言板上写下自己的心得体会，以及对教师还有什么要求，同时讨论或回答教师留下的问题，畅所欲言。同时提醒同学们该如何判断浓缩到什么程度为佳，如何处理与防止浓缩液爆沸现象等。

学生上这次课的情况一般是这样：

➢ 冷凝水接口错误；

➢ 浓缩液移出，蒸发瓶取不下来；

➢ 出现爆沸现象，致使浓缩时间延长；

➢ 由于浓缩较慢，提高浓缩温度，影响成品质量。

问题讨论：

✓ 如何确定浓缩原液浓缩程度，即浓缩到何时为好？

✓ 如何确定浓缩液的浓缩参数？

✓ 如何将实验室的浓缩装置与企业生产相衔接？

✓ 大蒜精油的主要成分是什么？

✓ 超市中的大蒜精油如何判断质量与安全？

✓ 生产中有没有可以不破坏成分，同样得到浓缩效果的设备？

学生博客上留言特点：

✓ 留言没有深度，思考问题较浅。

【工作汇报】

轮值组长书面汇报单元任务完成情况

每次当班任务完成以后，只需每组的轮值组长以书面形式，对当班任务完成情况进行汇报。本单元任务书面汇报内容包括如下部分：

✓ 大蒜精油的生产与利用状况简介；

✓ 真空浓缩方法的特点及应用注意事项，试验结果；

✓ 结合课程博客，叙述同学们上课的实际情况及需要改进的地方；

✓ 若要完成订单任务，还需要学习哪些单元生产技术等。

【视野拓展】

超临界萃取技术

物质处于其临界温度（T_c）和临界压力（P_c）以上状态时，向该状态气体不断升温并加压，热膨胀会使液态的密度不断减小，而同时气体的密度随压强的增大而不断增大，这样液体和气体之间的密度差别就不断减小，当温度和压强高到一定程度时，气态和液态的密度趋于相等，它们之间的分界线也就消失了，物质的这种状态就是它的临界状态，或者称临界点，此时的温度和压强称为“临界参数”。此时气体不会液化，只是密度增大，具有类似液态的性质，同时还保留气体性能，这种状态的流体称为超临界流体（super critical fluid，简称 SCF）。

从工艺过程来讲，超临界流体技术从原来早期单一的萃取技术（萃取固体或液体中目的组分），发展成超临界流体萃取、反应、精馏、结晶、干燥、渗透、染色等技术，以及它们之间相互结合，如超临界流体反应精馏技术和超临界流体萃取分馏技术等。作为理论和应用相结合的一门技术，近些年来，超临界流体技术在生物技术和医药领域、环境保护、材料加工、油漆印染等引起了较大的兴趣并展开了广泛的研究和应用。

超临界流体技术之所以这么蓬勃发展，究其原因是：①人们对超临界流体的认识，包括基础研究和经验的积累，给超临界流体的商业应用提供了可能，特别是为超临界萃取的工业化铺平了道路；②超临界萃取的工业化实践，鼓励了许多研究者在更广的范围内探索这项技术的研究；③由于能源紧缺，超临界萃取用于分离混合物。可望成为一种节能的方法；④随着人们环境意识的增强，许多国家开始限制“三废”的排放，使得人们去寻找对有利于环境保护的技术，超临界流体技术可望满足这一要求；⑤人们正热衷于使用纯天然产物，而天然产物的有效成分通常是一些难挥发的热敏性物质。使用超临界萃取技术，可在温和的条件下完成天然产物的提取，保持天然产物的特性；⑥超临界流体在其它方面的应用也显示了广阔的诱人前景，如化学反应可望使用超临界流体“突破”热力学平衡的限制。

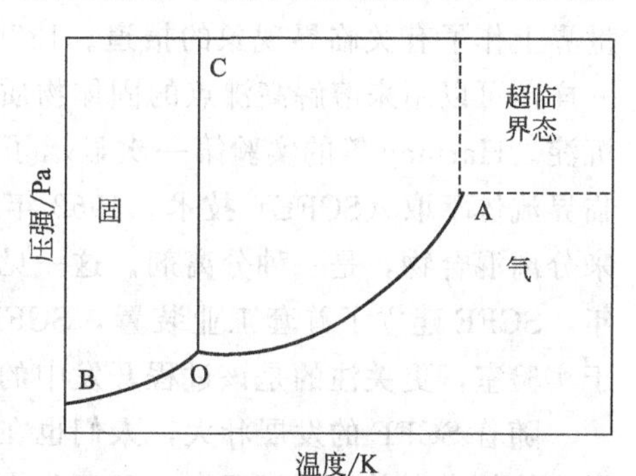

图 3-1　纯流体的典型压强-温度图

1. 超临界流体研究

(1) 超临界流体的物理特性　图 3-1 是纯流体的典型压强-温度图。图中线 BO 表示气-固平衡的升华曲线，线 CO 表示液-固平衡的熔融曲线，线 AO 表示气-液平衡的饱和液体蒸气压曲线。点 O 是三相点。将纯物质沿气-液饱和线升温，当到达图中点 A 时，气-液的分界面消失，体系的性质变得均一，不再分为气体和液体，称点 C 为临界点，与该点相对应的温度和压力分别称为临界温度 T_c 和临界压力 P_c。图中高于 T_c、P_c 的区域属于超临界流体区。

超临界流体因其温度、压力均在临界点之上，而表现出许多独特的物理性质。通常超临界流体的应用范围在 $0.9<T_r<1.2$，$1.0<P_r<3.0$。在此范围内超临界流体兼有气液两相的双重特点，一方面具有与液体相接近的密度和溶解能力，同时又具有与气体相接近的黏度极高的扩散系数，表现出很好的流动与传递性能。在临界点附近，超临界流体的密度仅是温度和压力的函数，故在合适的温度与压力下它能提供足够的密度来保证有足够强的溶解能力，可代替传统的有毒、易挥发、易燃的有机溶剂，是解决化工生产过程中有机溶剂对环境造成污染的有效途径。表 3-1 给出了在临界点附近超临界流体与其相应的气体和液体的一些物理性质的粗略比较。

表 3-1　常用超临界流体的临界数据

溶　剂	T_c/℃	P_c/MPa	ρ_c/(kg/m³)
CO_2	30.9	7.375	468
H_2O	373.9	22.06	322
CH_3OH	239.4	8.092	272
C_2H_6	32.2	4.884	203
C_2H_4	9.1	5.041	214
CH_3CH_2OH	240.7	6.137	276
C_3H_8	96.6	4.250	217
C_7H_8	318.55	4.013	291

(2) 超临界流体性质的敏感性　在临界点附近，分子的动能和势能保持平衡，也即分子处于有序和无序之间的平衡状态，因此微小的温度和压力变化都会导致超临界流体密度和分子结构的强烈变化。

流体的物理性质取决于其分子的平均结构和动态结构，而这些结构在临界点附近对压力及温度的变化十分敏感，因此流体的各种物理性质，如密度、黏度、介电常数和离子积等相应地对体系温度和压力的变化十分敏感。随着流体物理性质的变化，流体的溶剂性质如溶解能力、对反应速率及平衡常数的影响等也发生相应的变化。

(3) 临界流体技术发展　人们在深入了解超临界流体性质的同时，也在不断探索超界流体技术的大量应用根本上来自超临界流体的诸多特殊性。早在1822年，Cagniard就首次在世界上作了有关临界现象的报道。1879～1880年，Harmay和Hogarth发现了SCF与液体一样，可以用来溶解高沸点的固体物质，如氧化钴、碘化盐；当系统压力下降时，无机盐会沉淀。Harmay等的实验第一次显示了SCF的溶解能力。超临界流体技术最早的发展是超临界流体萃取（SCFE）技术。1962年，Zosel提出一个重要的基本见解，超临界流体可用来分离混合物，是一种分离剂。这一见解奠定了以后超临界流体萃取分离过程的基础。1985年，SCFE建立了首套工业装置，SCFE技术逐步走向成熟，自此，SCFE研究已不再局限于实验室，更关注的是该过程开发中的放大技术。

随着SCFE的发展壮大，人们也在不断探索超临界流体技术在其它各领域的应用。超临界流体技术在其发展过程中，已逐步走出了化学、化工的范畴，走向边缘领域，走向其它的学科和工程界。到目前为止，超临界流体技术在萃取分离、石油化工、分析技术、化学反应工程、材料科学、生物技术等许多方面都得到应用。

超临界流体技术具有一些传统技术不具备的优点。如超临界流体萃取技术具有以下特点：①兼具液-液萃取和精馏的共同特性，因为超临界流体对溶质的溶解能力既取决于分子相互作用，也取决于溶质的挥发性；②产品中无溶剂残留，因为一般的超临界流体在常温常压下为气体；③根据超临界流体的溶解能力随温度和压力的变化十分敏感的特点实现分级萃取等。再比如，超临界反应具有以下特点：①超临界流体具有良好的流动、传递性能可以加快扩散过程控制的反应速率，增加反应物浓度；②好的溶解能力和可调节性可以实现反应和分离相耦合；③良好的流动、传递性能及溶解能力可以延长催化剂寿命，保持催化剂活性；④可以调控反应速率和平衡常数等。

在超临界流体研究中，应用最多的体系是CO_2，它的优点为：①临界温度和临界压力低，操作条件温和，对有效成分的破坏少，因此特别适合于处于高沸点热敏性物质，如香精、香料、油脂、维生素等；②CO_2可以看作是与水相似的无毒、廉价的有机溶剂；③CO_2在使用过程中稳定、无毒、不燃、安全、不污染环境，且可以避免产品的氧化；④CO_2的萃取物中不含硝酸盐和有害的重金属，并且无有害溶剂的残留；⑤在超临界CO_2萃取时，被萃取的物质通过降低压力或升高温度即可析出，不必经过反复萃取操作，使超临界CO_2萃取过程简单。所以超临界CO_2萃取特别适合于对生物、食品、化妆品和药物等产物的提取和纯化。

SCF-CO_2的溶解作用基本原理为：CO_2的临界温度（T_c）和临界压力（P_c）分别为31.05℃和7.38MPa，当处于这个临界点以上时，此时的CO_2同时具有气体和液体双重特性。它既近似于气体，黏度与气体相近；又近似于液体，密度与液体相近，但其扩散系数却比液体大得多。它是一个优良的溶剂，能通过分子间的相互作用和扩散作用将许多物质溶解。同时，在稍高于临界点的区域内，压力稍有变化，即引起其密度的很大变化，从而引起溶解度的较大变化。因此，超临界CO_2可以从基体中将物质溶解出来，形成超临界CO_2负载相，然后降低载气的压力或升高温度，超临界CO_2的溶解度降低，这些物质就沉淀出来

（解析）与 CO_2 分离，从而达到提取分离的目的。

在超临界状态下，CO_2 具有选择性溶解的特点。SCF-CO_2 对低分子、低极性、亲脂性、低沸点的成分如挥发油、烃、酯、内酯、醚，环氧化合物等表现出优异的溶解性，如天然植物与果实的香气成分。对具有极性基团（—OH，—COOH 等）的化合物，极性基团愈多，就愈难萃取，故多元醇、多元酸及多羟基的芳香物质均难溶于超临界二氧化碳。对于高分子量的化合物，分子量越高，越难萃取，分子量超过 500 的高分子化合物也几乎不溶。而对于分子量较大和极性基团较多的中草药有效成分的萃取，就需向有效成分和超临界二氧化碳组成的二元体系中加入第三组分，来改变原来有效成分的溶解度。在超临界液体萃取的研究中，通常将可改变溶质溶解度的第三组分称为夹带剂（也有许多文献称夹带剂为亚临界组分）。一般地说，具有很好溶解性能的溶剂，也往往是很好的夹带剂，如甲醇、乙醇、丙酮、乙酸乙酯。

2. 超临界流体萃取装置的设计与工艺过程

（1）装置的设计　超临界流体萃取装置设计的总体要求是：①工作条件下安全可靠，能经受频繁开、关盖（萃取釜），抗疲劳性能好；②一般要求一个人操作，在 10min 内就能完成萃取釜全膛的开启和关闭一个周期，密封性能好；③结构简单，便于制造，能长期连续使用（即能三班运转）；④设置安全联锁装置。高压泵有多种规格可供选择，国产三柱塞高压泵能较好地满足超临界 CO_2 萃取产业化的要求。

超临界 CO_2 萃取装置宜以中小型较为实际。大型装置如单釜大于 1000L 规模的就不宜盲目上马。每套装置配置 2～3 个萃取釜效率会高一些。日本几家拥有超临界 CO_2 萃取装置的公司，其中大部分是中小型装置，只有一家是大于 1000L 容积的。

表 3-2　日本有关公司超临界 CO_2 萃取装置设置情况

公司名	设备制造厂	萃取釜		萃取对象物
		容积/L	设计压力/MPa	
富士香料	伍德公司(德国)	200×1	29.4	香烟用香料
		300×1	29.4	食品用香料
YASUMA	三菱化工机	100×1	34.3	辣椒油树脂
高砂香料	三菱化工机	300×1	34.3	天然香料
长谷川香料	伍德公司(德国)	300×2	34.3	香料、色素、医药
茂利制油	克虏伯公司(德国)	500×1	37.73	食品香料、色素、抗氧化剂
		200×1	29.4	
住友精化	住友精化	50×2	29.4	精油
武田药品工业	住友重机	1200×1	—	医药品、脱溶剂

（2）工艺过程　将需要萃取的摇用植物粉碎，称取约 300～700g 装入萃取器（6）中，用 CO_2 反复冲洗设备以排除空气。操作时先打开阀（12）及气瓶阀门进气，再启动高压阀（4）升压，当压力升到预定压力时再调节减压阀（9），调整好分离器（7）内的分离压力，然后打开放空阀（10）接转子流量计测流量通过调节各个阀门，使萃取压力、分离压力及萃取过程中通过 CO_2 流量均稳定在所需操作条件，半闭阀门（10），打开阀门（11）进行全循环流程操作，萃取过程中从放油阀（8）把萃取液提出（见图 3-2 和图 3-3）。

3. 超临界流体萃取技术在天然产物生产方面的应用

超临界流体萃取主要是利用流体（如 CO_2 等）对特定物质在上述溶剂中的溶解性能和扩散性能的差异，对物质进行选择性萃取。图 3-4 是从橙皮中萃取皮油的实验流程示意图。

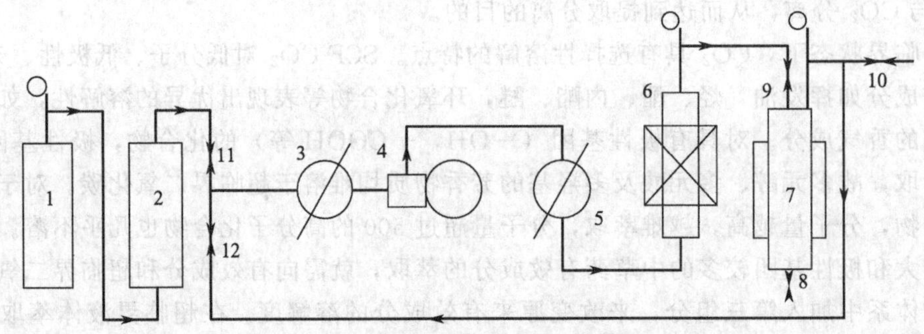

图 3-2　SCF-CO_2 工艺流程示意图

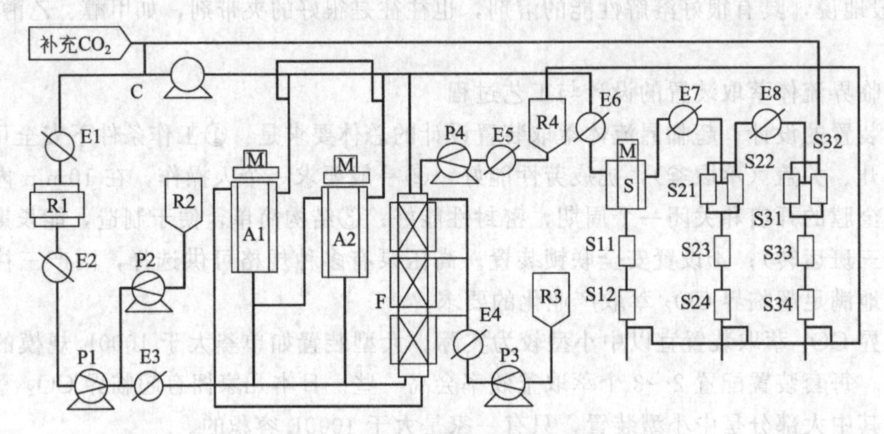

图 3-3　超临界萃取工艺流程图

A1、A2—萃取器；C—尾气回收压缩机；E1、E2—冷却器；E3、E4、E5、E6、K7、E8—加热器；F—精馏柱；P1—CO_2 泵；P2—夹带剂泵；P3—料泵；P4—回流泵；R1—CO_2 储罐；R2—夹带剂储罐；R3—液体物料储罐；R4—回流罐；S—分离器；S11、S12、S21、S22、S23、S24、S31、S32、S33、S34—旋风分离器

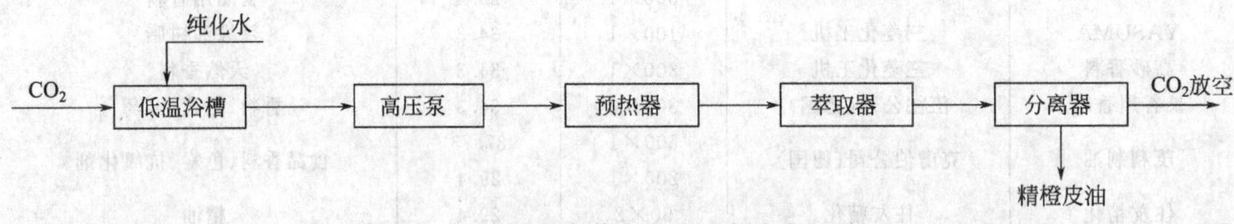

图 3-4　从橙皮中萃取皮油的实验流程图

CO_2 从钢瓶出来后，经低温浴槽冷却成液态，再由高压计量泵压缩后经预热器进入萃取器，与萃取器内事先装入的原料进行接触和传质，溶有溶质的 CO_2 超临界流体减压后喷入分离器内。预热器、萃取器、分离器分别由循环热水槽经夹套换热。由于溶质在分离器内溶解度降低，再经取样阀减至常压后收集于锥形瓶内。从分离器顶部出来的溶剂 CO_2 经湿式气体流量计计量后放空（也可循环使用）。

(1) 食品行业中应用超临界流体萃取技术　SCF-CO_2 最早在食品方面工业化，现在萃取工艺较为成熟的有：脱咖啡因，萃取啤酒花，小麦胚芽油萃取，沙棘油萃取，大豆油萃取，以及辣椒红色素与辣素的分离等。用 SCF-CO_2 从咖啡豆脱除咖啡因、从啤酒花萃取酒花浸膏的大规模工业化装置在德、美、日等地投产。中科院广州化学所和南方面粉厂联合开发的我国第一套 SCF-CO_2 萃取工业化装置于 1994 年投产，主要萃取小麦胚芽。

(2) 草药萃取中应用超临界流体技术　传统的中药提取方法工艺复杂，提取产率低，产生大量废液和废渣，能耗大，严重制约了我国传统医药的发展。由于 SCF-CO_2 在食品方面成功实现工业化，使得 SCF-CO_2 在中草药方面的应用研究备受瞩目。对于挥发油类，SCF-CO_2 不仅极大提高收率，还能保持产品原结构；提取后的药渣仍可用于提取其他有效成分。对于各种含氧化合物、色素及生物碱等能获得有效成分的高选择性和高纯度。目前研究较多的有青蒿素、丹参酮、厚朴酚、大蒜油、银杏黄酮等。

(3) 天然香料萃取中应用超临界流体萃取　随着人们环保意识的增强以及对生活质量的要求提高，"绿色"天然添加剂受到人们的重视。SCF-CO_2 萃取天然香料因此在国内外受到关注，大量的研究报道有关于此，很多已经工业化，主要有鲜花、香辛料等，超过 150 个品种。用 SCFE 法萃取香料不仅可以有效地提取芳香组分，而且还可以提高产品纯度，能保持其天然香味，如从桂花、茉莉花、菊花、梅花、米兰花、玫瑰花中提取花香精，从胡椒、肉桂、薄荷提取香辛料，从芹菜籽、生姜、芫荽籽、茴香、砂仁、八角、孜然等原料中提取精油，不仅可以用作调味香料，而且一些精油还具有较高的药用价值。啤酒花是啤酒酿造中不可缺少的添加物，具有独特的香气、清爽度和苦味。传统方法生产的啤酒花浸膏不含或仅含少量的香精油，破坏了啤酒的风味，而且残存的有机溶剂对人体有害。超临界萃取技术为酒花浸膏的生产开辟了广阔的前景。

提高环节　真空干燥芦荟凝胶

行业分析

1. 芦荟凝胶性质及应用状况分析；
2. 芦荟凝胶生产厂家及市场产品规格介绍；
3. 天然产物有效成分浓缩技术进展；
4. 冷冻干燥法技术特点。

学习目标

能力目标

1. 能根据订单要求分解生产任务；
2. 用相关方法和设备实现真空冷冻干燥芦荟凝胶；
3. 产品含水率测定。

知识目标

1. 芦荟凝胶性质；
2. 真空冷冻干燥方法技术要点；
3. 回流提取设备使用方法；
4. 产品中含水率测定方法。

素质目标

1. 通过真实工作任务，激发学生求知欲；
2. 通过冷冻干燥方法设计，培育学生创新意识；
3. 拥有成本意识、节约意识；

4. 勤勤恳恳做事、踏踏实实做人职业素质。

学习引导

目标要求

1. 根据芦荟凝胶性质确定真空冷冻干燥方法；
2. 根据冷冻操作流程，分析影响干燥效率因素；
3. 真空冷冻干燥操作要点；
4. 做好实验操作记录及现象分析。

做什么?

1. 根据已签订单，分解操作流程；
2. 按照流程，真空冷冻干燥芦荟凝胶。

怎么做?

1. 查阅文献

➢ 了解芦荟提取物主要成分；
➢ 了解天然产物常规冷冻方法；
➢ 分析芦荟凝胶性质，筛选芦荟凝胶干燥方法；
➢ 设计干燥路线。

2. 按照设计路线，分工合作

➢ 按照要求准备实验原料；
➢ 检查实验装置，并调试设备；
➢ 按照流程进行有序操作；
➢ 做好实验记录，分析实验现象；
➢ 干燥效率检测分析。

3. 实验情况，交流汇报

➢ 实验进展及收获心得制成 PPT，班后总结；
➢ 按照规定格式，将实验操作全程以“word”文档进行工作汇报。

【班前例会】

真空干燥技术概述

真空干燥是一种常用的干燥方法，是指被干燥物料放置在密封的筒体内，在真空系统抽真空的同时对被干燥物料不断加热，使物料内部的水分（或溶剂）通过压力差或浓度差扩散到表面，溶剂分子在物料表面获得足够的动能，在克服分子间的相互吸引力后，逃逸到真空室的低压空间，从而被真空泵抽走的过程。

基本原理为，溶剂的饱和蒸气压与温度紧密相关，在真空状态下，溶剂沸点降低，即在真空下操作，体系温度较低，可避免在高温下天然产物有效成分的破坏，同时提高了干燥速度。此外，在真空系统中，单位体积内空气的含量低于大气中的含量，在这相对缺氧的环境下进行干燥可以减轻甚至避免氧化变质机会，所以采用真空干燥获得较好的质量。

真空干燥有许多优点：在低压下干燥时氧含量低，能防止被干燥物料氧化变质，可干燥易燃易爆的危险品；可在低温下使物料中的水分汽化，易于干燥热敏性物料；能回收被干燥物料中的贵重和有用的成分；能防止被干燥物料中有毒有害物质的排放，可成为环保类型的“绿色”干燥。

真空干燥的主要缺点是需要一套能抽水蒸气的真空系统，使得设备投资费用大、运转费用高，设备生产效率低、产量小。

鉴于真空干燥有许多优点，有些产品不得不采用真空设备来干燥，因此，真空干燥设备会有很好的发展前景。

1. 真空干燥的特性

(1) 真空干燥的过程中，干燥室内的压力始终低于大气压力，气体分子数少，密度低、含氧量低，因而能干燥容易氧化变质的、易燃易爆物的物料等，对药品、食品和生物制品能起到一定的消毒灭菌作用，可以减少物料染菌的机会或者抑制某些细菌的生长。

(2) 由于水在气化过程中其温度与蒸气压力成正比，故真空干燥时物料中的水分在低温下就能汽化，可以实现低温干燥，这对于有些药品、食品等产品中热敏性物料的干燥是有利的。另外，低温下干燥，对热能的利用率是合理的。

(3) 真空干燥可消除常压下热风干燥易产生的表面硬化现象，这是由于真空干燥时物料内部和表面之间压差大，在压力梯度作用下，水分很快移向表面，不会出现表面硬化。同时，能提高干燥速率，减少干燥时间，降低设备运转费用。

(4) 由于真空干燥时，物料内和外部之间温度梯度小，逆渗透作用使得溶剂能够独自移动并收集，有效克服热风干燥所产生的溶剂失散现象。只有真空干燥才能实现真正意义上的回收溶剂，具有环保效应。

2. 真空干燥的分类

按照干燥所用设备装置来分，主要有：传统真空干燥和现代真空干燥装置。传统真空干燥设备有真空箱式、真空耙式、滚筒式、双锥回转式、真空转鼓式、真空圆盘刮板式、真空转鼓式、圆筒搅拌式、真空振动流动式与真空带式等；现代真空干燥设备主要有真空冷冻干燥、喷射式连续真空干燥、微波真空干燥等。

(1) 传统真空干燥设备

① 双锥回转真空干燥机

a. 结构　系统由主机、冷凝器、除尘器、真空抽气系统、加热系统、净化系统与控制系统等组成。以主机而言，由回转筒体、真空抽气管路、左右回转轴、传动装置与机架等组成。

b. 原理　在回转筒体的密闭夹套中通入热能源（如热水、低压蒸汽或导热油），热量经筒体内壁传给被干燥物料。同时，在动力驱动下，回转筒体做缓慢旋转，筒体内物料不断混合，从而达到强化干燥目的。工作时，物料处于真空状态，通过蒸汽压的下降作用使物料表面的水分（或溶剂）达到饱和状态而蒸发，并由真空泵抽气及时排出回收。在干燥过程中，物料内部的水分（或溶剂）不断地向表面渗透、蒸发与排出，这三个过程是不断进行的，物料能在很短时间内达到干燥目的。

c. 应用　适用于制药、食品等行业生产中含粉状、粒状及纤维的浓缩或混合物料的干燥，特别是需低温干燥的物料（如原料药、生化制品等），更适用于易氧化、易挥发、热敏性、强烈刺激、有毒性物料和不允许破坏结晶体物料的干燥。

d. 干燥影响因素

ⅰ. 真空度越高，越利于水分在较低温度下汽化，但真空度过高不利于热传导，会影响物料加热效果。为提高物料干燥速度，通常真空度应不低于 1×10^4 Pa。

ⅱ. 被干燥物料的状况（如物料形状、大小尺寸、堆置方法）、物料本身的含湿量、密度、黏度等性能。一般物料颗粒细而均匀、堆放松散、厚度薄，则内部水分容易扩散。

ⅲ.提高物料的初温，经真空过滤前处理、降低物料含湿量等，均能提高真空干燥速度。

② 箱式真空干燥机

a.结构　系统由箱体主机、加热系统、冷却系统、抽气系统、测量系统、控制系统及冷凝回收系统等组成。以主机而言，由干燥箱体、加热搁板、加热介质进入阀/排出阀、冷却水进入阀/排出阀、物料托盘与控制仪表等组成。

b.原理　被干燥的物料均匀地散放在托盘中，再将托盘置于搁板上。待加热介质进入搁板后，物料靠传热接受热量，升温且其湿分汽化。干燥过程中汽化的湿分蒸发，由于真空室的抽气作用，通过干燥箱抽气阀被排出，当物料中湿分降到一定值时就完成干燥过程。

c.特点　被干燥物料处于静止状态，形状不易损坏；干燥过程中不会发生绝干物料被抽走而损失的现象，也无粉尘产生；真空下物料溶液的沸点降低，使蒸发器的传热推动力增大，当传热量一定时可相应节省蒸发器的传热面积；蒸发操作的热源可采用低压蒸汽或发热蒸汽；搁板层数多，加热面积大，热损失少，容易实现规模生产；在干燥前可进行消毒处理。

d.应用　十分适宜在高温下分解、聚合和变质的热敏性物料进行低温干燥，故被广泛地用于制药、化工、食品等行业生产中，但近期在制药工业中的应用还多在初上项目、中小规模以及非连续式生产方式上。

e.影响干燥因素　除与物料有关外，还与结构与制造相关。

ⅰ.搁板（即蒸发器）上表面对物料传导加热，下表面对物料辐射加热以及支撑物料和托盘质量。搁板的材质、结构、表面平整度和粗糙度等方面将决定其温度、温度均匀性和辐射率，而温度、温度均匀性和辐射率三项指标将决定于物料干燥速度、均匀性，也是确保干燥质量的至关指标。

ⅱ.箱体　其作为负压密封容器，漏气率低、放气率小和稳定性好是考察产品质量的三大技术指标，也是设备运行、效率与能耗的具体表现，特别是漏气率是由设计与制造所决定的。

ⅲ.托盘　其是盛放物料并将其置于搁板上进行真空干燥的重要构件。托盘的材质、结构、表面平整度和粗糙度等方面也将决定其热传导性能，同时托盘容积的大小将决定其装料量和生产量。

ⅳ.冷凝器　若采用冷凝器，则物料中的溶剂可通过冷凝器加以回收；又若采用SK系列水环真空泵，可不用冷凝器，能节省能源的投资。

③ 盘式真空连续干燥机

a.结构　由室体、进料装置、刮板装置、加热管路、加热圆盘、转盘、驱动机构、出料装置、真空管路及机架等组成。在盘式连续干燥机内部，最上一层是一小加热圆盘，第二层是大加热圆盘，第三层是一小加热圆盘，依次交替排列。工作时，转轴在驱动机构带动下，连同固定在转轴上的带耙叶的刮板装置一起转动，而大小加热圆盘是静止不动的。

b.原理　湿物料自干燥机顶部的进料装置连续地加入到最上层小加热圆盘内缘处的盘面上，带有耙叶的刮板装置作回转运动，一边连续地翻动搅拌，一边从加热圆盘内缘向外缘呈螺旋线状运动，而被干燥物料由加热介质经盘内传导的热量加热升温后，由小加热圆盘外缘跌落到下一层大加热圆盘外缘处的盘面上。其又在耙叶刮板的推动下，物料由盘外缘向内缘呈螺旋线状运动，上层跌落物料再次由加热介质经盘内传导的热量加热升温后，再由大加热圆盘内缘跌落到下一层小加热圆盘内缘处的盘面上，最后从内缘跌落到下一层小加热圆盘内缘外的盘面上。如此内外交替，物料逐层自上而下运动，逐渐被加热干燥。其中，中空状的加热圆盘内通入加热介质。

c.应用　盘式真空连续干燥机集自动进料出料、多次反复干燥、翻动搅拌等多功能特点于一体，使干燥生产能趋于连续化、中大型产量化及密闭化，能较好地适应制药、食品等工业的生产，其中对含粉粒状、片状的湿物料干燥物料尤为突出。其可用于以下品种的干燥：氨苄青霉素，左旋苯甘氨酸及中间体，头孢氨噻，头孢三嗪，安乃近，西咪替丁，茶花提取物，银杏叶，淀粉，玉米胚芽等原料，以及医药中间体等。

d.影响因素　干燥效果除与物料的特性、控制温度、控制真空等因素有关外，还与设备内部结构设计有关：

ⅰ.带耙叶的刮板装置

带耙叶的刮板装置的形式，如曲面形耙叶能提高翻搅功能，使物料混合充分，干燥速率提高。

带耙叶的刮板的主要尺寸，如耙叶长度、耙叶高度、耙叶安装角度等。其中安装角对干燥速度有一定影响，随安装角度增大小，干燥速度趋于上升，一般在45°～55°为佳。

ⅱ.加热圆盘的结构　加热圆盘有多种类型，如支撑板式、折流板式及冲压式，但以冲压式加热圆盘为佳，其能增加加热介质的振动作用以提高热效率作用。

ⅲ.进料装置　进料装置一般为螺旋进料，螺旋给料器的转速过快会引起物料层过厚，耙叶不能达到有效的翻动与搅拌，对干燥不利。转速过慢会引起物料分布的不连续，进而影响生产的连续性。一般为5～10r/min。

④ 真空耙式干燥机

a.结构　系统由主机、捕集系统、冷凝系统、加热系统、抽气系统以及辅助系统等组成。就主机而言，由壳体、耙齿、转轴、封头、动密封、支架等组成。

b.原理　利用夹套壳体壁面加热物料，并在不断转动的耙齿搅拌下，物料与壳体壁面接触，此表面也在不断更新，被干燥物料受热而使其中湿分汽化，汽化的湿分蒸汽由真空抽气系统及时抽走。也由于耙齿的搅拌作用，将有利于被干燥物料内部湿分的迁移及其分子运动，从而达到干燥目的。

c.应用　真空耙式干燥机适用于制药与食品工业中：类似于浆状、膏糊状、粉状之类物料；低温干燥的热敏性物料；易氧化、易爆、强刺激、剧毒物料；要求回收有机溶剂的物料。

d.影响因素　干燥效果除与物料的特性、控制温度、控制真空等因素有关外，还与设备内部结构设计有关。

ⅰ.筒体与法兰　除筒体内表面的表面粗糙度外，还要注意筒体轴线与左右法兰（即二端密封座）中心的同轴度。

ⅱ.耙齿与转轴　耙齿未端左右向应有相等转角，当转轴正反转时能使物料由中间至两端往返运动，使物料均匀搅料。在达到物料与内壁接触不热的同时，物料能起到粉碎作用，以增大汽化面积，促进干燥进程；转轴、耙齿回转中心应与筒体轴线保持同轴度，且耙齿与筒体内壁间隙值均匀。

ⅲ.轴的密封　转轴与封头之间有良好密封性能，密封不好，外部冷空气会泄漏进来，真空度不够，温度会降而影响干燥。

(2) 现代真空干燥设备

① 真空冷冻干燥 制品完全冻结，并在一定的真空条件下使冰晶升华，从而达到低温脱水的目的，此过程即称为冷冻干燥，简称冻干。

a.冷冻干燥的原理 水有三种聚集状态，即液态、固态和气态。随着压力的不断降低，冰点的变化不大，而沸点则越来越低，越来越靠近冰点。当压力下降到某一值时，沸点即与冰点相结合，固态冰可以不经过液态而直接转化为气态。水的三相点压力为610.5Pa，三相点温度为0.0098℃，在压力低于三相点压力时，固态冰可以吸收热量直接转化为气态的水蒸气。

b.结构 主要是由真空和低温相结合组成的。目前使用的冻干机结构基本相同，通常由干燥室、制冷系统、真空系统、加热系统和控制系统设备组成。

物料的升华干燥过程是在干燥室内完成的。冻干设备的干燥室有圆形、箱形之分，圆形干燥室空间利用率少，但用料省，加工容易；箱形冻干设备干燥室内有效空间利用率高，外观漂亮，但用料多，不易加工。一般小型冷冻干燥设备和医药类冷冻干燥设备多选用箱形。

制冷系统主要是对干燥室内干燥板和真空系统中冷凝器提供冷量，使干燥室中的物料温度低于三相点温度。使冷凝器表面温度低于被干燥物料的温度，一般情况下保持在－50～－40℃左右。在冻干设备上，目前制冷系统较多地采用氟利昂制冷压缩机组，根据冻干设备的型号不同，用途不同，可分别采用封闭式、开机式制冷压缩机组。由于间接制冷比较均匀，故对干燥板通常采用间接制冷，而对冷凝器采用直接制冷。

c.真空冷冻干燥设备的形式 可分为间歇式和连续式。

ⅰ.间歇式装置 优点在于：单机操作，一台设备发生故障，不会影响其他设备的正常运行；适应多品种、小产量的生产，特别是季节性较强的食品生产；便于控制物料干燥时不同阶段的加热温度和真空度要求；便于设备的加工制造和维修保养。其缺点是：装料、卸料、启动等预备操作要占用时间，设备利用率低；要提高产量必须增加设备，且附机不能串用。

ⅱ.连续式装置 优点在于：设备利用率高；处理能力大，适用于单品种，大批量的生产；便于实现生产自动化。其缺点是：不适于多品种小批量的生产；在物料干燥的不同阶段虽可控制不同的加热温度，但不能控制在不同的真空度下进行；设备复杂、庞大，难以加工制造，一次投资费用较大。

d.应用 目前，真空冷冻干燥技术主要应用在医药、食品、新材料研制等领域。在医药方面，主要用于血清、血浆、疫苗、酶、抗生素、激素等药品的生产，还用于生物化学、免疫学和细菌学等临床检验药品的干燥。它可以使药品不变质，可以长期保存，容易实现药剂定量准确，容易进行无菌化操作，可以进行大批量无菌化生产。在食品方面，主要用于干燥咖啡、果汁等高档食品，特别适于干燥草莓、整虾、鸡丁、蘑菇片以及猪、牛排等大型块片，制造速熟食品等，还有如人参、蜂王浆、蜂雏、鳖粉等一些营养补品。它可以保持食品的色、香、味、营养和形状不变，便于长期贮存和运输。在生物体的保存方面，主要用于长期保存血液、细菌、动脉、骨骼、皮肤、角膜、神经组织及各种器官等。它可以使生物体不被破坏，保存之后还像原来那样具有生命力。在研制新材料方面，纳米级超细微粉是材料科学研究中的热门课题，其中航天飞机用的超轻绝热陶瓷、耐高温烧结成型发动机的原料、高温超导材料用的超细微粉等，在制备超细微粉的过程中均需真空冷冻干燥。

② 微波真空干燥　微波真空干燥是将微波技术和真空技术有机地结合，充分发挥微波加热快和均匀、真空条件下水气化点低的特点，是一项很有前途的干燥技术。微波真空干燥技术在法国、日本、美国近年来已由实验室推向工业化生产，这种技术很适合于热敏性天然产物的干燥。

a. 原理　微波发生器将微波辐射到干燥物料上，当微波射入物料内部时，迫使水等极性分子随微波的频率作同步旋转，水等极性分子作高速旋转的结果使物料瞬时产生摩擦热，导致物料表面和内部同时升温，使大量的水分子从物料逸出，达到物料干燥的效果。微波加热是使被加热物体本身成为发热体，故称之为内部加热方法，微波从四面八方穿过物料，内外同时加热，既不需要传热介质，也不利用对流，内外温度同时上升，加热速度快而均匀，仅需传统干燥时间的几分之一或几十分之一。

b. 影响干燥效果因素

ⅰ. 物料的种类和大小　在微波真空干燥过程中，物料内部逐渐形成疏松多孔状，其内部的导热性开始减弱，即物料逐渐变成不良的热导体。随着微波真空干燥过程的进行，内部温度会高于外部，物料体积愈大，其内外温度梯度就愈大，内部的热传导不能平衡微波所产生的温差，使温度梯度达到不能接受的水平。一般应预先把物料处理到较小的粒状或片状，以改进干燥的效果。粉末状产品在微波干燥时具有其独特性。当它们被堆积在一起时不应看成是许多小颗粒，而是一个整体，需要特别注意料层的内外温差。一般当物料以较大的形式出现时，需在物料接近减速干燥期时，降低微波功率，从而有效减少其内外温差，但反效果是延长了干燥时间。

ⅱ. 真空度　压力越低，水的沸点温度越低，物料中水分扩散速度加快。微波真空谐振腔内真空度的大小主要受限于击穿电场强度，因为在真空状态下，气体分子易被电场电离，而且空气、水汽的击穿场强随压力而降低；电磁波频率越低，气体击穿场强越小。气体击穿现象最容易发生在微波馈能耦合口以及腔体内场强集中的地方。击穿放电的发生不仅会消耗微波能，而且会损坏部件并产生较大的微波反射，缩短磁控管使用寿命。如果击穿放电发生在食品表面，则会使食品焦糊，一般20kV/m的场强就可击穿食品（介电常数不同）。所以正确选择真空度大小非常重要，真空度并非越高越好，过高的真空度不仅能耗增大，而且击穿放电的可能性增大。

ⅲ. 微波功率　微波有对物质选择性加热的特性。水是分子极性非常强的物质，较易受到微波作用而发热，因此含水量愈高的物质，愈容易吸收微波，发热也愈快；当水分含量降低，其吸收微波的能力也相应降低。一般在干燥前期，物料中水分含量较高，输入的微波功率可低些，微波功率对干燥效果的影响高些，可采用连续微波加热，这时大部分微波能被水吸收，水分迅速迁移和蒸发；在等速和减速干燥期间，随着水分的减少，需要的微波能也少，可采用脉冲间隙式微波加热。

ⅳ. 微波时间　微波真空干燥时间的选择十分重要，也受到许多因素的影响。在98.2～99.2kPa的真空度下，在干燥初期物料的湿基含水率变化很小，这是由于物料内部的水分子还没有充分吸收大量的微波能，热源不充足造成的；随着干燥的继续进行，物料内部的极性分子振动加剧，更多的能量转化为热量，促进水分子的运动，物料的水分含量变化很大。在微波真空干燥后期，物料内部逐渐形成疏松多孔状，其内部的导热性开始减弱，水分含量也趋于稳定。此外，干燥时间还受到对成品含水率的要求的影响。如一般干燥成品，含水率可以控制在3%～5%，如要求低至1%或以下，干燥时间需相应地延长。

c. 应用 主要用于高附加值且具有热敏性的农副产品、保健品、食品、药材、果蔬、化工原料等的脱水干燥、杀菌；用于化工产品的低温浓缩、结晶水的脱除、酶制剂的干燥等。微波低温真空干燥设备还具有消毒、杀菌之功效，功率限性可调，智能化控制，环境、温度可控，生产出的产品安全卫生，可延长保质期。

③ 喷射式连续真空干燥 又称 Filtermat 喷雾干燥器：相当于是带式真空干燥器与喷雾干燥器的组合。Niro Hudson 公司研制的该种干燥器成功地解决了黏性天然产物，如含糖量高、含脂肪量高或酸含量高的物料的干燥问题。黏性大的物料用传统的喷雾干燥器会发生粘壁现象，干燥困难。干燥过程中物料通过压力喷嘴垂直向下喷向喷雾干燥室，热空气也向下喷，半干的粉末物料聚集在移动的网带上，尾气也由风机排出，干燥好的物料在网带上进一步移动、冷却、收集。由于喷雾塔内维持中等的真空度，热风温度只需 100℃左右，而一般的喷雾干燥热风温度 150℃左右，因而热敏性物料损失少，同时降低了喷雾塔内的高度。

3. 制药工业常用真空干燥设备的选择要素

在制药工业常用真空干燥设备的选择上要综合考虑以下几个要素。

(1) 根据物料性质而选择

① 物理与化学特性，如允许温度、热影响、比热容、密度、毒性、易燃性与易爆性等。

② 物料状态，如大小、形状、黏度、流动性与含水量。

③ 干燥特性，如干燥速度、干燥条件（温/湿度、气体压力）、含水分的性质（附着水、内部水、结合水）与最终水含量等。

通常，黏性与膏状物料适合于箱式、耙式真空干燥设备；而流动性、颗粒性物料适合于双锥回转式与盘式真空连续干燥设备。

(2) 根据产量而选择 所有真空干燥设备均给出容积与面积指标，而干燥产品的产量与干燥设备的容积与面积成正比。在确定真空干燥设备的同时，还要考察设备的装料系数，一般为 60%～75%。

【任务分解】

芦荟凝胶研究状况

芦荟中的“芦”字其中文意为黑的意思，而“荟”是聚集的意思。芦荟叶子切口滴落的汁液呈黄褐色，遇空气氧化就变成了黑色，又凝为一体，所以称作“芦荟”。芦荟是百合科、芦荟属多年生，常绿，肉质草本植物，原产于非洲。目前，芦荟属植物包括变种共有 500 余种，大都生长于热带及亚热带地区。据古埃及的医书记载，早在公元前 1500 年人们已用芦荟治疗外伤、皮肤、口腔等疾病。据报道，芦荟中的化学成分有 160 多种，其中有效成分达 72 种以上。

早在 20 世纪 50～60 年代人们就对芦荟的化学成分进行了研究，尽管其化学成分复杂，但就其特殊性及功效性而言，主要含有两大类：一是存在于叶片底部及表皮附近的蒽醌类物质、萘酮、树脂、有机酸等，即黄汁；另一类是从鲜叶薄壁细胞中分离出的芦荟凝胶。芦荟中有两类完全不同的物质彼此分离，并且具有不同的药理作用。将芦荟叶片上，下表面的叶皮削掉，就可以看到芦荟凝胶；切开芦荟叶片时，从切口处流出的一种黄色的液体就是芦荟黄汁。

芦荟凝胶的化学成分有芦荟单糖、氨基酸、有机酸、植物激素、血管舒缓激肽酶、水杨酸及其盐、植物甾醇、芦荟多糖、矿物质、维生素等，其中对芦荟凝胶的医疗保健功能起到主要作用的有芦荟多糖、氨基酸、植物激素和水杨酸及其盐。库拉索芦荟的凝胶汁中含有0.0552%的多糖，即每升凝胶汁中含有552mg多糖，从芦荟凝胶中的芦荟多糖，糖蛋白和蛋白聚糖可提高机体免疫力。

糖类是芦荟凝胶部分除去水分外的主要成分，芦荟凝胶干燥后所得固形物中有大约一半是糖类。其中大部分是具有重要生物活性作用的多糖，经分析还含有一些单糖，如甘露糖、阿拉伯糖、鼠李糖、果糖、葡萄糖等。新鲜芦荟凝胶中多糖含量约0.27%～0.5%，芦荟原汁干燥物中多糖含量为18%～30%，其多糖含量随芦荟品种和采收季节、生长地区不同而异。新鲜的凝胶显示假降行为，降解后经测定主要成分为甘露聚糖。测定了芦荟不同部位叶片的糖含量，发现从上到下叶片总糖的含量不断增加，中下部叶片中多糖含量及其占总糖的百分比较大，最上部和较上部叶片可以检测到三糖和二糖，较上部叶片单糖含量及其所占总糖的百分比较大。Yagi等报道了*Aloe arborescens* var. *Natalensis*的主要多糖为部分乙酰化的β-D-甘露聚糖，相对分子质量为15000左右。

芦荟叶中含有丰富的有机酸，其含量往往可达凝胶干燥物重量的30%。

芦荟黄汁的主要化学成分为蒽醌和萘酮类化合物，在渗出液的干燥物中约占9%～30%主要包括芦荟大黄素、大黄酚、芦荟苦素、大黄酸、异芦荟苦素。该类物质种类很多，多呈酸性，溶于水，水溶液显淡黄色，带有荧光，当调节溶液偏碱性时呈橙黄色，在空气中长时间放置后逐渐被氧化变深。该类物质主要由大黄素及其苷类组成。这些组分的含量随芦荟属植物生长发育期的不同而变化。开花前含量最高（2.17%），花盛开时最低（1.10%）。大芦荟中含有0.0519%游离蒽醌和0.0274%结合蒽醌。

1.芦荟凝胶制备方法

① 鲜榨汁法

芦荟鲜叶→洗净→沥干、紫外杀菌→去皮→缓慢用镊子刮凝胶条→黏度大的稠状物→稀释（1∶3）→纱布过滤→加0.5%活性炭、搅拌→离心→回流提取→蒸发浓缩至1∶100→回收酒精→喷雾干燥

② 冷榨汁法

芦荟鲜叶→洗净→50℃温水漂洗（1～3min）→HClO漂洗3min→冻至0℃（表皮结冰）→取出、去皮→高速细胞破碎机破碎→冷冻离心→回流提取→薄膜发浓缩至1∶100→冻干。

③ 超声波提取法

芦荟鲜叶→洗净→去皮→轻刮凝胶条稠状物→超声波破碎（频率20kHz、功率0.3W/cm^2、10min）→稀释（1∶3）→纱布过滤→稀释（1∶2）→加适量活性炭→冷冻离心→回流提取→薄膜浓缩至1∶100→冻干

④ 酶提取法

芦荟鲜叶→洗净→去皮灭菌→高速细胞破碎机打浆→加果胶酶（40℃恒温水浴、30min）→加活性炭→冷冻离心→回流提取→薄膜浓缩至1∶100→冻干

2.真空干燥制备芦荟凝胶路线：

芦荟鲜叶→表面进化、沥干、紫外杀菌→去皮→打浆→均质→超声波破碎→脱色→冷冻离心→真空浓缩→冻干

3.操作要点

① 备料。清水漂洗净芦荟鲜叶，紫外杀菌后用消过毒的刀割开外皮，取出芦荟凝胶。

② 打浆均质。将打浆后的凝胶在 1.3MPa 下均质。

③ 超声波破碎。超声波破碎，频率 20kHz，功率密度为 0.3W/cm^2。

④ 脱色。加入凝胶总量 0.5%的活性炭脱色 2h 左右，离心。

⑤ 真空浓缩。在 50℃，0.2MPa 下浓缩至原体积的 1/10。

⑥ 冷冻干燥。凝胶浓缩液降温至−38℃、0.38MPa 下升温至 50℃得凝胶制剂。

生产订单：芦荟凝胶冻干粉 10kg。芦荟多糖＞15%，重金属＜20mg/L，砷＜2mg/L，水分＜6%，卫生指标符合正常指标，国标检测。价格：1000 元/kg。

【边做边学】

冷冻干燥制备芦荟凝胶冻干粉

1. 材料准备

芦荟凝胶液；甘露糖对照品，冷冻干燥仪，超声波发生器，组织捣碎机，匀质机，低温高速调温离心机，旋转蒸发器，真空薄膜浓缩仪，真空泵，烧杯，量筒，玻璃棒等。

2. 操作流程

(1) 芦荟凝胶液制备（由轮值组长实训前制好）

芦荟鲜叶→表面进化、沥干、紫外杀菌→去皮→打浆→均质→超声波破碎→稀释（1∶3)→纱布过滤→稀释（1∶2)→加 0.5%活性炭、搅拌、脱色→冷冻离心→真空浓缩

(2) 冷冻干燥 见图 3-5。

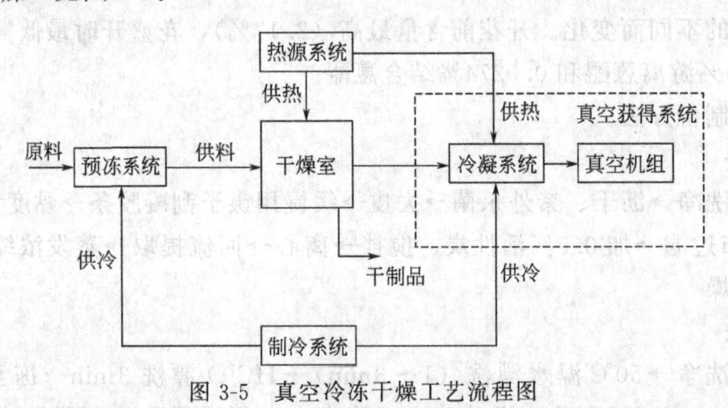

图 3-5 真空冷冻干燥工艺流程图

① 芦荟凝胶液冻干前预处理。样品首先进行低温预冻，可选方式为低温冰箱放置或液氮处理使样品成固状。注意样品体积不能超过容器体积的 1/3，不能含有机溶剂。

② 开机。先检查样品室所有阀门是否关闭，即斜面向上对准小口，打开仪器左侧电源总开关，然后打开仪器正面面板上制冷纽，选择“MAN”方式，观察仪器液晶屏，待冷阱温度低于 40℃后，再继续打开真空泵“VACUUM”纽，待真空度下降至 0.12mbar 后方可挂冻干瓶。

③ 上样。玻璃接管与橡胶塞间先垫半透膜纸，连接冷冻瓶与橡胶塞，并与样品室相连，切换阀门至 180°，即斜面向下对准冷冻瓶。

④ 冻干。根据样品性质而定，一般需要几小时到十几小时甚至几十小时。使用过程中请开真空泵气振阀 10～20min。

⑤ 关机。待样品干燥后，将阀门关闭：即斜面向上对准小口，卸下冷冻瓶，取出样品后再缓慢切换阀门至 180°，放气。关闭真空泵“VACUUM”纽，关闭压缩机“MAN”纽，最后关闭电源。打开放水阀，待冷阱化霜完毕后擦干，关闭放水阀。

⑥ 收集样品。

⑦ 指标检测。

3.关键技术

➢ 姜辣素提取液浓缩程度，直接关系到喷雾干燥时样品含量的调整；

➢ 干姜提取物中油脂成分较多，如何通过姜淀粉和糊精进行包络，比例、成本如何控制；

➢ 喷雾干燥参数的选择，如进出口风温，进料速度等；

➢ 最终产品的各项指标与订单指标有出入后，如何调整；

➢ 如何利用蒸馏水来调试各项喷雾干燥参数；

➢ 喷干样品分批收集的操作技巧，干燥腔的清洗技术等。

4.记录要点

✓ 材料用量；

✓ 喷干料液的调配比例；

✓ 喷雾干燥参数；

✓ 喷干样品的质量，含量等。

5.教师讲解：真空冷冻干燥的主要工艺

不同产品，由于其品种、成分、含水量、共晶点和崩解温度等的差异，所需要的冻干工艺也不同。同一种样品，使用不同的冻干机或同一冻干机不同的装机容量，其冻干工艺也是有差别的。因此，研究各种物料的冻干工艺是真空冷冻干燥技术的关键。

真空冷冻干燥一般分为三个阶段：预冻阶段、升华阶段和解析阶段（图 3-5）。冻干工艺必须分段制定，然后再连成整体，形成温度、压力和时间关系曲线，即冻干曲线。每处理一种新产品，必须制定一次冻干曲线。

（1）预冻阶段　预冻温度必须低于物料的共晶点温度，最好低 5～10℃。物料的冻结过程是放热过程，需要一定时间。为使全部产品冻结，一般在产品达到规定的预冻温度后，保持 2h 左右的时间。冻结过程的关键在于控制食品的冻结速率。冻结速率直接影响干燥速率和产品质量。慢速冻结时，形成的冰晶晶格较大，冰晶呈六角对称型，有利于物料中冰晶的升华，但产品品质差；而速冻形成的冰晶呈不规则树枝形或球形，间隙小，升华时阻力大，不利于冻干。所以，需要摸索出一个合适的冻结速率，以得到较好的物理性状和溶解度，并且利于干燥过程中的升华。预冻阶段要确定 3 个参数：

① 预冻速率　预冻速率对物料的品质有一定的影响。对生物细胞，快速冷冻对生物细胞影响较小，缓慢冷冻对生物细胞影响较大；快速冷冻形成的冰晶较小，对升华不利，但干燥后溶解快，慢速冷冻形成的冰晶较大，对升华有利，但干燥后溶解慢。所以要寻找一个最佳预冻速率，以得到较高的存活率和较好的物理性状以及较快的溶解速度，并对干燥过程中的升华有利。

② 预冻的最低温度　它一般根据物料的共熔点来决定，即预冻温度应低于共熔点温度 5～10℃。而共熔点温度的测定方法较多，如电阻检测法、差热分析仪扫描法、低温显微镜直接观察法、数学公式理论推算法等。由于电阻检测法方便可行，目前应用较多。

③ 预冻时间　冻干机不同，总装量不同，物料与隔板之间接触不同，预冻的时间也不同。一般由实验来确定，但必须保证在抽真空之前物料的所有部分都被冻实。

(2) 升华阶段　升华，即第一阶段干燥。升华阶段物料的温度应低于共融点温度。低得太多，升华时间加长，这时升华速率低。高于共融点温度，则产品融化，出现干缩现象。因此，在生产中应严格控制产品温度

低于并接近共融点温度。升华所需的热量一般来源于搁板，在升华过程中，冻结温度不能超过物料的共晶点温度，已干燥层温度不能超过物料的崩解温度。冻干过程主干燥阶段一直保持低温状态，二期干燥阶段由于真空度降低，可升高搁板温度使产品温度升高，但必须低于其崩解温度，这样有利于减低残少的水分。在干燥过程中，当产品温度与加热搁板温度接近，干燥箱内压力与捕水器压力接近，且两者差值维持不变时，可以判断干燥结束。当物料中的冰晶全部升华时，第一阶段干燥结束，此阶段除去全部水分 90%左右。此阶段涉及的参数有升华温度、升华速率和加热方式。

① 升华温度　它既不能超过物料的崩解温度或耐热极限温度，也不能使物料的温度超过其自身共熔点温度。升华的温度如果低于共熔点温度过多，则升华的速率降低，升华阶段的时间会延长；如果高于共熔点温度，则物料会发生熔化，干燥后的物料将发生体积缩小，出现气泡、颜色加深、溶解困难等现象。因此，升华阶段物料的温度要求接近共熔点温度，但又不能超过共熔点温度。

② 升华速率　升华速率取决于提供给升华界面热量的多少，以及从升华界面通过干燥层逸出水蒸气的快慢。升华速率是整个冻干过程中的一个重要参数。它直接影响整个冻干过程的时间。提高升华速率的措施有：提高已干层的导热性；减小已干层的厚度；改变干燥室的压力，尽可能提高升华温度；改进低温冷凝的方法。

③ 加热方式　真空冷冻干燥中的加热方式有：一般辐射加热、接触加热和微波加热。一般辐射加热随着干燥中升华表面逐渐向内退缩，已干层的厚度愈来愈厚，传热和传质阻力都增加；接触加热随着升华表面不断向内退缩，已干层愈来愈厚，冻结层愈来愈薄，相应的传质阻力愈来愈大，传热阻力愈来愈小；微波加热可以克服常规干燥热传导率低的缺点，从物料内部开始升温，并由于蒸发作用使冰块内层温度高于外层，对升华的排湿通道无阻碍作用。它还可以有选择性地针对冰块加热，而已干燥部分却很少吸收微波能，从而干燥速率大大增加，干燥时间可比常规干燥缩短 1 倍以上。此外，因微波真空冷冻干燥物料速度快，物料内冰块迅速升华，因而使得物料呈多孔性结构，更易复水和压缩，而且可更好地保留挥发性组分。三种加热方式，目前用得较多的是接触加热和一般辐射加热，微波加热更适合于较厚的物料和具有较低的热降解温度或高附加值的物料。采用微波加热可使加热周期大大缩短，加工成本低。

(3) 解析阶段　解析，即第二阶段干燥。在解析阶段物料内不存在冻结区，物料温度可迅速上升到最高许可温度，并在该温度下一直维持到冻干结束。板层温度（冻干曲线的温度）一般略高于产品温度，具体值与冻干机有关，由实验获得。解析阶段的压力一般在 20～30Pa。冻干的最后阶段真空度可以高些。解析时间由产品的品种和形状、残水含量的要求、冻干机的性能决定。解析阶段水汽凝结器的温度会因水蒸气量小而下降，当冻干室压力下降到 20Pa 附近，有利于水蒸气从产品中逸出，但此时产品需迅速升温，所需热量多，压力太低不利于传热，此时也可采用调压升华法加速解析。此干燥阶段的时间一般为总干燥时间的 1/3，干燥结束后，干燥制品的含水量在 0.5%～4%。干燥的终点应预测量，否则水分含量过低或太多，都会影响产品质量。

本阶段要注意两个问题：崩解温度的确定；干燥结束的测定。

① 崩解温度　是对已干燥的物料而言的，已干燥的物料应该是疏松多孔，保持一个稳定的状态，以便下层冻结物料中升华的水蒸气顺利通过，使全部的物料都被较好地干燥。但已干燥的物料当温度达到某一数值时会失去刚性，发生类似崩溃的现象，失去了疏松多孔的性质，使干燥物料比重增加，颜色加深。发生这种变化的温度就叫做崩解温度。干燥物料发生崩解之后，阻碍或影响下层冻结物料升华的水蒸气通过，升华速度减慢，冻结物料吸收热量减少，由板层继续供给的热量就有剩余。这将会造成冻结物料温度上升，物料发生熔化甚至发泡等现象。崩解温度与物料的种类和性质有关，应该合理地选择物料的保护剂，使崩解温度尽可能高一些。崩解温度一般由试验来确定，通过显微冷冻干燥试验可以观察到崩解现象，从而确定崩解温度。

② 干燥结束的测定方法　主要有：压力升高法、温度趋近法和称重法。压力升高法是利用压力升高的快慢与残余水分多少之间的关系来测定。但由于压力升高的快慢与物料的数量和真空室的大小也有关系，故在实际应用中较难判定；温度趋近法是利用物料干燥后的温度与加热板的温度之间存在着热平衡来测定的。由于这两个温度参数测量容易统一化、标准化，因此这种方法应用比较广泛。称重法是利用物料失重率与物料的含水量之间的关系来测定的。对于大型冻干工艺来说，称重法产生的误差比较大，而对于小型实验机这种方法比较简便、准确。如果将温度趋近法和称重法结合使用，能很快建立起温差与含水量的关系。无论在实验室还是在工业生产领域，效果都比较好。

(4) 几个概念

① 相对湿度　当压力 P 提高后，空气中饱和含湿量将减少。压缩空气的相对湿度 ϕ' 及实际密度 ρ'(kg/m³) 由下式确定：

$$\phi'=\phi\frac{p_b\times p'}{p'_b\times p}\qquad \rho'=\phi'\times\rho'_b$$

式中　p，p'——压缩前、后空气的绝对压力，Pa；

p_b，p'_b——压缩前、后与各自温度下的饱和水蒸气分压力，Pa；

ϕ——压缩前空气的相对湿度，%；

ϕ'——压缩后空气的相对湿度，%；

ρ'_b——压缩后与其温度相对应的饱和水蒸气密度，g/m³；

若 $\phi'=100\%$，则压缩空气处于饱和状态。压缩空气的饱和水蒸气分压：

$$p'_b=\phi\frac{p_b\times p'}{p}\ (\text{Pa})$$

该式可用来确定压缩空气的“压力露点”与常压露点的对应换算关系。

② 含湿量　在湿空气中，1kg 干空气含有水蒸气的重量叫做“含湿量”，常用 d 来表示，单位为 g/kg 干空气。含湿量的计算公式是：

$$d=622\times\frac{p_s}{p-p_s}\quad 或\quad d=622\times\frac{\phi p_{sb}}{p-\phi p_{sb}}$$

式中　p——空气压力，Pa；

p_s——水蒸气分压力，Pa；

ϕ——相对湿度，%。

从上式可以看出，含湿量 d 几乎同水蒸气分压力 p_s 成正比，而同空气总压力 p 成反比。d 确切反映了空气中含有水蒸气量的多少。由于某一地区，大气压力基本上是定值，所以空气含湿量仅同水蒸气分压力 p_s 有关。

6.文献推荐

[1] 徐成海，张世伟，关奎之.真空干燥.北京：化学工业出版社，2004.
[2] 赵华，黄运喜，钟英.芦荟活性成分研究及其应用.北京：中国轻工业出版社，2009.
[3] 中国期刊全文数据库，以关键词检索"芦荟凝胶"及"制备"，寻找文献。
[4] 在百度或谷歌中搜索"真空干燥"，查看相关文献。

【班后总结】

课程博客上回顾与总结

老师在课后要及时对这次单元学习情况进行总结，如轮值组长提前准备清洗芦荟、去皮、紫外杀菌，组织捣碎去皮芦荟，匀浆后超声波破碎，学生学习用纱布过滤、蒸馏水稀释过滤，活性炭脱色，冷冻离心，真空浓缩，利用实验型真空冷冻干燥机，冻干芦荟凝胶的总体情况，有哪些值得表扬，哪些需要改进，同时附上同学们在操作过程中的情景照片，并加上评注；再次针对单元实操过程提出一两个问题要求学生进行讨论或回答；最后学生在留言板上写下自己的心得体会，以及对教师还有什么要求，同时讨论或回答教师留下的问题，畅所欲言。同时提醒同学们该如何进行芦荟凝胶浓缩液的预冻处理，如何设置冻干机冷阱参数，使之最佳等。

学生上这次课的情况一般是这样：

➢ 芦荟凝胶取出不彻底，有损失；
➢ 紫外灭菌作用及程度不清楚；
➢ 凝胶过浓，不知该如何过滤，过滤液不知该如何处理；
➢ 凝胶液预冻程度不清楚；
➢ 冻干机操作顺序不清楚。

问题讨论：

✓ 芦荟凝胶的主要成分是什么，有哪些功效？
✓ 冻干机操作中有什么关键环节影响样品冻干质量？
✓ 如何将实验室的真空冷冻干燥装置与企业生产相衔接？

学生博客上留言特点：

✓ 芦荟黄汁主要有哪些成分，不知道如何利用；
✓ 不明白芦荟冻凝胶干粉质量与安全判断方法；
✓ 不知道影响芦荟凝胶冻干效率的因素；
✓ 留言没有深度，思考问题较浅。

【工作汇报】

轮值组长书面汇报单元任务完成情况

每次当班任务完成以后，只需每组的轮值组长以书面形式对当班任务完成情况进行汇报。本单元任务书面汇报内容包括如下部分：

✓ 芦荟凝胶的生产与利用状况简介；
✓ 冷冻干燥方法的特点及应用注意事项，试验结果；
✓ 结合课程博客，叙述同学们上课的实际情况及需要改进的地方；
✓ 若要完成订单任务，还需要学习哪些单元生产技术等。

【视野拓展】

真空及其应用

真空一词来源于古希腊文中。它的意思是“虚无”。但是物质是客观存在的，正如恩格斯所说：“运动是物质的存在方式，无论何时何地，都没有也不可能有没有运动的物质。”“没有运动的物质和没有物质的运动是同样不可想象的”。物质的存在、物质的运动是绝对的，而物质量的多少、运动的形式和激烈的程度则是相对的。因此，真空也必然是相对存在的。真空相对于大气而存在，所以我们通常所说的真空，就是指比大气压力低的空间。它首先意味着，在这种空间里，由于气体分子的存在而存在着压力，只不过这种压力比它周围的大气空间里的压力小些而已。当然，人们在真空科学里所定义的真空，应当是“低于一个标准大气压力的气体状态”。所以，有人把真空认为是什么物质也不存在的，即所谓的“绝对真空”，那是错误的。

通过前面的讨论，不难看出，人们所接触到的真空大体上只有两种：一个是宇宙空间所存在着的真空；一个是人们用真空泵所获得的真空。为了把它们区别开来，人们通常把前者叫做“自然真空”，而把后者称为“人为真空”。

1. 真空的特点

在低于 1atm 的稀薄气体状态中，气体所显示的第一个特点是气体分子数目的减少，即气体单位体积中所具有的分子数目的减小。低压气态空间中气体所显示的第二个特点是伴随着气体分子数目的减少，分子之间、分子与器壁之间相互的碰撞次数也逐渐减少下来。低压气体状态中，气体的第三个特点是气体分子热运动自由路程的增大，所谓的分子自由运动路程，是指一个气体分子在其热运动过程中，经过两次碰撞后所走的距离。由于分子热运动永远处于杂乱无章的状态之中，所以这种自由运动路程是永远也不会相等的。为了说明问题，常常把许多分子经过两次碰撞后所走过的路程平均起来，这个路程就叫做气体分子热运动的平均自由路程。常压下气体分子相互两次碰撞的平均距离只有 0.06μm。可是当压力降低到 10^{-8}Torr 时，分子的平均自由路程竟达到了 5000m。

2. 真空区域划分

目前，划分真空区域的方法较多，主要考虑的因素是真空在技术上的应用特点，真空获得设备和真空检测仪表的有效适用范围，以及真空的物理特性等几个方面。但是，我们认为，在真空状态中，真空度越高，气体状态越稀薄，气体分子的物理特性就逐渐发生变化，因此把气体分子数的量变，而引起真空性质的质变所产生的区域特性，作为划分真空区域的依据，是比较合适的。根据我国所制定的国标 GB 3163 的规定，真空区域大致划分如表 3-3。

表 3-3　真空区域划分

低真空区域	中真空区域	高真空区域	超高真空区域
10^5～10^2Pa	10^2～10^{-1}Pa	10^{-1}～10^{-5}Pa	＜10^{-5}Pa
(760～1Torr)	(1～10^{-3}Torr)	(10^{-3}～10^{-7}Torr)	(＜10^{-7}Torr)

注：1Torr＝133.322Pa。

3. 不同真空状态下的真空工艺技术

随着气态空间中气体分子密度的减小，气体的物理性质发生了明显的变化，人们基于气体性质的这种变化，在不同的真空状态下应用各种不同的工艺方法，达到各种不同的生产目的，就是真空应用技术中所研究的主题。目前，可以说，从每平方厘米表面上有上百个电子元件的超大规模集成电路的制作，到几公里长的大型加速器的运转，从受控核聚变到人造卫生和航天器的宇宙飞行，直至许多民用装饰品的生产，无一不与真空技术密切相关。根据气体性质的不同所引发出来的各种真空工艺技术的应用概况如表 3-4。

表 3-4 不同真空状态下各种真空工艺技术的应用概况

真空状态	气体性质	应用原理	应用概况
低真空（10^5～10^2Pa，760～1Torr）	气体状态与常压相比较，只有分子数目由多变少的变化，而无气体分子空间特性的变化，分子相互间碰撞频繁	利用真空与大气的压力差产生的力及压差力均匀的原理实现真空的力学应用	真空吸引和输送固体、液体、胶体和微粒；真空吸盘起重、真空医疗器材；真空成型，复制浮雕；真空过渡；真空浸渍
中低真空（10^2～10^{-1}Pa，1～10^{-3}Torr）	气体分子间，分子与器壁间的相互碰撞不相上下，气体分子密度较小	利用气体分子密度降低可实现无氧化加热，利用气压降低时气体的热传导及对流逐渐消失的原理实现真空隔热和绝缘。利用压强降低液体沸点也降低的原理实现真空冷冻真空干燥	黑色金属的真空熔炼、脱气、浇注和热处理。真空热扎、真空表面渗铬；真空绝缘和真空隔热；真空蒸馏药物、油类及高分子化合物；真空冷冻、真空干燥；真空包装、真空充气包装；高速空气动力学实验中的低压风洞
高真空（10^{-1}～10^{-5}Pa，10^{-3}～10^{-7}Torr）	分子间相互碰撞极少，分子与器壁间碰撞频繁。气体分子密度小	利用气体分子密度小任何物质与残余气体分子的化学作用微弱的特点进行真空冶金、真空镀膜及真空器件生产	稀有金属、超纯金属和合金、半导体材料的真空熔炼和精制；常用结构材料的真空还原冶金；纯金属的真空蒸馏精炼；放射性同位素蒸发；难熔金属的真空烧结；半导体材料的真空提纯和晶体制备；高温金相显微镜及高温材料实验设备的制造；真空镀膜、离子注入、膜刻蚀等表面改性；电真空工业的光电管、离子管、电子源管、电子束管、电子衍射仪、电子显微镜、X 射线显微镜、各种粒子加速器、能谱仪、核辐射谱仪、中子管、气体激光器的制造；电子束除气、电子束焊接、区域熔炼、电子束加工
超高真空（<10^{-5}Pa，<10^{-7}Torr）	气体分子密度极低与器壁碰撞的次数极少，致使表面形成单分子层的时间增长。气态空间中只有固体本身的原子，几乎没有其它原子或分子的存在	利用气体分子密度极低与表现碰撞极少，表面形成单一分子层时间很长的原理，实现表现物理与表现化学的研究	可控热核聚变的研究；时间基准氢分子镜的制作；表面物理表面化学的研究；宇宙空间环境的模拟；大型同步质子加速器的运转；电磁悬浮式高精度陀螺仪的制作

4. 真空科学的应用领域

真空科学的应用领域很广，目前已经渗透到车辆、土木建筑工程、机械、包装、环境保护、医药及医疗器械、石油、化工、食品、光学、电气、电子、原子能、半导体、航空航天、低温、专用机械、纺织、造纸、农业、民用工业以及近年来得到迅速发展的表面科学与纳米科学等工业部门和科学研究工作中。现就其主要的几个应用领域简述如下。

(1) 真空在输运、吸引、起吊及真空造型等设备中的应用　真空输运、吸引及起吊设备，都是利用真空与大气空间存在压力差所产生的力来做功的。由于这种机械能存在着压强处处均匀的特点，因此可绝对均匀地施加到任何形状物体的平面上。目前，这些真空设备大多用在粮食、面粉、煤粉、烟草、水泥、泥浆、纸浆、粉状矿物、粉状化工厂产品，水泥地板、预制板、机场及公路水泥路道的快速吸干、车间起吊、机床夹具，玻璃装运，吸乳、吸尘、人工流产吸引胎儿、吸痰、吸胸膜积水、吸脓液、吸肠以及吸引原子弹爆炸所产生的辐射尘埃等生产作业中。这些设备均具有结构简单，易于操作维护、运输，起吊吸引过程中无振动，生产效率高，运送易损坏物件安全可靠，对环境无污染等特点。

真空造型也是利用压差力的一个重要方面，近年来在立体军用地图、盲人书籍、示数模型、高级陶瓷、混凝土预制件、电冰箱洗衣机板件、玩具、复制浮雕和文物、行波管和返波管中的细旋支住成形、质谱仪中分析室以及微波系统的波导制作方法，都广泛地采用了这一技术。

真空力学应用的另一个领域是真空过滤和真空浸渍。目前化工、制糖、水泥等工业部门已开始大量采用连续真空过滤，很容易将黏度大的悬浮液利用压差力的作用，通过微细筛孔而将其悬浮液中的液体与固体分离。在染料工业中利用真空过滤法可以大量节省棉布。真空浸渍是把片状或纤维状的疏松物质，进行先抽真空，再在液体中浸渍充填一些新物质的一种新型工艺。这种工艺用在含油轴承、渔网纤维、皮革、非电解电容、变压器、电动机定子线圈等产品上显著提高了产品质量。此外，这种工艺对疏松劣质木材进行聚酯树脂浸渍，对铅笔木进行蜡类浸渍，使其改变原有的天然性能，达到化劣质为优质的目的，并已达到了预期的效果。

(2) 真空在电真空器件中的应用　由于各种真空器件的工作原理是基于电场、磁场来控制电子在空间的运动，借以达到放大、振荡、显示图像等目的。因此，避免电子对气体分子间的碰撞，保证电子在空间的运动规律，防止发射热电子的阴极氧化中毒，把电子器件内抽成不同电真空器件所要求的不同真空度，保证电子器件的正常工作，是绝对必要的。目前，电真空工业中所生产的电真空器件主要有各种电子管（整流管、发射管、收信管、调速管、行波管、磁控管、光电管等）；各种离子管（泵弧整流管、引燃管、计数管、闸流管、噪声管、雷达电线开关等）；各种电子束管（示波管、摄像管、显像管、X射线管、变象管等）；各种电光源管（照明灯、光谱灯、仪器用灯等）以及中子管、电子衍射仪、电子显微镜、X射线显微镜，各种粒子加速器、质谱仪、核辐射谱仪、气体激光器，以及利用真空中电子束进行除气、熔炼、区域提纯、难熔金属和介质的熔化和钻化、开槽切割、放射性同位素的蒸发、难熔金属的焊接等许多方面。

(3) 真空在冶金工业中的应用　在真空中对金属及其合金进行真空冶金范围很广，包括：真空蒸馏，矿石及其半产品的真空分离，金属化合物真空还原，钢液炉外真空脱气和精炼、金属真空熔炼，真空烧结，真空热处理，真空钎焊及真空固态接合等多种工艺方法。真空冶金工业自20世纪50年代发展以来，之所以得到极为广泛的应用，是因为真空环境在冶金过程中具有一系列的特点所致。首先是真空环境中物质与残余气体分子间的化学作用十分微弱，因此非常适宜对黑色金属、稀有金属、超纯金属及其合金、半导体材料的熔炼和精制。其次，在真空环境中可通过降低单一气体分子的分压强，达到钢液脱气精炼、真空碳脱氧的目的。真空环境的另一个特点还在于它在较低的温度下，具有进行一定反应的能力，例如在同样温度下，有些反应过程在大气中则难以进行，但是在低压下就十分容易。这就是真空化合物分解和有色金属冶炼的基本原理。

(4) 真空在镀膜工业中的应用　真空镀膜技术是真空应用技术的一个重要分支，它已广泛地应用于光学、电子学、能源开发、理化仪器、建筑机械、包装、民用制品、表面科学以及科学研究等领域中。真空镀膜所采用的方法主要有蒸发镀、溅射镀、离子镀、束流沉积镀以及分子束外延等，此外还有化学气相沉积法。如果真空镀膜的目的是为了改变物质表面的物理、化学性能的话，这一技术又是真空表面处理技术中的重要组成部分。

在光学方面，一块光学玻璃或石英表面上镀一层或几层不同物质的薄膜后，即可成为高反射或无反射（即增透膜）或者作任何预期比例的反射或透射材料，也可以做成对某种波长吸收而对另一波长透射的滤色片。从大口径的天文望远镜和各种激光器，到新型建筑物的大窗镀膜玻璃，都需要高反射膜。增透膜则大量用于照相机和电视摄像机的镜头上。

在电子学方面真空镀膜更占有极为重要的地位。各种规模的集成电路，包括存储器、运算器、高速逻辑元件等都要采用导电膜、绝缘膜和保护膜。磁带、磁盘、半导体激光器、约瑟夫逊器件、电荷耦合器件（CCD）也都用到各种薄膜。在显示光器件方面，录像磁头、高密度录像带以及平面显示装置的透明导电膜、摄像管光导膜、显示管荧光屏的铝衬等也都是采用真空镀膜制备。

在元件方面，在真空中蒸发镍铬，铬或金属陶瓷可以制造电阻，在塑料上蒸发铝、一氧化硅、二氧化钛等可以制造电容器，蒸发硒可以得到静电复印机用的硒鼓，蒸发钛酸钡可以制造磁致伸缩的起声元件等。此外，还可对珠宝、钟表外壳表面、纺织品金属花纹、金丝银丝等蒸镀装饰用薄膜，以及用于溅射镀或离子镀对刀具、模具等制造超硬膜。近两年内所兴起的多弧离子镀制备钛金制品（如不锈钢薄板、镜面板、包柱、扶手、高档床托架、楼梯栏杆等）目前正在盛行。

（5）真空在食品包装及冷冻干燥工业中的应用　近 20 年来，利用真空气氛对食品进行保鲜的包装技术发展较快。因为这种包装不但具有免除氧气使食品不易腐烂变质，贴体和充气包装既可不受昆虫危害又可抑制霉菌生长，可提高和延长食品保鲜程度和存放时间等特点，而且包装设备大多结构简单，操作方便，价格低廉，采用的塑料包装材料成本低，美观大方，易于普及。真空包装的食品种类较多，如榨菜、大头菜、海带、香肠、扒鸡、烧鸭、豆制品、奶粉、麦乳精等。由于新鲜的产品从收获到零售过程中所经过的中间环节时间较长，损失严重，而真空包装工艺的推广，将使新鲜产品的价格和冷藏费用降低。因此，真空保鲜必将成为潜力极大的市场。

真空冷冻干燥技术最早出现于 20 世纪初，近年来发展很快，这是因为它与通常的热晒、热风干燥、红外干燥、高频干燥相比较具有很多优点。由于冷冻的工艺过程是先将被干物料冻结，然后抽真空，使物料中已冻结成冰的水分不经过液态而直接升华去掉。因此，冻干后的制品，不但可以呈现多孔性状态而保持原来的形状，使其加水后易恢复原状，而且低温干燥还可以防止物料热分解。同时由于真空气氛下干燥的物料免除了氧化作用，因此干燥后的制品，其物理、化学和生物性能可完全不变。真空冷冻干燥的应用范围正在逐年扩大。具体应用实例如表 3-5 所示。

表 3-5　真空冷冻干燥的应用范围及实例

应用范围	应用实例
生物体保存	血浆、细菌、动脉、骨骼、皮肤、角膜、神经组织
贵重或热敏性药物生产	酶、疫苗、激素、各种抗生素
食品制作与保存	咖啡、海产品、水果、调味品
微粉末干燥	氨基酸、金属粉、矿物粉

（6）真空在航天工业中的应用　真空科学与航天技术密切相关的主要环节来至于空间的

环境模拟，因为运载火箭、人造卫星、载人飞船、空间站、宇宙探测器以及航天飞机等各种空间飞行器，在空间飞行的过程中，都是在宇宙的自然真空中进行的。因此，它们除了直接受到空间真空环境的影响外，还要受到太阳辐射、各种带电粒子及温度的影响。这些因素将造成材料性能的改变或损伤，仪器灵敏度的失灵，从而会破坏这些飞行器的工作，甚至会造成宇航员的伤亡。为此，在地面上建立模拟空间环境的宇宙空间模拟实验装置是非常必要的。因为只有在各种飞行器上天之前通过地面的模拟实验，掌握航天器在空间工作的条件和特性，消除飞行中的各种隐患，才能确保飞行器及宇航员的安全。为了满足这些要求，目前地面上建立起的各种模拟装置较多。

（7）真空在加速器及受控核聚变中的应用　加速器是对粒子加速使被加速的粒子获得高能源的装置，在加速器中能够产生各种能量的电子、质子、氚、α粒子及其他重离子。利用这些粒子与物质的相互作用，还可以产生各种带电和不带电的次级粒子，如γ粒子、中子、多种介子、超子、反粒子等。加速器产生的粒子和射线已经用于核物理的研究以及医疗、工业、农业食品等部门。

为确保粒子与残余气体分子不发生碰撞散射现象，真空度必须达到保证粒子直线运动的要求，否则不但会引起束流损失或粒子达不到高的能量，还易发生真空绝缘不够导致加速器击穿，使加速器不能处于正常工作状态。随着地球上石油储量的逐渐减少及大量能源消耗中所引起的环境污染，新能源的开发已经提到日程，其中受控核聚变所产生的巨大能量，就是最理想的一种。

目前，在这种新能源的开发上主要有两种：一种是利用重原子核裂变为两个轻原子核，在其裂变反应过程中所释放出来的巨大的能量来发电，建立原子能发电站；另一种是利用两个氢原子（如氘、氚）聚合成一个重原子核能释放出来的巨大能量，这就是核聚变反应。利用这种反应所产生的能量，必须对反应过程加以控制，因此称为受控核聚变。核聚变反应要求的温度很高，约为2亿度，这样高的温度，只有像太阳那样的恒星内部才能达到。在聚变反应中，如果氘、氚中含有杂质，这种超高温是很难达到的。因此将核聚变装置中抽到十分清洁的超高真空是必不可缺少的条件。通常要求的真空度在10^{-9}～10^{-7}Pa范围内。

（8）真空在表面科学研究中的应用　所谓表面，实际上就是气体与固体之间的界面。甚至包括其过渡区域。如前所述，由于地球表面上的任何物体都被大气所包围，要想研究真正的表面，寻求一个毫无污染源的环境，是相当困难的。但是，随着近代超高真空技术的飞跃发展，为解决这一问题提供了良好的条件。虽然在超高真空环境中所获得的清洁表面仍然会通过吸附的方式被真空室内残余的气体所污染，得不到绝对清洁的表面，但是通过提高真空室内的真空度，延长清洁表面被逐渐污染的时间，是可以达到实验要求的。实验表明，当真空室真空度达到10^{-7}Pa的超高真空时，在固体表面吸附一个原子或分子层厚度时，气体所需要的时间大约为60min。时间虽然较短，但是充分利用这段时间通过多种表面仪器对实验件进行表面的研究和测试，是完全可能的。可见，作为表面科学研究的手段，研制表面科学实验所用的各种表面仪器及有关装置是真空应用领域中一项必不可缺的组成部分。

（9）真空在纳米科学研究中的应用　纳米科学与技术研究的对象，是结构尺寸在0.1～100nm范围内物质的性质和应用。在纳米尺寸下，由于物质出现了许多新的规律和特性，如物理、化学中的量子效应，生物学中的基因转化、剪裁、对接、电子学中的统计涨落特性，机械学中微小摩擦的新规律等都会逐一地凸现出来。因此，崛起于20世纪90年代的这门新学科，问世后发展十分迅速。由于物质的最小单元是原子，氢原子的直径为0.1nm，一般的金属原子直径为0.3～0.4nm，即1nm大体相当于4个原子的直径，可见纳米科学中所研究的问题，实际上就是研究单独原子或分子的问题。因此，为研究这一领域提供一个良好的清洁环境，是十分必要的，这就是大多数纳米粒子在制备与应用研究中应采用真空技术的根本原因。

拓展环节　喷雾干燥生姜风味物质

行业分析

1. 姜辣素性质及应用状况分析；
2. 姜辣素生产厂家及市场产品规格介绍；
3. 天然产物有效成分喷雾干燥技术进展；
4. 喷雾干燥技术特点。

学习目标

能力目标

1. 能根据订单要求分解生产任务；
2. 用相关方法和设备实现喷雾干燥姜辣素；
3. 检测干燥效率。

知识目标

1. 姜辣素性质；
2. 喷雾干燥技术要点；
3. 喷雾干燥设备使用方法；
4. 含水量检测方法。

素质目标

1. 通过真实工作任务，激发学生求知欲；
2. 通过喷雾干燥参数方法设计，培育学生创新意识；
3. 拥有成本意识、节约意识；
4. 勤勤恳恳做事、踏踏实实做人职业素质。

学习引导

目标要求

1. 根据姜辣素的性质设置喷雾干燥温度；
2. 根据干燥操作流程，分析影响干燥效率因素；
3. 喷雾干燥姜辣素操作要点；
4. 做好实验操作记录及现象分析。

做什么？

1. 根据已签订单，分解操作流程；
2. 按照流程，喷雾干燥生姜提取液。

怎么做？

1. 查阅文献

➢ 了解生姜提取物主要成分；
➢ 了解天然产物常规提取方法；
➢ 分析姜辣素性质，筛选喷雾干燥最适参数方法；
➢ 设计干燥路线。

2. 按照设计路线，分工合作

➢ 按照要求准备实验原料；
➢ 检查实验装置，并调试设备；
➢ 按照流程进行有序操作；
➢ 做好实验记录，分析实验现象；
➢ 含水量检测分析。

3. 实验情况，交流汇报

➢ 实验进展及收获心得制成PPT，班后总结；
➢ 按照规定格式，将实验操作全程以“word”文档进行工作汇报。

【班前例会】

喷雾干燥技术概述

喷雾干燥技术问世已有上百年的历史。由于喷雾干燥具有“瞬时干燥”、“干燥产品质量好”、“干燥过程简单”等特点，明显优于其它干燥方式，到20世纪三四十年代，该技术已经被广泛地运用于乳制品、洗涤剂、脱水食品以及化肥、染料、水泥的生产。目前常见的速溶咖啡、奶粉、方便食品汤料等就是喷雾干燥得到的产品。喷雾干燥在我国应用的历史较短，最早是在20世纪五六十年代引入前苏联的喷雾干燥机用于染料和链霉素的干燥。而目前应用也已十分广泛，遍及了以上所涉及的所有行业，尤其在陶瓷和制药行业，喷雾干燥的应用更为普遍。对于中药制药行业，喷雾干燥技术的应用有其独特的作用，简化并缩短了中药提取液到制剂半成品的工艺和时间，提高了生产效率和产品质量。

1. 喷雾干燥技术状况

喷雾干燥技术的核心是流化技术，具有从流体到固体瞬时干燥的突出优势。其设备一般是由雾化器（喷头）、干燥室、进出气及物料收集回收系统等组成。

(1) 雾化形式　不同的雾化器可以产生不同的雾化形式，按照不同的雾化形式可以将喷雾干燥分为气流式雾化、压力式雾化和离心式雾化。

① 气流式雾化　利用压缩空气（或水蒸气）高速从喷嘴喷出并与另一通道输送的料液混合，借助空气（或蒸气）与料液两相间相对速度不同产生的摩擦力，把料液分散成雾滴。根据喷嘴的流体通道数及其布局，气流式雾化器又可以分为二流体外混式、二流体内混式、三流体内混式、三流体内外混式以及四流体外混式、四流体二内一外混式等。气流式雾化器结构简单，处理对象广泛，能耗大。

② 压力式雾化　利用压力泵将料液从喷嘴孔内高压喷出，直接将压力转化为动能，使料液与干燥介质接触并被分散为雾滴。压力式雾化器生产能力大，耗能小；细粉生成少，能产生小颗粒，固体物回收率高。

③ 离心式雾化　利用高速旋转的盘或轮产生的离心力将料液甩出，使之与干燥介质接触形成雾滴。离心式雾化器受进料影响（如压力）变化小；控制简单。

三种雾化原理的理论研究，主要是围绕喷雾器关键参数与雾化性能展开，黄立新等对此有综述报道。这方面研究将有助于喷雾器性能的改进，也有利于应用过程中根据喷雾料液及其产品要求对雾化器进行选择。中药提取液的喷雾干燥，基本上是以离心式雾化和气流式雾化进行的，而后者以小型试验设备多见。压力式雾化需要高压泵与较大雾化空间，气流式雾化能耗又很高，这些都限制了它们的应用。相对而言，离心式雾化器技术要求相对较低，容易实现。

(2) 喷雾干燥机理研究　喷雾干燥的效果影响因素很多，除雾化器外，还有干燥室、进出气及物料收集回收系统以及整个干燥器系统。国内外研究人员进行了喷雾干燥的数学模型研究，以期给出干燥室内气体流动状态和各种热力学参数的分布信息，这对喷雾干燥器的设计、优化以至干燥效果的提高具有重要意义。吴中华等应用气-粒两相流理论和计算流体力学（CFD），结合喷雾干燥的特点，建立了模拟喷雾干燥室内气体-颗粒两相湍流流动的CFD模型，并对实验室脉动燃烧喷雾干燥过程进行了数值模拟。其结果具有详细、直观的特点；模拟得到的喷雾干燥室内气相流场和各种热力学参数的分布信息，可以为喷雾干燥器的设计、干燥过程的优化提供参考。戴命和等进行了喷雾干燥过程的热力学建模及仿真，根据质平衡原理、热平衡原理和牛顿定律推导了逆流喷雾干燥过程的一维双向静态热力学数学模型，它包括了物料温度方程、热风温度方程、颗粒速度方程、热风湿含量方程、物料含水率方程：用MATLAB仿真后，得到了增大空气量比提高空气温度更具技术经济性的结论。

(3) 喷雾工艺优化　实验研究了压力式喷雾干燥塔喷嘴孔径对粉料的影响，认为大孔径更适于喷雾颗粒的分布向大颗粒集中。在工厂大生产条件下研究了喷雾干燥的粉粒分布的影响因素，分析了陶瓷坯料泥浆黏度、含水率、喷雾压力、喷雾器孔径与粉粒粒度分布之间的关系，得出其影响系数由大至小分别为喷雾器孔径、压力、黏度、含水率等。在对农药水分散性颗粒喷雾干燥过程的研究中，杨志生等分析了干燥进气温度、进料量对干燥产品的悬浮率、粒子密度、粒子形状等的影响。

喷雾干燥在越来越广泛的应用过程中，已经不仅限于传统的干燥模式，刘相东等进行了脉动气流的喷雾干燥研究。利用脉动燃烧产生的高频脉动为气流对NaCl溶液进行了喷雾干燥试验，结果表明：高温、高频振荡气流下的喷雾干燥比传统喷雾干燥的蒸发速率提高了2.5倍。

(4) 喷雾干燥技术的发展趋势　喷雾干燥技术的广泛应用，其优势明显，但其理论仍然落后于实践，突出表现在干燥理论的实践指导性差。干燥动力学、非球形颗粒的干燥模拟、喷雾干燥等领域有待进行深入研究。喷雾干燥热效率低。当进风温度小于150℃时，其热容量系数较低，为80～400kJ/(m·h·℃)，因而蒸发强度小；一般的气流干燥、流化床干燥的热容量系数则大于4000kJ/(m·h·℃)。因此，喷雾干燥的节能降耗问题就比较突出；亚高温喷雾干燥（进风温度60～150℃）、常温喷雾干燥（进风温度60℃以下）、降低能耗与多级干燥都将是今后的研究重点。另外，喷雾干燥技术与具体的应用领域结合还将用于喷雾冷却造型、喷雾反应、喷雾吸收、喷雾涂层和喷雾造粒等领域。

2.喷雾干燥技术在中药制药中的应用

(1) 干燥　中药制剂生产的一般工艺仍以产生大量提取液为特征，应用喷雾干燥技术可以将提取液的浓缩、干燥、粉碎甚至制粒一步完成，避免了传统蒸发操作与减压干燥工艺耗时长、干燥质量差的缺点，大大提高了生产效率，同时又能相对提高干燥成品的质量。喷雾干燥的中药提取物为粉末状或颗粒状，较传统干燥成品的流动性好、含水量小、质地均匀、溶解性能好，可以直接供片剂、颗粒剂、胶囊剂的成型。

中药提取液的喷雾干燥研究，一般以进出热风温度、风压、风速、供喷雾料液相对密度及其喷雾辅料为参数，以干燥成品含水量、吸湿性以及指标成分含量为评价指标。其主要结论基本一致，即喷雾干燥时，中药提取液的相对密度多在1.15～1.20之间；进风温度多在150℃以上（150～200℃），属高温喷雾干燥；而对干燥成品指标影响的主要因素则一般认为是浸膏比重及风温。热力学仿真结论表明，风温、颗粒温度及速度、密度、湿含量是喷雾干燥的主要影响因素。因此，对一般中药提取液的喷雾干燥是否可以考虑：将喷雾料液和进风含湿（水）量差、温度、流量作为喷雾干燥的工艺操作参数，将干燥成品含水量、粒度及其分布、吸湿性、流动性、均匀性等一般指标和成分指标作为喷雾干燥的工艺评价参数；在此基础上针对不同提取液的性质选用不同辅料，进行实验，以使干燥成品达到设计要求。

（2）制粒　喷雾干燥技术用于造粒有多种方式：一是喷雾干燥后再沿用传统的湿法或干法制颗粒法，后者即为常用的“喷雾干燥-干压制粒法“（常州科创喷雾干燥设备有限公司专利产品FPL广谱喷雾干燥制粒机）；较之更进一步的则是直接的“喷雾造粒“，即所谓的“一步制粒”；“沸腾造粒“，即“流化床-喷雾造粒”，该技术是在引入流化态的微小颗粒（淀粉、糖粒、结晶）的基础上，喷入中药提取液并使之在颗粒母核的表面上干燥，进而形成较大颗粒，通过颗粒的分层生长或团聚生长最终得到干燥的产品。

流化喷雾制粒是喷雾干燥制粒的主流，其主要操作工艺参数为雾化程度（空气压力）、颗粒母核粒度、进出风温度、风量等；按颗粒母核能否连续移入移出，可分为间歇式和连续式两种类型。于才渊对其机理进行了研究，分析了料液流速、过剩气流速度、雾化空气流速以及喷嘴高度等对颗粒成长速率的影响，证实了流化喷雾制粒过程中颗粒的分层生长与团聚生长机理。

从现行的造粒方法看，挤压制粒、滚转制粒、快速搅拌制粒与流化喷雾造粒相比，后者明显具有先进性，可以将中药提取液至固体颗粒成型一步完成，且具有质量上的优势。当然，如果能够无需引入颗粒母核而直接喷雾干燥制粒，则可彻底解决中药提取液浓缩、干燥、粉碎、制粒的一步化工艺技术难题。刘明乐等通过装置改进制成了自动喷雾干燥制粒装置，该装置由原来的一次喷雾改进为两次喷雾，可以直接将中药提取液干燥制粒。但进一步的研究和应用尚未见更多报道。

（3）喷雾干燥在中药制药中的其他应用方式　除干燥、制粒外，喷雾干燥技术还应用在中药及其提取物的制备上，例如挥发油微囊的制备。另外，喷雾包衣技术也可以看作为喷雾干燥技术的应用之一。

（4）中药喷雾干燥技术应用的问题与展望　喷雾干燥是中药制药工业中较为常用的先进技术之一，应用越来越广泛，但也存在着一些迫切需要解决的问题：中药提取液喷雾干燥时的粘壁与干燥产品吸潮问题；难以处理黏度较大的浸膏；热敏感物料在喷雾干燥时的氧化问题；中药提取液是否能够真正实现直接喷雾制粒；以及喷雾干燥热效率低，设备庞大结构要求高等问题。然而，从以上讨论中可以看到，通过理论研究，解决这些问题是有可能的。

① 粘壁问题是喷雾干燥时出现的老问题，不仅仅出现在中药的喷雾干燥过程中，问题的出现与被干燥物的性质有关，如半湿物料粘壁、低熔点物料粘壁、粉末吸附以及雾化器与干燥室的结构不良等，因此完全可以采取针对措施予以解决，如增加助喷剂、旋壁风清扫装置等。

② 中药喷雾干燥的主要优势在于快速的脱水作用，而对于一些高黏度的物料（稠膏、滤饼等）其水分含量并不是很大，虽然可以用气流式喷雾干燥器干燥，但完全可以采用针对

性更强的"闪蒸干燥器"、"热喷射气流干燥机"进行干燥与粉碎。

③ 对于"热敏性"问题更应该用实验来验证，一般认为喷雾干燥时物料的实际温度并不高，实验已证明含易氧化成分维生素C的物料在高温喷雾干燥（进风温度大于150℃）前后的含量无显著性差异。当然，如果确实存在氧化问题，可以针对解决之，如采用亚高温喷雾干燥，甚至可以使用"惰性载体喷雾干燥"。对于其它一些问题，文中已有论述。相信充分发挥优势，喷雾干燥技术在中药制药行业是大有用武之地的。

3.喷雾干燥技术基本工程术语

① 料液　待喷雾干燥的固形物与水等液体组成溶液、悬浮液或分散体，统称料液。

② 雾化　把料液分散成微小料雾的过程称为雾化。

③ 雾滴　这是针对从雾化器喷出料液的分散状态所提出的术语，当料雾中物料还存在表面水分时，就认为料雾是由雾滴组成。

④ 粒子　是雾滴水分蒸发后得到的微小球状固体。

⑤ 雾焰　是指雾化器雾化时形成的无数微小雾滴在还没完全被气体分散时类似火焰的部分，雾滴的形状和长度与雾化器及操作条件有关。

⑥ 湿空气　是指自然界中的空气，如果无特殊声明，均为湿空气。

⑦ 含固率（固含量）　是指湿物料中含固体的比例，如无特殊说明均指湿基含固率。

⑧ 湿含量（含湿量）　湿物料中含湿分的比例，无特殊说明均指湿基湿含量。

⑨ 干燥强度　喷雾干燥的干燥强度是容积干燥强度，是单位时间单位容积蒸发湿分（如无特殊说明均指水分）的能力，单位为 $kg/(m^3 \cdot h)$。

⑩ 粒度　颗粒、雾滴、聚结物的粒度是表示碎细程度的代表性尺寸，对于球形颗粒，直径就表示它的粒度。

⑪ 粒度分布　料雾中所含的雾滴和干料中的颗粒绝不只有一种粒度，雾化器不可能产生完全均一的料雾，料雾中的雾滴在干燥器中按照干燥情况还会经受多种不同方式的形状改变，将干颗粒和料雾雾滴所包含的粒度范围称为粒度分布。

⑫ 热空气　是指经直接或间接加热后的自然空气，是喷雾干燥中最经济、使用最广泛的载热体和载湿体。

⑬ 尾气　经干燥蒸发传质后，湿度很大并带有部分粉体的气体，从干燥器尾风管排出。

【任务分解】

生姜风味物质成分研究状况

生姜是重要的调味品之一，在亚洲、非洲、拉丁美洲等地都有种植。我国是世界上最大的生姜出口国之一，每年的出口量为世界总出口量的40%以上。有关生姜风味物质的研究一直以来都是重点。

生姜的组分比较复杂，包括碳水化合物、蛋白质、维生素、矿物质、辛辣素、脂肪油和少量的挥发性油分。生姜风味的感官特性主要由两方面物质赋予：姜精油和姜辣素。姜精油是生姜中的挥发性油分，它为生姜提供了香气和部分风味；姜辣素不具有挥发性，它为生姜提供了特征性的辛辣风味。

生姜的风味受到产地、干燥条件、酶、提取方法等多种因素的影响。对生姜的水蒸气蒸馏精油、冷榨油、超临界 CO_2 萃取精油进行了气相色谱-质谱（GC-MS）分析，鉴定了水蒸气蒸馏油中46个、冷榨油中50个、超临界 CO_2 萃取油中61个成分。

水蒸气蒸馏油的主要成分为：α-蒎烯（3.36%）、莰烯（11.36%）、6-甲基-5-庚烯-2-酮

(1.34%)、β-水芹烯（16.27%）、柠檬醛（1.49%）、芳香-姜黄烯（4.19%）、α-姜烯（34.63%）、n-金合欢烯（5.97%）、β-红没药烯（5.72%）、β-倍半水芹烯（9.80%）。

冷榨油的主要成分为：癸醛（1.16%）、芳香-姜黄烯（8.66%）、α-姜烯（28.68%）、n-金合欢烯（6.68%）、β-红没药烯（6.91%）、β-倍半水芹烯（10.74%）、姜油酮（6.02%）、姜烯酮（8.48%）、4-(3-氧代-4-十二碳烯基)-2-甲氧基苯酚（姜油酮同系物）（1.66%）。

超临界CO_2萃取油的主要成分为：己醛（1.51%）、柠檬醛（12.88%）、芳香-姜黄烯（2.24%）、n-姜烯（25.56%）、n-金合欢烯（6.22%）、β-红没药烯（4.34%）、β-倍半水芹烯（9.47%）、姜油酮（9.99%）、姜烯酮（8.54%）、4-(3-氧代十一烷基)-2-甲氧基苯酚（1.49%）、姜辣素（1.00%）。

目前人们已经发现对新鲜生姜呈香贡献最大的是一系列的单萜类物质，如香叶醇、芳樟醇及香叶醛等，氧化倍半萜烯含量较少，但是对生姜的风味特征贡献也比较大。对生姜呈现特征性辛辣风味的主要是一系列具有3-甲氧基-4-羟基苯基官能团的酚类、酮类物质。

生姜精油是指采用水蒸气蒸馏的方法从生姜根茎中提取的挥发性油分，几乎不含有高沸点成分。水蒸气蒸馏得到生姜精油的得率一般在1.5%～2.5%。生姜精油是一种透明、浅黄到橘黄色可流动的液体，折射率为1.4880～1.4960(20℃)，旋光性为280～450(20℃)，相对密度为0.871～0.882(20℃)。

目前已经发现生姜精油中含有100多种化学物质，主要包括碳氢化合物、醇类、酶类、醛酮类等几大组分。其中，倍半萜烯类碳水化合物为50%～60%，氧化倍半萜烯类17%，其余主要是单萜烯类碳水化合物和氧化单萜烯类。倍半萜烯类碳水化合物中，α-姜烯占主体（15%～30%），β-红没药烯（6%～12%）、芳基-姜黄（5%～19%）、α-法呢烯（3%～10%）和β-倍半水芹烯（7%～10%）也有一定的含量。除了橙花醛，低沸点的单萜烯含量通常较低，约为2%。生姜精油中的某些组分不稳定，在贮藏过程中会发生细微的变化，如其中的一些倍半萜烯类物质会转变成芳基-姜黄等，将导致生姜精油风味的变化。

姜辣素是指利用有机溶剂从提取过挥发油的生姜根茎中提取的不具有挥发性的油分。姜辣素是姜的主要辣味成分，是多种物质的混合物，其组成中均含有3-甲氧基-4-羟基苯基官能团。根据该官能团所连接脂肪链的不同，可以把姜辣素分为6类：姜醇类（gingerols）、姜烯酚类（shogaols）、副姜油酮类（paradols）、姜酮类（zingerone）、姜二酮类（ginger-diones）、姜二醇类（gingediols）。姜辣素的性质同样具有不稳定性，容易受到周围环境的影响而发生变化。如姜醇加热到200℃以上时，则会发生逆羧醛缩合反应生成姜酮和相应的脂肪醛；姜醇、姜烯酚等在碱性水溶液中发生水解反应得到姜酮和相应的脂肪醛；姜醇在过氧酸（如过氧乙酸）存在的条件下，发生氧化水解反应。

生姜油树脂是指利用有机溶剂从生姜根茎中提取的油分，包括了生姜精油和姜辣素两类，是一种深琥珀色至深棕色的黏稠液体，几乎不溶于水，醇溶度也较低，静置后可产生粒状沉淀，折射率1.488～1.498(20℃)，旋光性－300～－600(20℃)。姜油树脂的化学组成通常比较稳定，但其中姜辣素中的姜酚类物质化学性质不稳定，所以在贮藏过程中也会发生组分上的变化。目前获得生姜油树脂的常用方法有有机溶剂浸提法、压榨法和超临界CO_2萃取法。

生姜受自身生理特性的影响，在贮藏过程中对于环境的湿度和温度都有严格的要求。当贮藏环境温度高于15℃时生姜会抽芽生根，而低于10℃就会发生冻害，严重影响其贮藏品质，降低食用价值和外观品质。另外，生姜喜湿，要求有较高湿度的贮藏环境，一般相对湿度在95%左右。利用γ射线辐照技术，可大大延长生姜的贮藏期。但是γ射线辐照也给生姜的风味物质的组成带来了一定的影响。

由于生姜的不耐贮藏性，人们常将鲜姜干燥，制成干姜。最近几年人们对于生姜在干燥过程中组分变化以及鲜姜和干姜的成分、功能性方面的差别进行了相关的研究。首先发现干姜的总挥发油的含量低于鲜姜。利用GC-MS联用测定挥发油的组分。结果发现，鲜姜检测出77个峰，鉴定出37个成分，干姜检测出83个峰，鉴定出44个成分。从鉴定出的成分分析，干姜中有9个成分是鲜姜所没有的。这9个成分是2-庚醇、芳樟醇、松油烯-4-醇、α-松油醇、香茅醇、δ-榄香烯、橙花醇乙酸酯、异香橙烯、β-桉叶油醇。鲜姜中有2个成分干姜中未检出，为β-榄香烯和反，反-法呢醛。

生姜风味物质生产制备路线：

① 备料　提取前处理，生姜净洗、去皮、切片、烘干。

② 挥发油去除　4倍体积水（mL/g）浸泡，沸水蒸煮60min，过滤、离心。

③ 姜辣素一次提取　滤渣用8倍体积（mL/g）50%乙醇回流浸提90min，过滤。

④ 姜辣素二次提取　滤渣用6倍体积（mL/g）50%乙醇回流浸提60min，过滤，滤液离心、合并提取液。

⑤ 提取液处理　低压浓缩回收乙醇，水稀释浓缩物，低温静置待分层，取下层沉淀浸膏，用β-CD包络。

⑥ 喷雾干燥　按照产品规格，用水处理时制备的姜淀粉和离心液调整姜辣素含量，喷雾干燥。

通过姜淀粉来调整产品中的姜辣素含量，离心液调整其含量在2%～3%范围内，包络和调整后的液体含水量在60%左右，然后把喷雾干燥器的进料口温度调为140℃，出料口温度调为80℃，雾化器频率设为45Hz，喷雾干燥得不同规格的姜辣素产品。

生产订单：姜辣素调味品100kg。姜辣素＞5%，重金属＜20mg/L，砷＜2mg/L，水分＜5%，卫生指标符合正常指标，国标检测。价格：200元/kg。

【边做边学】

喷雾干燥制备姜辣素调味品

1. 材料准备

姜辣素乙醇提取液；姜辣素对照品，环糊精，台秤，电热恒温鼓风干燥箱，粉碎机，水浴恒温振荡器，高速调温离心机，旋转蒸发器，真空泵，喷雾干燥器，烧杯，量筒，玻璃棒等。

2. 操作流程

（1）姜辣素提取液制备（由轮值组长实训前制好）　精选生姜→净洗、去皮、切片→自然风干烘（或低温烘干60℃）→磨粉过筛→称量→姜粉与沸水（1：4）→索氏回流浸提→1h后→过滤→滤渣→50%乙醇回流浸提（1：8）→1.5h后→过滤→滤渣→50%乙醇回流浸提（1：6）→1h后→过滤→滤液→合并两次醇提滤液→真空浓缩至源体积的1/3。

（2）喷雾干燥　姜辣素浓缩液喷干前预处理（利用姜淀粉，调整产品中的姜辣素含量，使其含量在2%范围内，包络和调整后的液体含水量在65%左右）→启动喷雾干燥器→启动鼓风机（默认风量值）→加热器处于运行状态→设置进出口风温度（140℃、80℃）→开启压缩机→待各项指标达到指定设置值→开启进料蠕动泵→通过进料量控制出口风温→按照设置

参数运行平稳→分批次收集样品→指标检测

3. 关键技术

➢ 姜辣素提取液浓缩程度，直接关系到喷雾干燥时样品含量的调整；

➢ 干姜提取物中油脂成分较多，如何通过姜淀粉和糊精进行包络，比例、成本如何控制；

➢ 喷雾干燥参数的选择，如进出口风温、进料速度等；

➢ 最终产品的各项指标与订单指标有出入后，如何调整；

➢ 如何利用蒸馏水来调试各项喷雾干燥参数；

➢ 喷干样品分批收集的操作技巧，最后干燥腔的清洗技术等。

4. 记录要点

➢ 材料用量；

➢ 喷干料液的调配比例；

➢ 喷雾干燥参数；

➢ 喷干样品的质量，含量等。

5. 教师讲解：SY6000 小型高速喷雾干燥仪的操作方法

(1) 仪器结构　见图 3-6。

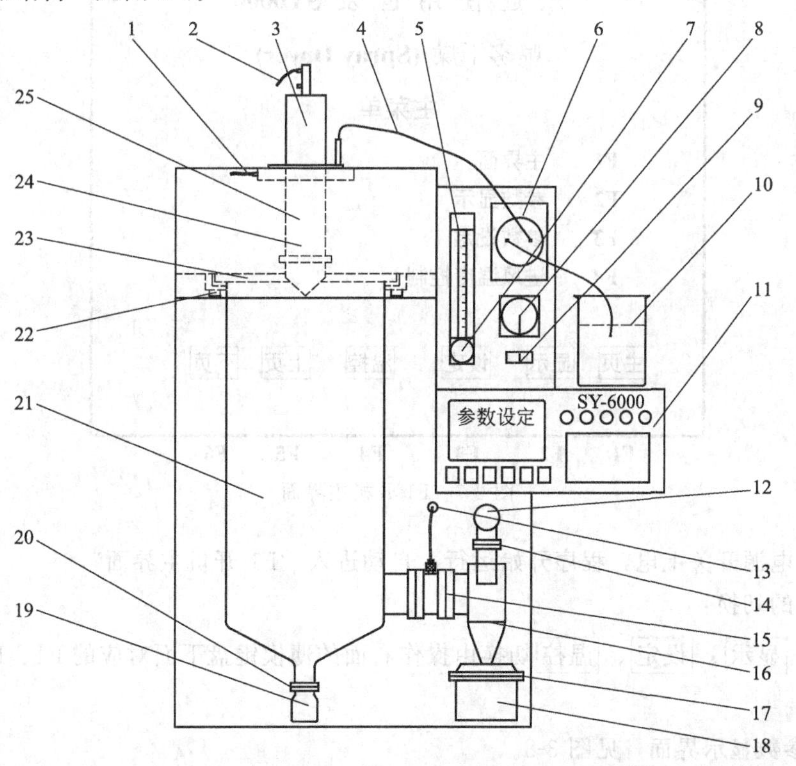

图 3-6　喷雾干燥仪结构示意图

1—压缩空气管；2—自动通针气泵气管；3—自动通针系统；4—加料管；5—压缩空气流量计；6—蠕动泵；7—流量调节旋钮；8—电源开关；9—加热器开关；10—加料瓶；11—操作面板；12—尾气排放管；13—出风温度计；14,15,17,20—螺口连接器；16—旋风分离器；18—物料收集瓶；19—物料收集管；21—雾化加热干燥室；22—干燥室固定螺旋；23—不锈钢顶盖；24—喷嘴；25—喷雾加长杆系统

（2）安装方法

① 干燥室的安装　用双手将干燥室托住，然后插入顶端的不锈钢顶盖的干燥室固定槽口内（置于白色密封垫块上），锁紧卡固螺母。

② 旋风分离器的安装　将旋风分离器的螺口连接器、密封圈及不锈钢垫片套入旋风分离器的出风管上，然后一起插入设备出风管中，调节干燥室出风口与旋风分离器进风口的位置，使两个口平直对齐，用螺口连接器将两个口连接起来，最后锁紧旋风分离器螺口连接器。

③ 用连接卡箍将集料瓶和旋风分离器连接起来。

④ 用螺口连接器将物料收集管和干燥室连接起来。

⑤ 将喷雾系统安装到设备上，连接 4mm 白色气管（通针用）和 4mm 蓝色气管（喷雾用）。

⑥ 安装食品级硅胶管至蠕动泵上，并插入喷雾腔进料口。

注意：所有玻璃器皿都为易碎品，安装和清洗时注意小心轻放确认所有的部件都已安装就位后再上电操作。

（3）下位机监控平台界面介绍

① F1-开机主界面　见图 3-7。

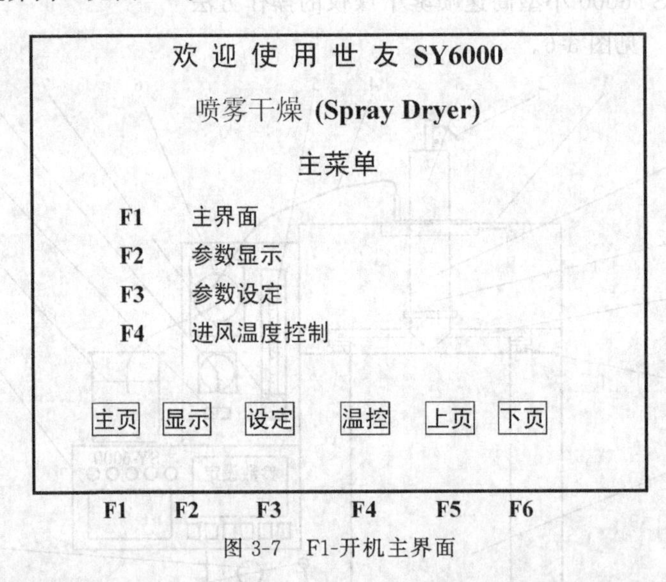

图 3-7　F1-开机主界面

• 按下电源开关上电，程序开始运行，自动进入“F1-开机主界面”，

• 功能的切换：

主页、显示、设定、温控切换由操作右面的薄模键盘下面对应的 F1、F2、F3 、F4 键来完成。

② F2-参数显示界面　见图 3-8。

参数设定值的设置可在“F2-参数显示界面”或“F3-参数设定界面”上进行设置。

• 设置设定值的操作方法：在操作面板右面的薄模键盘上，操作“上”、“下”、“左”、“右”移动键，使显示屏幕上的“小手”标志移动到××设定值位置；再操作数字键，输入所需的设定值，确认设置的设定值数值后，按“确认”键完成××设定值的设置。

注意：设置设定值数值时，应设置小数点后再按“确认”键。

F2—参 数 显 示

参 数	设定值	测量值	单 位
进风量	××.×	×.×××	%
进风温度	×××	×××.×	℃
出风温度	×××	×××.×	℃
进料量	×××	××.××	%
通针频率	×××	×××	秒

主页 显示 设定 温控 上页 下页

F1 F2 F3 F4 F5 F6

图 3-8 F2-参数显示界面

③ F3-参数设定界面 见图 3-9。

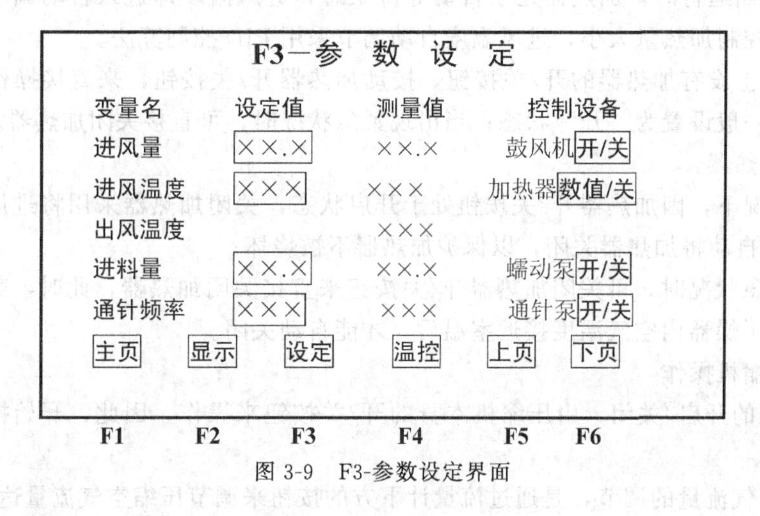

图 3-9 F3-参数设定界面

a. 开始操作 顺时针旋转干燥器电源开关，打开电源上电。

• 程序开始运行，自动进入“F1-开机主界面”。

• 主页、显示、设定的切换由操作右面的薄模键盘下面对应的 F1、F2、F3 键来完成。

• 程序开始运行时，蠕动泵处于关闭状态。

• 程序开始运行时鼓风机和自动通针气泵处于开启状态。

• 压缩机需由人工在压缩机上打开电源开关。

• 压缩空气量由压缩空气流量计下面的旋钮开关调节。

• 程序开始运行时，加热器处于自动等待状态，由进风温度控制回路来控制。

• 加热器在面板上设置有直接电源开关，供紧急情况时使用。一般情况下应处于电源接通状态，当出现紧急情况时，可直接迅速断开，以防止烧坏加热器。

b. 鼓风机操作

• 程序开始运行时，鼓风机处于开启状态，进风量启动时的初始缺省值为90%的风量。

• 进风量由鼓风机调频控制器进行自动调节。

• 进风量可通过操作右面的薄模键盘的上下左右移动和数字键，使显示屏幕上的“小手”标志移动到进风量设定值，设置进风量设定值（0～100%）后，按“确认”键来完成，以达到改变进风量。

• 鼓风机具有加热器自动保护程序：

➢ 开启加热器时，先开鼓风机，才能开启加热器，即鼓风机不开启，不能开启加热器；

➢ 进风量设定值小于80%时，程序自动将加热器关闭，以保护加热器不被烧坏。

• 进风量设定值设置为0%时，鼓风机关闭。为保护加热器不被烧坏，在关闭鼓风机时，要等待至干燥器内空气温度接近室温后，程序才自动关闭鼓风机。

c. 设定进风温度的操作　操作右面的键盘的上、下、左、右移动和数字键，使显示屏幕上的“小手”标志移动到进风温度设定值，设置进风温度设定值后，按“确认”键来完成；设置进风温度设定值。

d. 启动/关闭电加热器操作

• 程序开始运行时，加热器处于自动等待状态，进风温度即进入自动调节，由进风温度控制回路来控制加热量大小，进风温度自动调节采用PID控制算法。

• 在面板上设有加热器的开/关按钮，按动加热器开/关按钮，来直接操作电加热器的启动与关闭，一般设置为“开”状态；当出现紧急状况时，可直接关闭加热器。

• 关闭加热器：

➢ 正常情况下，因加热器开/关按钮处于开启状态，关闭加热器采用将进风量设定值小于80%，程序自动将加热器关闭，以保护加热器不被烧坏；

➢ 出现紧急状况时，可关闭加热器开/关按钮来直接关闭加热器，此时，鼓风机不能关闭，要等待至干燥器内空气温度接近室温后，才能自动关闭。

e. 空气压缩机操作

• 压缩机的开启/关闭，由压缩机本身的开/关按钮来操作，因此，开始操作仪器时应先开启压缩机。

• 压缩空气流量的调节，是通过流量计下方的按钮来调节压缩空气流量达到一定值。

• 改变压缩空气的流量计大小以改变喷嘴压力，使喷嘴喷出雾状液体物料；调节喷嘴压力大小，来改变喷嘴喷出的雾状液体物料的颗粒大小。

• 关闭流量计下方的按钮，则关闭压缩空气流量。

f. 进料蠕动泵操作

• 程序开始运行时，蠕动泵处于关闭状态。

• 进料蠕动泵的开启是在“参数设定界面”上设置进料蠕动泵的进料量设定值来达到的，即通过操作右面的键盘的上、下、左、右移动和数字键，使显示屏幕上的“小手”标志移动到进料量设定值，设置进料量设定值（0～100%）后，按“确认”键来完成，以达到改变进料量。且进料测量值跟踪设定值，一般设置进料蠕动泵的进料量设定值为20%～35%。

• 关闭进料蠕动泵是在“参数设定界面”上，设置进料量设定值为零，则进料量设定值和测量值显示均为0。

g. 出口空气温度的控制　观察出口空气温度，通过调节流量计下方的减压阀旋钮和进料量设定值来控制出口空气温度，从而使喷雾干燥物料达到要求。

h. 自动清理喷嘴　在干燥期间可设定周期自动来清理喷嘴，周期设定范围为 0～60s；0 为关闭清理喷嘴；60 为每隔 60s 连续清理喷嘴三次。

i. 关闭操作步骤

• 关闭进料量：在“参数设定界面”上，设置进料量设定值为零，程序立即关闭进料量。

• 关闭压缩空气：由旋转流量计下方的旋钮，使压缩空气流量计读数为 0%，来达到关闭压缩空气的目的。

• 关闭电加热器：关闭面板上的加热器的开/关按钮或在“参数设定界面”上，设置进风量设定值为 80%以下，程序立即关闭电加热器。

• 关闭鼓风机：在“参数设定界面”上，设置进风量设定值为 0，等待至干燥器内空气温度接近室温后，程序自动关闭鼓风机。

• 关闭干燥仪电源开关。

注意事项：加热器自动保护；本仪器设计了加热器自动保护程序：开启加热器时，先开鼓风机，才能开启加热器，即鼓风机不开启，不能开启加热器；关闭加热器时，先关闭加热器时，再关闭鼓风机，即加热器不关闭，不能关闭鼓风机。

④ F4-进风温度控制界面　见图 3-10。

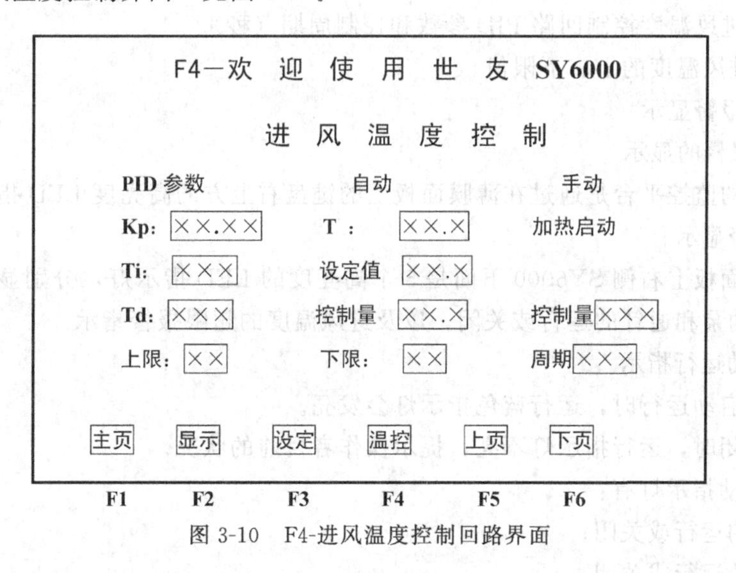

图 3-10　F4-进风温度控制回路界面

a. 加热器手动操作　进风温度控制处于手动状态。

• 通过操作右面的键盘的上、下、左、右移动和数字键，使显示屏幕上的“小手”标志移动到进风温度控制[手动]位置，按“确认”键使进风温度控制回路处于“手动状态”。

• 通过操作右面的键盘的上、下、左、右移动和数字键，使显示屏幕上的“小手”标志移动到进风温度控制的[控制量]位置，人工设置加热控制量 0～100%，按“确认”键后，就完成加热器的手动操作功能。

• 设置加热控制量为 0%时，也就实现手动关闭加热器功能。

b. 进风温度的手动操作

• 切换为手动操作：通过操作右面的键盘的上、下、左、右移动和数字键，使显示屏幕上的“小手”标志移动到进风温度控制[手动]位置，按“确认”键使进风温度控制回路处于“手动状态”。

• 进风温度控制在手动状态时，进风温度的手操输出由操作人员调整，从而改变加热器的加热量来改变进风温度，使其达到要求值。

• 控制输出是跟踪手操输出、进风温度设定值跟踪测量值，以达到手动切换到自动时的无扰动切换。

c. 进风温度自动控制

• 切换为自动控制状态：通过操作右面的键盘的上、下、左、右移动和数字键，使显示屏幕上的“小手”标志移动到进风温度控制[自动]位置，按“确认”键使进风温度控制回路处于“自动控制状态”。

• 处于自动控制状态时，进风温度的控制输出由PID控制器决定，自动调节加热器输出来改变进风温度，使其达到设定值；同时，手操输出是跟踪控制输出，以达到自动切换到手动时的无扰动切换。

• 进风温度设定值的设置：

➢ 可在“F4-进风温度控制”界面中，人工设置进风温度设定值；

➢ 也可在“F3-参数设定”界面中实现进风温度设定值的设置。

• 可设置进风温度控制回路PID参数和控制周期（秒）。

d. 可设置进风温度的上、下限值。

⑤ 运行与报警显示

a. 运行与报警的显示

• 下位机的监控平台是通过在薄膜面板上的键盘右上方的高亮度LED指示、报警灯来实现运行与报警显示。

• 在薄膜面板上右侧SY6000下面是5个高亮度的LED指示灯，分别显示加热器、鼓风机、进料蠕动泵和通针的运行或关闭，以及进风温度的超限报警指示。

b. 设备启动运行指示

• 当设备启动运行时，运行蓝色指示灯会发亮。

• 设备关闭时，运行指示灯不亮，提示操作者目前的状况。

• 设备启动指示灯有：

➢ 加热器的运行或关闭；

➢ 鼓风机的运行或关闭；

➢ 进料蠕动泵的运行或关闭；

➢ 通针的运行或关闭。

c. 变量超限报警　当检测到进风口温度超出安全范围250℃的时候超限报警，报警灯会发光提示操作者目前的状况。

(4) 小型高速喷雾干燥仪（SY6000）操作步骤

① 将各部件安装好。

② 上电：打开干燥仪的电源。

• 按下电源开关上电后，程序开始运行，自动进入“F1-开机主界面”。

③ 初始操作

• 开机开始操作后，首次出现“F1-开机主界面”。

• 在“F1-开机主界面”上开始操作，按F3进入“参数设定”屏。

④ 启动鼓风机

• 程序设定开机开始操作后，鼓风机的初始状态为开启状态；而且，鼓风机风量的初始缺省值为90%位置。

• 在“F3-参数设定”屏上操作，通过调整“风机设定值”可改变所需风量值（通常可取最大值100%）。

⑤ 打开加热器电源开关按钮使加热器处于可运行状态

• 程序设定开机开始操作后，进风温度控制回路的初始状态为自动状态，此时，进风温度的设定值等于进风温度的测量值，并设定进风温度控制回路的控制输出为0%，即加热器为关闭状态。

• 在“F3-参数设定”屏上，加热器显示为关闭状态。

• 在面板上设有加热器的电源开/关按钮，按动加热器电源开/关按钮，接通电加热器电源，使加热器处于可运行状态；本开关一般设置为“接通”状态，只有当出现紧急状况时，可直接“断开”加热器电源。

⑥ 设定进风温度设定值使进风温度控制进入自动控制状态

• 程序设定开机开始操作后，进风温度控制回路的初始状态为自动状态。

• 在“F4-进风温度控制”界面显示自动状态上。

• 按工艺要求，可在“F3-参数设定”屏，也可在“F4-进风温度控制”界面上，设定进风温度的设定值，一般可取180～210℃。

• 在“F3-参数设定”界面上显示进风温度控制回路的输出0～100%数值，即相应加热器的加热量。

• 在“F4-进风温度控制”界面显示为自动状态。

• 进风温度控制回路开始进行自动控制。

⑦ 开启压缩机

• 当进风温度达到设定值后，并参考出风温度值，人工打开压缩机上电源开关，开启压缩机。

• 通过调节空气流量表下的减压阀旋钮，使空气流量表显示压缩空气流量，达到喷雾所需要的值，一般取700～900L/h。

⑧ 开启进料蠕动泵

• 在“F3-参数设定”屏上，按工艺所需要的进料量和参考出风温度值，调节进料量的“设定值”；开启蠕动泵，开始喷雾干燥操作，推荐值为20%～35%。

• 通过流量计下方的旋钮来调节压缩空气量来改变喷嘴压力，使喷嘴开始喷雾液体物料，压缩空气量越大，液体颗粒越细。

⑨ 观察与调整出风温度

• 观察出风温度，通过调节进风温度设定值、喷嘴压力（调节流量计下方的减压阀旋钮）和进料量（调节进料蠕动泵转速按钮）来控制出风温度达到工艺要求的所需值，出风温度应控制在80～100℃。

⑩ 清理喷嘴

• 在干燥期间可按探针通气按钮清理喷嘴，也可设定周期来自动清理喷嘴；周期设定范围为0～60s；0为关闭清理喷嘴；60为每隔60s连续清理喷嘴三次；一般可设为60s。

⑪ 结束操作　关机的操作步骤与开机时相反：

• 关闭蠕动泵和空气压缩机。

• 在“F3-参数设定”屏上，先关闭加热器，使进风温度控制就自动切换为手动控制状态，并在“F4-进风温度控制”界面显示手动状态。

• 最后待进风温度降至70℃（安全温度）以下后，才关闭鼓风机。

• 切断干燥器电源。

[因为干燥室内温度极高，鼓风机必须运行至进风温度降至70℃（安全温度）以下后才停止，这样可保证设备不会因为误操作而导致设备损坏。]

⑫ 先用蒸馏水做试验

• 先进水，观察物料雾化及温度变化情况，重新设定风机进风量、进风温度、出风温度，待温度稳定后进料。

⑬ 注意事项

a. 风机进风量初值为（90%），进风温度或出风温度按默认值运行；有变化可通过“F3-参数设定界面”修改；进风量不宜小于80%。

b. 程序中规定

• 启动时，先启动风机，后启动加热器。

• 停机时，先关闭加热器，后关闭风机（要等待干燥室温度低于70℃时，才关闭风机）。

• 停机时加热器未关闭前，鼓风机是无法关闭的。

• 紧急情况时可通过面板上的加热器电源开关，直接断开加热器电源。

c. 待温度稳定后进料。

• 开始进料时，先开压缩空气，再进料开蠕动泵。

• 结束进料时，先关进料，开蠕动泵，再关压缩空气。

d. 进料量不宜太大，一般取20%～35%为宜。

e. 出风温度不能控制太低，一般控制在80～100℃为宜。

f. 压缩空气的压力控制在3～4bar；压缩空气流量以不将产品物料被废气带走的情况下，应该尽量大一点。

(5) 常见故障及排除　见表3-6。

表3-6 高速喷雾干燥仪的常见故障及排除

问　题	可能原因	解决方法
①鼓风机不工作	变频器损坏 风机损坏 鼓风机设定值为0%	更换变频器 与本公司联系 使鼓风机设定值为90%
②电加热器不工作	面板上加热器电源开关断开 进风量小于80% 电加热器损坏 鼓风机处于关闭状态	接通加热器电源开关 使风量设定大于80% 与本公司联系 先启动鼓风机
③空气压缩机不工作	空气压缩机电源未接通 空压机损坏	接通空压机电源 与本公司联系
④设备没电	外接插座不可靠 断路器在关闭位置	检查外接电源是否有电 把断路器打开

续表

问 题	可能原因	解决方法
⑤液晶屏无显示或闪屏	有高频干扰 面板启动按钮损坏 24V开关电源损坏 触摸屏损坏	重新启动或进行画面切换 更换启动按钮 更换开关电源 与本公司联系
⑥进料蠕动泵不工作	步进马达烧坏 蠕动泵卡住	更换步进马达 重新安装进料管
⑦进风温度无显示	PT-100温度探头连接松动 PT-100损坏 PT温度变送模块损坏 PT-100温度导线碰加热器高温损坏	紧固 更换PT-100 更换温度变送模块 更换导线
⑧出风温度无显示	PT-100温度探头连接松动 PT-100损坏 PT温度变送模块损坏	紧固 换PT-100 更换温度变送模块
⑨进风温度无法达到设定值	风机风量太大	修改风机风量设定值
⑩进风温度波动大	PID值不准确	整定进风温度PID值
⑪出风温度无法达到要求值	进料量太大(蠕动泵手动时) 压缩空气量太小 风机风量太小 进风温度太低	减小蠕动泵进料量 加大压缩空气量 加大风机风量 提高进风温度
⑫干燥室底端滴料	进风温度太低 雾化空气压力太低 压缩空气漏气 进料量太大 风机风量太小	增加进风温度 调节流量旋钮加大压缩空气流量 检查各连接处是否漏气 减小蠕动泵进料量 加大风机风量
⑬通针不工作	空气阀门未开 压力太小 通针参数设定太大 电磁阀损坏	打开阀门(ϕ4白色气管) 调大减压阀压力 修改通针参数 更换电磁阀

6. 文献推荐

[1] 何仲贵.环糊精包合物技术.北京：人民卫生出版社，2008.
[2] 王喜忠，于才渊，周才君.喷雾干燥.北京：化学工业出版社，2003.
[3] 中国期刊全文数据库，以关键词检索“姜辣素”及“制备”，寻找文献.
[4] 在百度或谷歌中搜索“喷雾干燥”，查看相关文献.

【班后总结】

课程博客上回顾与总结

老师在课后要及时对这次单元学习情况进行总结，如轮值组长提前准备用沸水蒸馏挥发油，低浓度乙醇提取姜辣素，旋转蒸发器真空浓缩提取液，学生学习用姜淀粉、糊精等原料包络姜油，调整姜辣素含量，利用小型喷雾干燥器干燥姜辣素调味品的总体情况，有哪些值得表扬，哪些需要改进，同时附上同学们在操作过程中的情景照片，并加上评注；再次针对单元实操过程提出一两个问题要求学生进行讨论或回答；最后学生在留言板上写下自己的心得体会，以及对教师还有什么要求，讨论或回答教师留下的问题，畅所欲言。同时提醒同学们该如何设置喷雾干燥器的进出口温度，使之最佳，如何调整姜辣素含量，如何包络酱油便于干燥等。

学生上这次课的情况一般是这样：

➢ 姜辣素含量的测定方法不明确；

➢ 不知如何确定提取液的浓缩程度，以便与后期的姜淀粉包络相衔接；

➢ 不知如何通过调节进料液的速度，来实现出口风温，满足样品含水量；

➢ 喷干样品取出方法不正确；

➢ 喷雾干燥器的清洗方法不对。

问题讨论：

✓ 喷干样液的固液比一般在什么范围，如何调整？

✓ 如何确定喷雾干燥样品的干燥参数？

✓ 如何将实验室的喷雾干燥装置与企业生产相衔接？

学生博客上留言特点：

✓ 询问姜辣素调味品的主要成分；

✓ 咨询选择购买姜辣素调味品技巧及食用安全；

✓ 渴望参加真实企业，了解实际生产；

✓ 留言没有深度，思考问题较浅。

【工作汇报】

轮值组长书面汇报单元任务完成情况

每次当班任务完成以后，只需每组的轮值组长以书面形式，对当班任务完成情况进行汇报。本单元任务书面汇报内容包括如下部分：

✓ 姜辣素调味品的生产与利用状况简介；

✓ 喷雾干燥方法的特点及应用注意事项，试验结果；

✓ 结合课程博客，叙述同学们上课的实际情况及需要改进的地方；

✓ 若要完成订单任务，还需要学习哪些单元生产技术等。

【视野拓展】

环糊精包合技术

包合技术系指一种分子被包藏于另一种分子的空穴结构内，形成包合物的技术。包合物是一种被包藏在另一种分子的空穴结构内的复合物，它是通过包合技术形成独特形式的络合物。这种结合是不以化学键结合为特征，包合过程是物理过程而不是化学过程，故属于一种非键型络合物。包合物由主分子和客分子两种组分组成，是一种分子的空间结构中全部或部分包入另一种分子而成，又称“分子囊”。环糊精由于其结构具有“外亲水，内疏水”的特殊性及无毒的优良性能，可与多种客体包结，采用适当方法制备的包合物能使客体的某些性质得到改善。β-环糊精包合工艺是利用淀粉在环糊精糖基转移酶作用下水解出的，以α-1,4-糖苷键连接而成的一种环状低聚糖化合物，即β-环糊精（β-CD）将被包络分子全部或部分包裹于其中而形成的一类非键化合物的制备技术。

1.环糊精的结构与性质

常用的包合材料有环糊精和环糊精衍生物。环糊精（cyclodextrin，CD）系指淀粉用嗜碱性芽孢杆菌经培养得到的环糊精葡萄糖转位酶作用后形成的产物，是由6～12个D-葡萄糖分子以1,4-糖苷键连接的环状低聚糖化合物，为水溶性的非还原性白色结晶状粉末，结构为中空圆筒形。桶内形成疏水性空腔，能吸收一定大小和形状的疏水性小分子物质或基团，形成稳定的非共价复合物。分别由6、7、8个葡萄糖单体通过α-1,4-糖苷键连接而成的环糊精为α-CD，β-CD，γ-CD。三种环糊精的基本性质除环状中空圆筒空穴深度相近外，其它性质均不相同。β-CD是已知效果最好的包合材料之一，在水中溶解度最小，最易从水中析出结晶，在三种类型中应用最为广泛，而且已得到美国食品药物管理局的认可。

2. 包合物形成的条件

环糊精包合物形成的内在因素取决于环糊精和其客体的基本性质，主要有以下三方面：

(1) 主客体之间有疏水亲脂相互作用　因环糊精空腔是疏水的，客体分子的非极性越高，越易被包合。当疏水亲脂的客体分子进入环糊精空腔后，其疏水基团与环糊精空腔有最大接触，而其亲水基团远离空腔。

(2) 主客体符合空间匹配效应　环糊精孔径大小不同，它们分别可选择容纳体积大小与其空腔匹配的客体分子，这样形成的包合物比较稳定。

(3) 氢键与释出高能水　一些客体分子与环糊精的羟基可形成氢键，增加了包合物的稳定性。即客体的疏水部分进入环糊精空腔取代环糊精高能水有利于环糊精包合物的形成，因为极性的水分子在非极性空腔欠稳定，易被极性较低的分子取代。

(4) 被包络物应遵循的原则

① 无机物一般不宜用环糊精包合。

② 有机物分子的原子数大于5，稠环数应小于5，相对分子质量在100～400之间，水中溶解度小于10g/L，熔点低于250℃。

③ 非极性脂溶性成分易被包合。

④ 非解离型成分比解离型更易包合。在3种环糊精中，以β-环糊精（β-CD）水中溶解度量小，毒性低，最为常用，它为7个葡萄糖分子以1,4-糖苷键连接而成。筒状结构，内壁空腔为0.6～1nm，由于葡萄糖的羟基分布在筒的两端并在外部，糖苷键氧原子位于筒的中部并在筒内，β-环糊精的两端和外部为亲水性，而筒的内部为疏水性，可将一些大小和形状合适的药物分子包合于环状结构中，形成超微囊状包合物。

另外，包合物的形成还受时间、反应温度、搅拌（或超声振荡）时间、反应物浓度等外在条件的影响。

3. β-CD包合物常用制备方法

β-CD包合物的制备方法有饱和水溶液法、研磨法、冷冻干燥法、喷雾干燥法、中和法、共沉淀法等。

(1) 饱和水溶液法（重结晶或共沉淀法）　先将环糊精与水配成饱和溶液，可溶性客分子物质，直接加入环糊精饱和溶液，一般物质的量之比为1∶1，搅拌，直至成为包合物为止，约30min以上；水难溶性客分子物质，可先溶于少量有机溶剂，再注入环糊精饱和水溶液，搅拌直至成为包合物为止；若为水难溶性液体（如挥发油）客分子物质，直接加入环糊精饱和水溶液中，经搅拌得到包合物。所得包合物若为固体，则滤取，水洗，再用少量适当的溶剂洗去残留客分子物质，干燥；若包合物为水溶性的，则将其浓缩而得到固体，也可加入一种有机溶剂，促使其析出沉淀。这是目前研究中采用最多的方法，一般在磁力搅拌器或电动搅拌器中进行。

(2) 超声法　将客分子物质加入β-CD的饱和水溶液中，用超声波破碎仪或超声波清洗机，选择合适的超声强度和时间，将析出的沉淀按上述方法处理即得。采用超声波法制备香附挥发油包合物操作方便快捷，包合率高，较同种工艺的饱和水溶液法制备产率高

17.88%，包合率高11.51%。采用此法制得的大蒜油包合物在提高收率的同时还减少了臭味，被认为优于电动搅拌法。

(3) 研磨法　将环糊精与2～5倍量水研匀，加入客分子化合物（水难溶性者，先溶于少量有机溶剂中），研磨成糊状，低温干燥后，再用有机溶剂洗净，干燥即得。实验中采用研磨法制备氯化血红素β-CD包合物，增加了溶解度和溶出度，提高了氯化血红素的生物利用度，掩盖了氯化血红素的腥味，同时为其加工成各种剂型开辟了良好的前景。但此法仅少量进行，且手工操作，不适用于大生产。而采用胶体磨法代替研磨法快速、简便，适用于工业化生产。

(4) 冷冻干燥法　将药物和环糊精混合于水中，搅拌，溶解或混悬，通过冷冻干燥除去溶剂（水），得粉末状包合物。如果其他方法制得的包合物水溶液，在干燥时易分解或变色，但又要求得到干燥包合物，改用本法，能得到理想的包合物，成品较疏松，溶解度好。例如：冰片β-CD环糊精包合物取β-CD 2g，溶于55℃的水50mL中保温。另取冰片0.33g，用乙醇10mL溶解，在搅拌下缓慢加冰片溶液于β-CD溶液中，滴完后继续搅拌30min，冰箱放置24h，抽滤，蒸馏水洗涤，40℃干燥即得。

(5) 喷雾干燥法　若包合物易溶于水，遇热性质又较稳定，可用喷雾干燥法制备包合物，干燥温度高，受热时间短，产率高。

4.影响包合工艺的因素

(1) 投料比的选择　以不同比例的主、客分子投料进行包合，再分析不同包合物的含量和产率，计算应选择投料比。

(2) 包合方法的选择　根据设备条件进行试验，饱和水溶液法较常用，研磨法应注意投料比，超声法省时，收率较高。

(3) 包合温度，分散力大小，搅拌速率及时间，及干燥方法选择，均应以合适为宜。

包合条件各因素可用正交设计，以挥发油收得率、利用率、含油率为考察指标，对提取工艺进行综合评价，通过直观分析、方差分析优选最佳工艺。

包合物在进行包合条件研究时常用以下控制指标：

$$\text{包合物收得率}=\frac{\text{包合物实际重量}}{\beta-\text{CD}+\text{投油量}}\times 100\%$$

$$\text{包合物油利用率}=\frac{\text{包合物中实际含油量}}{\text{投油量}\times\text{空白回收率}}\times 100\%$$

$$\text{包合物含油率}=\frac{\text{包合物中实际含油量}}{\text{包合物实际重量}}\times 100\%$$

以包合物苍术挥发油利用率、收得率、含油率为指标，考察了苍术挥发油与β-CD的比例、搅拌时间、包合温度三个因素，结果最佳工艺条件是苍术挥发油：β-环糊精1：6，包合温度40℃，包合时间1h。挥发油利用率为86.5%。β-环糊精对陈皮挥发油的包合作用，筛选出饱和水溶液法最佳包合条件：β-环糊精和油的比例为6：1，包合温度50℃，包合时间2h。β-环糊精包合青皮、木香混合挥发油的工艺优选条件为：β-环糊精：挥发油为6：1，包合温度55℃，包合时间3h。

5.包合物的干燥

常用的干燥方法有自然干燥、加热干燥、冷冻干燥、喷雾干燥等。对热敏性药物，需在较低的温度下干燥。冷冻干燥是使物料在低温下，将其中水分由固态直接升华进入气相而达到干燥目的，若得到的包合物易溶于水且在干燥时容易变质，但又要求成品为干燥包合物时，可选用该法进行干燥。该法可以使易挥发药物的损失降至最低，所得产品疏松、溶解性能好、加水后易恢复原有的组织状态，适合制成注射用灭菌粉末。用喷雾干燥制备了格列齐特-HP-CD包合物，但该法费用很高，目前不太适合大规模生产，多用于一些贵重药物的包合物干燥。溶液法制备的包合物也可进行喷雾干燥，为了避免颗粒太粗而阻塞喷雾器或喷嘴，必须控制包合物沉淀的粒径。对挥发性和热敏性药物，为了降低损失或防止药物变质，必须筛选出最优的干燥条件。喷雾干燥的设备尺寸大，能耗较多，但物料在设备内停留时间较短（约3～10s），因此适合大部分包合物的干燥，且可省去包合溶液的蒸发、结晶、沉淀等工序，可由液态直接加工成固体产品，因而在包合物干燥方面具有很好的应用前景。包合物也可用旋转蒸发法进行干燥，如塞来昔布-β-CD包合物的制备，但该法受生产能力限制，目前不太适合大规模生产。

溶液法具有简便、生产周期短、包合物质量好等特点。不足的是要消耗大量的有机溶剂，还有可能生成CD包合物，且最大的弊端在于制备过程必须使用大量的水，因而设备的利用率、加热和降温耗能等是影响生产成本的重要因素，且收集和处理包合母液成了后处理的一个重要工序，须通过母液的循环来降低成本。

6. β-CD包合物的应用

(1) 在食品工业上的应用　环糊精在食品工业作为食品添加剂发展很快，应用面广，如有效成分的包囊，异味或有害成分的脱除，提高食品与改善食品的组织结构，保持与改善风味等。番茄红素是一类非常重要的类胡萝卜素，具有优越的生理功能，其分子中含有11个共轭及两个非共轭碳碳双键，导致了它极不稳定，在光、热和氧的作用下很容易被氧化降解。李伟等将其用环糊精包合后明显提高了它的水溶性，改善了它的稳定性。

(2) 在药剂学上的应用

① 增强药物稳定性　易氧化、水解的药物由于环糊精的包合物免受光、氧、热以及某些因素的影响而得到保护，使药物效力和保存期延长。彭湘红等用β-环糊精在60%乙醇水溶液中与维生素D_2形成包合物。在光照、高温、高湿度加速实验条件下测定包合物中VD_2含量变化。3个月的加速实验表明，2年后包合物中VD_2保持85%～95%，而未包合的VD_2仅剩17%～22%，解决了儿童佝偻病防治药物中VD_2的稳定含量问题。

② 增加药物的溶解度和溶出速率　环糊精包合物相当于分子胶囊，药物分子被分离而分散于低聚糖骨架中。由于药物分子与环糊精上的羟基相互作用以及药物在包合物中的结晶度减少，而使药物的溶解度和溶出速率增加。

③ 掩盖药物的不良臭味和降低刺激性　掩盖不良气味，减少或消除药物的毒性：一些药物的不良异味，直接影响患者情绪，将其制成包合物可使药物的不良臭味减轻或消除。采用β-CD包合蟾酥不仅掩盖了其难闻的臭味，经兔眼黏膜刺激实验及兔肠黏膜实验证明，其刺激性也大大减弱。巴豆属峻下逐水药，有大毒，将巴豆油制成β-CD包合物后，巴豆油分散均匀、刺激性小，降低了药物的毒性。

④ 液体药物的粉末化或减少挥发性　挥发性药物制成环糊精包合物，除了减少挥发，还有缓释作用。环丙沙星是氟喹诺酮类药物，是近年来在兽医临床上的常用药物。但由于半衰期短，刺激性强，需重复注射，影响了其广泛使用。将环丙沙星与β-环糊精包合后发现其延缓释药达72h。

(3) 在香料中的应用　一些易于氧化分解、变质，对光、热不稳定的香料可制成β-环糊精的包合物来储存和使用，这样既可保持原有的香味，又可防止其变质，并可延长存放时间。广泛用作巧克力、冰淇淋、酒类增香剂的香兰素以及柠檬醛、紫罗兰酮等β-环糊精的包合物都有见报道，这种稳定化的香料包合物在食品加香中具有重要意义。

(4) 在化妆品中的应用 环糊精包结香精用于化妆品的目的是延长留香时间，减少香精对皮肤的刺激，或使其能用于以水为基质的产品中。如*S*-生育酚能中和自由基，避免造成皮肤永久性损伤，所以在化妆品中可用作皮肤抗皱剂。用环糊精包结后再加入到化妆品配方中，就可解决易氧化而失去活性等问题。环糊精还能包结皮肤中渗出的多不饱和脂肪酸，防止其氧化变质，抑制自由基形成，减少皮肤感染和炎症，是一种有效的抗粉刺剂。

(5) 在杀虫剂中的应用 拟除虫菊酯是一类非常重要的杀虫剂，占有约1/5的杀虫剂市场份额。它们不溶于水，多以乳油使用，其制剂的加工中需消耗大量的有机溶剂，以水为基质代替乳油，制成β-环糊精包合物，是解决拟除虫菊酯污染环境的有效途径。

7. 环糊精包合物的验证与含量测定技术研究

主要有以下方法：显微镜法和电镜扫描法、热分析法、红外光谱法、X射线衍射法、相溶解度法、紫外可见分光光度法、核磁共振法、薄层色谱法和荧光光谱法。

干燥总结 天然产物有效成分的干燥方法

干燥是指将天然产物原料经过在自然条件下或人工控制条件下促使其水分蒸发，使它表面及体内的水分蒸发分离，最终成为半成品或成品的一种加工方法。干燥是一个复杂的物理过程，但基本原理是当外部介质的水分蒸气压小于物料水分蒸气压时，物料中的水分就会蒸发相变，向环境转移，只要不使介质中水蒸气分压达到平衡点并供给物料水分气化所需要的热量，水分蒸发就会继续下去，一直达到内外蒸气分压的平衡。

一、干燥的基本原理

1. 物料的水分状态

按照水分与物料结合力的强弱可把食品水分分为三类，即游离水、物理化学结合水和化学结合水。游离水又称毛细管水或机械结合水，占食物总水量的80%～90%；物理化学结合水主要以分子力场或氢键结合于物料内部胶体上，其结合力比游离水要强；化学结合水一般定量地与物质分子牢固结合，成为分子的组成部分，只有发生化学反应时才能分开。

2. 水的相变

分子扩散、迁移、能量传递等一系列物理过程，是多种动力共同作用的结果：

一是湿度梯度作用，当物料表面升温，水分向外界环境蒸发，表面水分降低，便形成了物质内层水分高于表面水分的湿度梯度，即内部水蒸气分压大于外部，促使内部水分向外部移动。

二是温度作用，供给水分蒸发所需潜热，使水分沿热流方向迅速向外移动。

三是物料内部气体受热，压力增大，一部分水分迅速向外扩散，而大部分内部气体密度增大，导致由于内部水汽凝聚而使温度升高，而保证水汽从内向外移动。

3. 影响干燥速度的主要因素

(1) 干燥介质的湿度 物料与介质的水蒸气分压梯度是物料干燥的基本动力，干燥介质湿度过高，干燥平衡点的平衡蒸气压过高，物料的残余水分就高，达不到保存贮藏所需的水分活度。因此，干燥介质应具有较低的相对湿度。湿度越低，水蒸气分压相差越大，干燥越迅速。

(2) 干燥介质的温度 干燥介质与物料接触时放出热量，物料吸收热量使水分蒸发，并使介质温度降低，需要继续保持介质有足够高的温度才行。同时，介质的温度增高，不仅提供足够的热量，而且也降低了介质的相对湿度，有利于促进蒸发。但是，温度过高会导致物料细胞过度膨胀破裂、有机物质挥发、分解或焦化以及物料表面硬化等不利现象发生。

（3）干燥介质的流速　在大多数情况下，干燥介质为空气，流动的空气有利于及时补充热量，并及时带走物料周围的湿气，有利于干燥的进行，因此动态干燥一般比较好。

（4）原料性质和表面积　不同食品原料所含化学成分及组织结构不同，传热速度和水分向外迁移速度也不同，因此干燥速度也不同。同时，不同原料对温度的敏感性也有差异，因此需要不同的干燥方法与条件。物料粒度越小，其表面积越大，与热介质接触越充分，而且热量和水分传递距离超小，越有利于干燥。

4. 干燥过程中的基本现象

（1）干燥速度变化　由于物料中水分有三种形态，结合程度不同，因此干燥速度分两个阶段，即等速干燥和降速干燥阶段。干燥阶段为等速阶段，主要是排除非结合水。后期为降速干燥阶段，主要是部分结合水的干燥。

（2）物理变化

① 表面硬化　如果表面干燥过快，水分迅速气化，内部水分不能及时迁移到表面来. 而在表面迅速形成一层干硬膜。另外，含糖、含盐较多的食品干燥时也易于生成表面硬化层。表面硬化，影响内部水分的向外移动，导致干燥速度下降，影响感官质量。

② 干缩与干裂　物料在于燥过程中由于失水而出现收缩，如果干燥温度、干燥速度掌握不好，物料容易变形、干缩甚至干裂。

③ 多孔性　物料快速干燥，使其内部蒸气压迅速建立，迅速向外扩散，往往形成多孔性物质。高温膨化和真空干燥时常常生成多孔性制品，多孔制品复水性能很好。

④ 其他现象　干燥控制不好，常常会出现溶质迁移现象、水分不均匀、复原不可逆现象等，在干燥过程中应尽量避免。

（3）化学变化　高温干燥时，造成有些营养成分损失。一些高温不稳定成分容易氧化、分解。如维生素 C、维生素 B_1、维生素 B_2 以及胡萝卜素等损失较大。糖类易分解和焦化，蛋白质易凝固或分解。一般来说，高温比低温，常压干燥比减压干燥损失大。选用合适的干燥方法，并采用加入抗氧化剂等措施可减少这种损失。

（4）风味变化和色泽变化　食品中的风味物质由于易于挥发，在干燥过程中往往受到损失，影响食品风味。同时干燥过程中常常发生色泽的变化，如褐变，褐变对食品风味、复水性和营养都产生不利影响，是干燥过程中首先要防止的。褐变是整个保健食品加工中经常遇到的麻烦。

干燥工艺和干燥设备的选择正确与否，对于保健食品的品质、性能以及成本都有重要影响，不同的保健食品应该根据其特点和要求选用不同的干燥工艺。

二、常用的几种干燥方法

1. 加热干燥　加热干燥是依靠热源使空气加热，通过此热空气使物体干燥。

① 将从燃料产生出来的火和烟直接导入干燥容器内，使之干燥，即直接加热式。

② 将热导入空气加热机，靠加热了的空气使之干燥，即间接加热式。

③ 将加热板加热，在其上将材料压住使之干燥的热板加热式。

箱型热风干燥机是最普通的设备，从干燥室的外边送来热风使之干燥的。用在香蕈、茶叶上。热风温度因对象而异，例如，茶 70～130℃，香蕈 60℃左右。回转式干燥机，是利用倾斜的干燥圆筒回转，从上部添入材料后，一边干燥一边从下部出来，可以连续处理，用在砂糖、葡萄糖、糕点等的干燥上。另外还有转筒干燥机，是把表面磨光了的金属性汽油筒，把它水平放着，将一半左右浸泡在液体内，使之静静地回转，靠汽油筒内的热，使液体干燥成为薄膜状，将薄膜扒出来，汽油筒继续在液内回转，再进行下次的干燥。

2. 气流干燥

气流干燥也称热风干燥，是使热空气与被干燥物料直接接触，短时间达到干燥目的的一种方法。此法具有干燥时间短，处理量大，适应性广，结构简单，制造方便等特点。近年来，我国工程技术人员又研制和推广了许多新型高效的气流干燥设备，如：体积小、干燥速度快的旋风气流干燥器，能强化传热传质过程的脉冲式气流干燥器，可干燥高湿度物料的涡旋流气流干燥器，保护晶体防止磨损的低速气流干燥器，短管气流干燥器，带粉碎装置的气流干燥器，以及多种联合式（组合式）干燥器。这些干燥器克服了直管气流干燥器设备要求高、热效率低的缺点，在应用上取得了较好的效果。气流干燥是利用热的干燥气流进行干燥的一种方法，主要用于干燥固体食物，如奶粉、葡萄干、食盐、面粉、谷物等。

3. 接触干燥

接触干燥指待干燥物料直接与加热面接触进行干燥的方法。优点是干燥速度快，热能利用率高，适用于化学性质稳定的浓缩液或稠性液体的干燥。

4. 辐射干燥

辐射干燥主要是红外辐射干燥。红外线即热射线，是以辐射形式直接传播的电磁波。当红外线照射到某一物体时，一部分被吸收，一部分被反射，吸收的那一部分能量就转化为分子的热运动，使物体温度升高，达到加热干燥的目的。

由化学键连接的物体分子就像用弹簧连接的小球一样，不断地以本身固有的频率进行伸缩振动和变角振动。如果入射的红外线频率和分子固有频率相符，则物质分子就会表现出对红外线的强烈吸收。因此在选择辐射器时，应使辐射器的辐射波长与被加热物料吸收带的波长相一致，这就是辐射光谱与吸收光谱相匹配的原理。

红外线具有一定的穿透能力，可以穿透物料表面层到一定深度，从内部加热物料。有人用红外线照射小麦粒、玉米粒，测得最高温度在2mm深处，对于松木和杉木，红外辐射可渗透到7mm深处。物料潮湿部位比干燥部位能更多地吸收辐射能，使得干燥过程的辐射能可以自动调节，这是传导干燥和对流干燥所不具备的特点。

5. 喷雾干燥　喷雾干燥是从液态直接生产干燥固体的干燥方法，在天然产物生产中被广泛应用。其原理是利用高速离心或高压使含固体的溶液喷成极细的雾滴，与干热空气充分混合接触，在很短时间内（几秒至几十秒）雾滴中水分挥发，干燥产品与携带水分的空气分离后就得到干燥产品。

喷雾干燥机组工艺流程：空气在风机的动力下经过滤器除尘后，经蒸气加热器加热至100℃左右，再经电加热器升温到150～180℃，经干燥塔顶部的空气分布器进入塔内，与塔顶喷嘴喷出的雾状料液微粒接触，瞬间进行大量的热交换，悬浮物料微粒随风一起从塔底抽出，成切线方向进入旋风分离器，干粉沉降至分离器底部的收料桶内，净化后的尾气经风机排空，整个过程在负压状态。

喷雾干燥技术的核心是流化技术，具有从流体到固体瞬时干燥的突出优势。其设备一般是由雾化器（喷头）、干燥室、进出气及物料收集回收系统等组成。

不同的雾化器可以产生不同的雾化形式，按照不同的雾化形式可以将喷雾干燥分为离心式雾化、气流式雾化和压力式雾化。

① 离心式雾化　利用高速旋转的盘或轮产生的离心力将料液甩出，使之与干燥介质接触形成雾滴。离心式雾化器受进料影响（如压力）变化小，控制简单。

② 气流式雾化　利用压缩空气（或水蒸气）高速从喷嘴喷出，并与另一通道输送的料液混合，借助空气（或蒸气）与料液两相间相对速度不同产生的摩擦力，把料液分散成雾滴。

③ 压力式雾化　利用压力泵将料液从喷嘴孔内高压喷出，直接将压力转化为动能，使料液与干燥介质接触并被分散为雾滴。压力式雾化器生产能力大，耗能小；细粉生成少，能产生小颗粒，固体物回收率高。

喷雾干燥得到广泛应用，其原因有以下几方面。

① 产品溶解度好，尤其适用于热敏性物料的干燥。

② 干燥速度快，物料受热时间短，原料的性能未受到破坏，产品质量好。

③ 干燥过程温度低。虽然热空气温度较高，但物料本身温度却较低，对产品的色、香、味及营养成分影响较小。

④ 产品状态好。通过调节雾化器和操作条件，可改变产品的粒度、容量、水分等。产品呈多孔疏松状，其利用性能好。

⑤ 操作控制方便，适于连续化、自动化、大型化生产。

⑥ 由于在密闭系统中进行干燥，不受污染，产品卫生状况好。

6.加压干燥

加压干燥是在能够加热、加压的密闭容器中，放入谷类、半干燥的水果、蔬菜等密封起来，从外部加热，达到一定压力、温度时，打开盖，使之返回大气中，借此来使食品膨胀、干燥。膨化食品便是一例。

7.真空冷冻干燥

水有固态、液态、气态三种相态。根据热力学中的相平衡理论，随压力的降低，水的冰点变化不大，而沸点却越来越低，向冰点靠近。当压力降到一定的真空度时，水的沸点和冰点重合，冰就可以不经液态而直接气化为气体，这一过程称为升华。食品的真空冷冻干燥，就是在水的三相点以下，即在低温低压条件下，使食品中冻结的水分升华而脱去。

物料中所含水分，有两种方式存在：游离水，即机械结合水和物化结合水，它主要以吸附和渗透方式存在于物料表面、孔隙、毛细管之中；结构水，以化学结合形式存在于物品的组织中。真空冷冻干燥主要是升华游离水，而不是结构水。升华游离水，即先是将其迅速冻结成细小的冰晶粒，然后在真空环境中提供升华热，使水分升华，而不经过液态过程。

通常需冷冻干燥的物品先在冻结设备中快速冻结，使物品中的游离水都冻结为细小冰晶粒，然后在真空环境中加热升华。其干燥过程是由周围逐渐向内部中心干燥的，随着干燥层的逐渐增厚，可将其看成是多孔结构，升华热由加热体通过干燥层不断地传给冻结部分，在干燥与冻结交界的升华面上，水分子得到加热后，将脱离升华面，沿着细孔跑到周围环境中，而周围环境中的气压必须低于升华面上的饱和蒸气压力。只有这样才能形成一个水分子向外迁移的动力。这就意味着升华干燥必须在真空环境中进行。另外，物料处于冻结状态，需维持温度低于三相点，而在真空环境下，此温度易于保持。

另外，升华速率与温度、压力及升华活化能有关，若增加升华热的供给，可以提高升华的速度，但这样会使物品的温度超过升华平衡温度，造成其融化，这是不允许的，也是真空冷冻干燥中应避免出现的，它直接关系到冻干产品的质量。

8.微波真空干燥技

微波是一种电磁波，可产生高频电磁场。介质材料由极性分子和非极性分子组成，在电磁场作用下，极性分子从原来的随机分布状态转向依照电场的极性排列取向，在高频电磁场作用下造成分子的运动和相互摩擦，从而产生能量，使得介质温度不断提高。因为电磁场的频率极高，极性分子振动的频率很大，所以产生的热量很高。当微波加热应用于食品工业时，在高频电磁场作用下，食品中的极性分子（水分子）吸收微波能产生热量，使食品迅速加热、干燥。水和一般湿介质在一定的介质分压作用下，对应一定的饱和温度，真空度越大，湿物料所含的水或湿介质对应的饱和温度越低，即沸点温度低，越易汽化逸出而使物料干燥。真空干燥就是根据这一热物理特性，在真空条件下将气相中的低压水蒸气及空气等含量较少的不凝结气体，借真空泵的抽吸而除去。

微波加热则是通过微波能对食品物料的直接相互作用，将表面和内部一起进行整体加热，不需要高温热源，能克服传统的传导式加热法在真空冷冻干燥应用中的缺陷。

微波的加热方式与普通的热传递大不相同。微波能够渗透到物质的深层，使物质的内外同时加热升温。微波真空冷冻干燥技术是微波技术与真空冷冻作用而发热，因此含水量愈高的物质，愈容易吸收微波，发热也愈快；当水分含量降低，其吸收微波的能力也相应降低。

由于微波的选样性加热，含水量较多的部分会吸收较多的微波，保障了物质加热的均匀性，有利于物质的干燥。因此，可将微波真空干燥技术应用于食品加热和脱水蔬菜行业中。非常重要的一点是，用微波加热时，热量是从内向外传递的，水分也是从内向外转移，两者同向，大大提高了食品和蔬菜的干燥速率。相反，以传统的方法进行干燥时，水分是自内向外转移的，而热量都从外向内传递。微波加热均匀，时间短，热效率高，没有环境温升，便于自动控制及连续生产等，同时具有杀菌消毒功效等优点，因而在食品和医药加工等行业有着广阔的应用前景。

第三部分　天然产物生产综合实操技术

模块四　生产综合模块

入门环节　牛磺酸制备工艺

行业分析

1. 牛磺酸性质及应用状况分析；
2. 牛磺酸生产厂家及市场产品规格介绍；
3. 天然产物有效成分提取技术进展；
4. 牛磺酸制备工艺技术特点。

学习目标

能力目标

1. 能根据订单要求完成生产任务；
2. 用相关方法和设备完成牛磺酸制备工艺；
3. 通过整个工艺的实施，加强对工艺设计的能力；
4. 牛磺酸纯度鉴定。

知识目标

1. 牛磺酸性质；
2. 制备工艺技术要点；
3. 工艺的设计方法；
4. 设备使用方法；
5. 纯度检测方法。
6. 整个制备工艺的成本、效率的计算

素质目标

1. 通过真实工作任务，激发学生求知欲；
2. 通过工艺的设计和实施，培育学生创新意识；
3. 拥有成本意识、节约意识；
4. 勤勤恳恳做事、踏踏实实做人职业素质。

学习引导

目标要求

1. 根据牛磺酸性质设计制备工艺方法；

2. 根据提取操作流程，分析影响制备工艺的因素；

3. 牛磺酸制备工艺操作要点；

4. 做好实验操作记录及现象分析；

5. 解决工艺中出现的问题。

做什么?

1. 根据已签订单，完成订单任务；

2. 按照流程，制备牛磺酸。

怎么做?

1. 查阅文献

➢ 了解文哈肉提取物主要成分；

➢ 了解天然产物常规提取方法；

➢ 分析牛磺酸性质，筛选制备方法；

➢ 设计制备路线。

2. 按照设计路线，分工合作

➢ 按照要求准备实验原料；

➢ 检查实验装置，并调试设备；

➢ 按照流程进行有序操作；

➢ 做好实验记录，分析实验现象；

➢ 提取效率检测分析。

3. 实验情况，交流汇报

➢ 实验进展及收获心得制成 PPT，班后总结；

➢ 按照规定格式，将实验操作全程以“word”文档进行工作汇报。

【班前例会】

牛磺酸简介

牛磺酸（taurine）又叫牛胆碱、牛胆素，化学名 2-氨基乙磺酸（2-Amino ethanesulfonic acid），分子结构式 $NH_2CH_2CH_2SO_3H$，是一种含硫的 β-氨基酸，因 1872 年首次从牛胆汁中分离出来而得名。牛磺酸是一种非蛋白质氨基酸，具有多种生理作用：牛磺酸能增加细胞抗氧化、抗自由基损伤及抗病毒侵害的能力，是良好的护肝剂，具有增强视力、促进大脑发育、解除疲劳、提高工作效率、降低胆固醇、抑制胆结石、消炎、镇痛的作用，同时具有一定的抗肿瘤活性。主要作为食品添加剂，如“旺仔”、“红牛”、“娃哈哈”、“聪聪母液”、婴幼儿奶粉等营养食品中均含有牛磺酸，它也用作动物饲料添加剂和药物。

牛磺酸广泛存在于所有动物的组织、细胞内，在哺乳动物组织细胞内，特别是神经、肌肉和腺体中的含量较高，是动物机体内含量最丰富的自由氨基酸；广泛存在于各种鱼类、贝类、乌贼、章鱼、珠母贝等软体动物的肌肉萃取液中，现在有专家通过珍珠中牛磺酸的含量来评价珍珠的药效。

目前，国内外主要依靠化学合成牛磺酸，但存在合成原料毒性大、工艺操作复杂、生产设备投资高、回收困难、环境污染严重等问题。从牛胆汁中提取牛磺酸虽然含量高，但它不是以游离形式存在，得到产物为黑色，需要用大量酸进行酸解，会污染环境。而水产品中的牛磺酸以游离形式存在，且牛磺酸易溶于热水，不溶于无水乙醇，可采用热水提取，离子交换提纯，无水乙醇沉淀得到针状白色结晶物。整套工艺对环境污染小，工艺简单，设备投资少，离子交换树脂可再生，产品纯度高。并可通过利用海洋产品加工的下脚料提取牛磺酸，提高海洋资源利用率，减少环境污染。

近年来，牛磺酸的需求量大幅增加，我国有20000t/年的潜在市场，美国年消费量达6000t以上，日本产量近2000t。目前，欧洲、日本等一些国家的有些配方奶中已经强化了牛磺酸，我国也相应地制定出《食品营养强化剂使用卫生标准》，规定牛磺酸在乳制品、婴幼儿食品及谷类制品中的允许添加量。据此，许多含牛磺酸的营养强化食品纷纷出现，来弥补母乳的不足。同时牛磺酸作为药物的开发前景也非常广阔。目前国际市场上从天然物提取的牛磺酸价格远高于合成品。我国海洋生物资源丰富，从鱼贝类及其下脚料中提取牛磺酸，具有巨大经济效益，所以探讨从海洋生物中提取牛磺酸具有重要意义。

文蛤中牛磺酸含量较高（为2110mg/kg），对文蛤进行一些探讨性研究，对开发新资源，提高海产品的科技含量和经济效益，具有一定实际应用意义，目前未见文蛤中提取牛磺酸的报道。

【任务分解】

牛磺酸生产技术

海洋生物中提取牛磺酸一般要经过原料预处理、提取、纯化三个工艺步骤：

1.原料的预处理

从海洋生物中提取牛磺酸首先要对原料清洗，除去灰尘杂质、并进行细胞破壁。由于组织中的牛磺酸绝大多数存在于细胞内，就要对细胞进行破壁。目前破壁的方法有多种，如机械粉碎、超声破碎等，有的还要辅助使用高温高压、强酸碱和重金属盐，可以使细胞中的蛋白质变性，从而使细胞中的牛磺酸扩散出来。但是重金属盐的加入使体系引入了其它离子，不利于下一步的分离。黄志勇等提出了一套从烤鳗下脚料中提取牛磺酸时，使用组织捣碎机进行匀浆。孙利芹等也使用组织匀浆机进行匀浆的方法。

2.牛磺酸的提取

由于牛磺酸的水溶性好，往往使用水作为提取溶剂，在较高的温度下提取，因此被称为水煮法。为了提高提取效率，往往对样品经过多次提取后合并提取液。李珊等使用水煮法从章鱼中提取牛磺酸，但也有报道使用70%的乙醇溶液进行浸泡提取牛磺酸的情况。钱俊青等在40℃，pH为5.5的条件下，提取珍珠贝母体中的牛磺酸，得到最佳的提取效率。超声波协助提取在天然植物有效成分的提取中得到了广泛的应用，而在处理动物性样品的操作中用得比较少。超声波作用于介质产生的空化效应、热效应和机械作用是超声技术应用于提取的理论依据。微波技术主要是利用其强烈的热效应：细胞内的水吸收微波后产生热量，水气化产生压力使细胞壁破裂，从而使细胞内物质更容易溶出。张娇等研究发现，超声波协助提取可以有效地提高总氨基酸的提取量。改变溶液中的pH值可以使牛磺酸的解离形式发生改变，从而影响到提取效率。黄群等分别使用酸解法和水煮法提取牛磺酸，酸解法比普通的水煮法的提取量要高。还有一些研究在中低压条件下进行提取，也得到满意的效果。2000年，徐洁等使用热水和70%的乙醇溶液沸水浴提取结合磺基水杨酸沉淀法进行牛磺酸提取，重现性好，回收率高。采用盐酸水解法和碱水解两种方法，测定结果不可靠，回收率低。

3.牛磺酸的分离方法

作为一种氨基酸，牛磺酸也具有两性性质，它的离子交换性质受到溶液中pH值、离子强度、温度的强烈影响。

（1）牛磺酸提取液的预处理　使用水作为溶剂得到的提取液经常含有灰尘、大量的无机盐、各种氨基酸及其可溶性蛋白质。为了减小下一步分离的困难，一般要对提取液进行预处理，除去溶液中的蛋白质。因为蛋白质的溶解度在等电点处为最小，在工业上使用的方法是调整溶液的 pH 达到蛋白质的等电点，进行沉淀操作，然后离心分离。在实验室内往往采用添加蛋白沉降剂磺基水杨酸的方法进行蛋白质沉淀。

(2) 牛磺酸与其它氨基酸的分离方法　国内外氨基酸的分离提纯主要是使用离子交换方法。利用氨基酸等电点的不同，改变溶液的 pH，从而改变氨基酸的带电形式，使其在离子交换树脂上的吸附分配能力变化，从而进行氨基酸的分离提纯。李珊等提出使用 Na^+ 型阳离子交换树脂，在 pH 为 4～5 的条件下进行分离，可以得到纯度为 98%的牛磺酸晶体。龚丽芬等使用强酸性阳离子交换树脂，在 pH 为 5 时进行分离，得到 98.6%的牛磺酸样品。

(3) 牛磺酸与无机盐的分离　在使用离子交换树脂进行分离时，为了改变溶液的 pH 和离子强度，需要向溶液中添加一定量的 HCl 和 NaOH。为了除去溶液的无机盐，需要使用离子交换树脂进行分离，这时要选择对牛磺酸不吸附的条件进行操作。刘连庆等使用阳离子交换树脂 001×7 和阴离子交换树脂 D301-SC 分别吸附分离溶液中的 Na^+ 和 SO_3^{2-}，牛磺酸的回收率为 97%，纯度为 99.5%。

订单任务：牛磺酸 25kg，含量（干基）≥98.5%，溶液透光度≥95.0%，硫酸盐（以 SO_4^{2-}）计≤0.014%，铵盐（以 NH_4^+ 计）≤0.02%。质量标准：GB 14759—93。

【边做边学】

文蛤中牛磺酸的制备工艺

1. 材料准备

文蛤；牛磺酸标样，中国医药集团上海化学试剂公司；甲醛，AR；乙酰丙酮，CP，中国医药集团上海化学试剂公司；无水醋酸钠；强酸性阳离子交换树脂；色谱硅胶预制板；电动搅拌机；绞肉机；组织捣碎匀浆机；电热水浴锅；离心机；紫外可见分光光度计。

2. 牛磺酸的制备方法

牛磺酸作为一种容易溶于水的氨基酸，在水产动物组织中以游离态存在，故适合于使用水煮法提取。而且由于牛磺酸绝大部分分布在细胞内，各种组织细胞内外牛磺酸浓度从 100∶1 到 50000∶1，因此在提取前，往往要对贝肉进行粉碎。经过提取后的牛磺酸溶液中含有大量无机盐类、蛋白质和多糖等物质，其中蛋白质和多糖可用沉淀分离法去除，而提取液中的牛磺酸、氨基酸和无机盐类则通过离子交换树脂分离。因此，牛磺酸的提取分离方法主要包括如下几个工艺步骤：

原料预处理→蒸煮→过滤→沉淀酸性和碱性蛋白质→离子交换脱盐→收集牛磺酸组分(测定含量)→浓缩洗脱液→重结晶

3. 操作流程

称取 5.00g 文蛤肉→绞肉机中制成肉糜→组织匀浆机匀浆 1 次（10s，10000r/min）→200 mL 蒸馏水煮沸 10min→90℃水浴 30min→4 层棉纱布过滤→离心→去酸性蛋白质［上清液用 HCl∶H_2O（体积比）＝1∶1 的盐酸溶液调节 pH＝3］→离心→去碱性蛋白质［用 20%（质量分数）的 NaOH 水溶液调节 pH＝10］离心→调节 pH＝5→浓缩至 20mL→上强酸性阳离子交换树脂柱去除其他氨基酸和部分色素→用蒸馏水洗脱→接收 pH＝3～5 的流出液→浓缩至 100mL 待测牛磺酸含量→结晶→纯度鉴定

4. 检测方法

在醋酸钠存在下，牛磺酸与乙酰丙酮和甲醛经加热反应生成 *N*-取代基 2,6-二甲基-3,5-

二乙酰基-1,4-二氢吡啶，显黄色。取样品1mL加2mL显色剂（现配），加蒸馏水至8mL摇匀，100℃水浴保温20min，冷却至室温，在415nm下测定吸光度可确定牛磺酸含量。

5.结晶方法

上柱后的流出液，浓缩至原体积的1/100，加3倍无水乙醇，置冰箱冷藏，析出纯度高的白色针状或粉状的牛磺酸晶体。

6.纯度鉴定

薄层色谱法定性，展开剂为正丁醇：甲酸：水（体积比）＝60：12：8；显色剂为5%的茚三酮乙醇溶液，固定相为硅胶（105℃活化1h）。

7.关键技术

➢ 组织匀浆速度与时间（10s，10000r/min）；
➢ 文蛤肉与蒸馏水的比例为1：50，煮沸时间为10min；
➢ 在进行酸碱蛋白去除前要先用4层纱布进行过滤；
➢ 强酸性阳离子交换树脂的活化方式；
➢ 过柱时的流速与纯度的相关性记录；
➢ 牛磺酸定量测定过程中测定方法的有效性验证；
➢ 结晶工艺工程中的结晶速度及结晶环境选择。

8.记录要点

➢ 煮沸前后的时间；
➢ 溶剂与溶质的比例；
➢ 酸碱性蛋白质沉淀时的pH值；
➢ 纯化过程中所用洗脱剂的体积及流速；
➢ 结晶过程中的结晶速度。

9.教师讲解：如何参考专利技术进行新工艺试验

在准备做一个新工艺研究时，除了在期刊文献数据库中寻找相关文献外，更重要的途径还有到国家专利局网站上搜索相关专利，这样往往可以事半功倍，收到出乎意料的成效。本书就以牛磺酸的制备来介绍如何利用公开专利进行试验。

（1）如何输入检索关键词　同学往往不知道该如何在专利检索软件操作中输入检索关键词，甚至以为只有知道专利的发明人或申请号之类的信息，才可以检索，其实没有这么复杂，当然如果知道则检索得更快捷、准确。不知道该如何操作呢？请看如图4-1所示。

不知道详细信息，可以在摘要中输入排名在前的关键词，对于我们今天的试验全称应该为“文蛤中牛磺酸制备工艺”，核心的关键词应该是“牛磺酸”、“文蛤”及“提取”，所以先在摘要中输入“牛磺酸”。如果有很多专利技术，可以同时将关键词牛磺酸、文蛤、提取一并输入，如不多就分别单独输入，扩大检索范围。当然还可以通过限定专利类型，如发明专利、实用新型专利及外观设计专利，很明显我们的检索范围应该在发明专利范围内。如不限定范围，则检索结果如图4-2。

共有443条发明专利，1条实用新型专利，一般每页显示20条，共23页，若有时间可以一页页看，但比较耗时，再限定。可以缩小检索范围，牛磺酸关键词放在名称栏输入，进行检索。

67条发明专利、1条实用新型、10条外观设计，4页，可以逐页查找，当然还可以缩小范围（图4-3）。

http://search.sipo.gov.cn/sipo/zljs/

专利检索 PATENT SEARC

概况 | 新闻动态 | 法律法规 | 国际合作 | 专利管理 | 信息化工作 | 政务公示 | 政策理论 | 宣传

中国专利检索　高级检索

关键字：

检索项目：申请（专利）号　检索

申请（专利）号
申请日
公开（公告）号
公开（公告）日
申请（专利权）人
发明（设计）人
名称
摘要
主分类号

中国集成电路

请选择

国外及港澳

请选择

专题数据库检索

请选择

中文信息查询　代理机构查询　法律状态查询

您现在的位置：首页 > 专利检索

专利检索

☐ 发明专利　☐ 实用新型专利　☐ 外观设计专利

申请（专利）号：		名　　称：	
摘　　要：	牛磺酸	申　请　日：	
公开（公告）日：		公开（公告）号：	
分　类　号：		主　分　类　号：	
申请(专利权)人：		发明（设计）人：	
地　　址：		国　际　公　布：	
颁　证　日：		专利　代理　机构：	
代　理　人：		优　先　权：	

检索　清除

图 4-1　专利检索

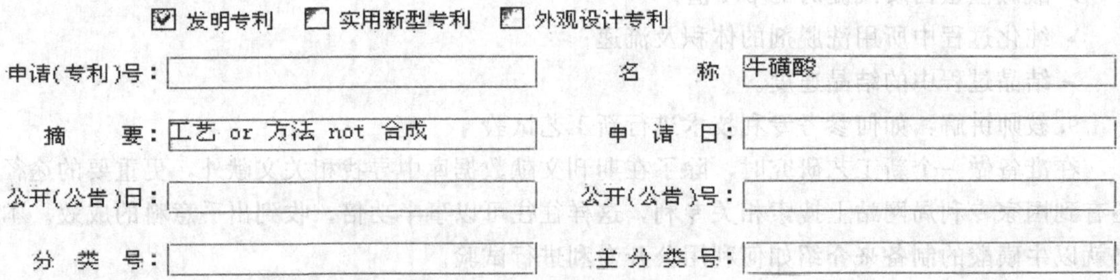

☑ 发明专利　☐ 实用新型专利　☐ 外观设计专利

申请(专利)号：		名　　称	牛磺酸
摘　　要：	工艺 or 方法 not 合成	申　请　日：	
公开(公告)日：		公开(公告)号：	
分　类　号：		主　分　类　号：	

图 4-2　检索结果

最后通过检索发现有几条专利比较接近（图 4-4）。

(2) 如何利用专利文献　下面以"一种从牡蛎中提取天然牛磺酸的方法"进行介绍：

① 重点看其提供的实例，一般实例 1 比较详细。

一种从牡蛎中提取天然牛磺酸的方法，包括下述步骤。

a. 制备浆液　称取 2500g 的牡蛎肉，把牡蛎肉放入搅拌器，加入 25000g 的双蒸水，搅拌成为匀浆液；

b. 超声波-酶解破碎　把匀浆液的 pH 值调至 7.5，匀浆液的温度控制在 50℃，在匀浆液中加入胰蛋白酶，加到胰蛋白酶的浓度为 0.6%时止，然后用功率为 70W 的超声波处理匀浆液，处理时间为 20min，得到破碎液。超声波的物理能理作用，能使细胞膜破碎，同时超声波也能增强水溶液中酶的活性，经过这样处理使牡蛎肉的细胞膜在短时间内得到充分破碎，从而使牛磺酸从细胞内充分释放出来。

c. 灭酶过滤　把破碎液的温度提高到 95℃，保持 10min 后，用 40 目的过滤器进行过

发明专利 (67)条　▪ 实用新型专利 (1)条　▪ 外观设计专利 (10)条

序号	申请号	专利名称
1	02141724.5	从硫酸钠中提取牛磺酸的方法
2	01118714.X	牛磺酸锌的制备方法及其用途
3	01145726.0	一种含有牛磺酸的食用组合物
4	95191745.5	用于清洁剂组合物的牛磺酸衍生物
5	00106577.7	牛磺酸制备抗缺血大脑和脑外伤药物
6	98813502.7	用于眼科疾病治疗的牛磺酸衍生物
7	01109816.3	天然牛磺酸生产工艺
8	00103545.2	胆红素二牛磺酸钠及其胆红素衍生物作为制备抗艾滋病毒药物的用途
9	00110600.7	牛磺酸合锌的生产工艺

图 4-3　缩小范围的检索结果

1	02141724.5	从硫酸钠中提取牛磺酸的方法
2	01109816.3	天然牛磺酸生产工艺
3	02113031.0	节水型高收率硫酸法制牛磺酸新工艺
4	200810064118.5	一种用富钒食物和牛磺酸制造营养品的制备方法
5	200410053497.X	离子膜法牛磺酸制备工艺
6	200510053281.8	高含量牛磺酸螺旋藻及其生产方法
7	200410002364.X	含有牛磺酸的螺旋藻及其生产方法
8	200610006591.9	利用膜分离技术从章鱼下脚料中提取天然牛磺酸的方法
9	200410027304.3	一种富含海洋天然牛磺酸的保健型味精及其制备方法
10	200410063078.4	水产品下脚料中牛磺酸的提取及牛磺酸螯合物的制备
11	200510020812.3	牛磺酸注射剂及制备方法
12	200480039961.8	用于水处理的牛磺酸改性丙烯酸基均聚物
13	200710066707.2	一种从牡蛎中提取天然牛磺酸的方法
14	200710041060.8	一种表面固定牛磺酸配基的多孔膜材料、制备方法及其在血脂吸附分离中的应用
15	200710123318.9	一种牛磺酸眼用即型凝胶
16	200610088853.0	N-(α-芳氧基)酰基牛磺酸盐表面活性剂及其制备方法和用途
17	200810023887.0	一种牛磺酸的制备方法
18	200810052896.2	用于治疗犬类肝炎的复方牛磺酸可溶性粉及其制备方法
19	200810047902.5	微波与高效沸腾联用干燥灭菌生产牛磺酸的加工工艺
20	200780013191.3	牛磺酸转运蛋白基因

⏮首页　◀上一页　▶下一页　⏭尾页　页次：1/1　共有20条记录　转到

图 4-4　接近的专利

滤，滤渣和液体分离，得到滤液；滤渣中再加入双蒸水浸提，然后重复灭酶过滤过程，得到滤液和滤渣，得到的滤渣再重复一次，合并所有的滤液。

d. 浓缩　把滤液置于旋转蒸发器上减压浓缩，得到浓缩液。

e. 二级分离　在浓缩液中加入5%的三氯乙酸，浓缩液与三氯乙酸的质量比为5∶1，在

8000r/min下进行第一次离心分离，得到第一上清液，然后在第一上清液中加入6%的CTAB，第一上清液与CTAB的质量比为1∶1，在8000r/min下进行第二次离心分离，得到第二上清液；经过二级分离能除去蛋白质和糖等物质。

f.活性炭处理　把第二上清液经过浓度为0.1%的活性炭过滤，得到除去色素和杂质的第二上清液。

g.树脂吸附纯化　用离子交换吸附法吸附和纯化除去色素和杂质的第二上清液，用蒸馏水洗脱，把氨基酸和牛磺酸分离开来，得到牛磺酸溶液。

h.沉淀　在所述的牛磺酸溶液中加入无水乙醇，使乙醇最终浓度为60%，得到牛磺酸沉淀物。

i.结晶和干燥　将所述的牛磺酸沉淀物进行结晶和干燥处理，得到高纯度天然牛磺酸的白色结晶体18.99g，纯度为98.6%。

从上述试验步骤来看：

步骤a、b一般没有什么问题，可以完全采纳，但在实际操作时需要考虑是否一定要添加胰蛋白酶（要考虑添加酶的作用是什么、酶的活性多少、等级如何等问题），如果试验室没有或试验结果发现添加效果不显著，可以不添加。

步骤c环节，要与提取牛磺酸的产品用途结合在一起，如需要纯度高，可以采用，如仅需要文蛤内部提取物，不要这样操作，因为高温过后，文蛤内部其他有效成分功效变化较大，影响产品质量，这时应该了解文蛤体内成分情况。

步骤d、e主要目的是为了除去蛋白质与糖类物质，可以考虑我们已经学过的方法，如先冷冻高速离心，再利用膜系统来过滤与浓缩达到专利中的目的。

步骤f可以采纳，也可以考虑用脱色树脂或与g步骤联合，选择一种比较恰当的阳离子树脂就可以达到相同目的。

步骤h环节最好不要用无水乙醇，因为只要达到牛磺酸沉淀的乙醇浓度就可以，如95%乙醇调节达到终醇浓度为60%就行。所以g环节的分离液需要用纳滤膜浓缩。

步骤i环节可以将沉淀物低温静置于冰箱，过夜后取出进行冻干操作。

因此，最后文蛤中牛磺酸的制备工艺流程可以作如下调整：

文蛤原料预处理→制得文蛤肉50g→制成肉糜→500mL蒸馏水中组织匀浆（10s，10000r/min)→超声波酶解提取（pH7.5，胰蛋白酶终浓度0.6%，50℃）30min→抽滤（40目滤布)→微滤（根据杂质成分分子量)→超滤（根据杂质成分分子量)→脱色→阳离子树脂分离→用蒸馏水洗脱→接收pH＝3～5的流出液→纳滤浓缩→乙醇沉淀→低温结晶→冷冻干燥→含量检测→纯度鉴定。

10.文献推荐

[1] 龚丽芬，黄慰生，谢晓兰等.文蛤中牛磺酸的提取.精细化工，2003，20（7）：393-395.

[2] 中国期刊全文数据库，以关键词检索“牛磺酸”及“纯化”，寻找文献.

[3] 在百度或谷歌中搜索“牛磺酸提取”，查看相关文献.

[4] 国家专利局检索网站 http：//www.sipo.gov.cn/sipo2008/zljs/进行专利检索，名称栏中输入“牛磺酸”，摘要中输入“工艺”等检索词。

【班后总结】

课程博客上回顾与总结

老师在课后要及时对这次综合生产工艺学习情况进行总结，如学生学习热水提取牛磺酸技术、树脂的分离纯化技术、牛磺酸的检测技术的总体情况，有哪些值得表扬，哪些需要改进，同时附上同学们在操作过程中的情景照片，并加以评注；再次针对综合生产工艺过程提出一两个问题要求学生进行讨论或回答；最后学生在留言板上写下自己的心得体会，以及对教师还有什么要求，同时讨论或回答教师留下的问题，畅所欲言。

学生上这次课的情况一般是这样：

➢ 在综合生产工艺中，文献资料的使用尤其重要，学生在文献资料的查找利用上不能明确查找目标，带有盲目性去查找；

➢ 在牛磺酸提取过程中，酸碱度的控制不够准确，从而导致提取率有所降低；

➢ 在利用树脂进行分离时，对树脂的使用掌握还不够到位，如何时该收集需要的样品，何时该调换洗脱溶液；

➢ 在检测时，控制不好显色反应的影响因素条件，导致分光光度检测不稳定；

➢ 由于在操作过程中，失误及损失等原因，导致最后结晶后含量偏低等问题。

问题讨论：

➢ 不同来源或品种的文蛤，其牛磺酸含量差异如何？

➢ 如何确定文蛤样品粉碎程度适宜提取？

➢ 选择不同 pH 值来制备牛磺酸，效果会怎样？

➢ 在确定适宜的分离制备牛磺酸树脂时，主要看树脂的哪几个因素？

➢ 如何将实验室的制备装置与企业生产相衔接？

学生博客上留言特点：

➢ 开始出现透过试验现象描述试验本质的言语，如哪些因素可能会导致制备的牛磺酸性质产生变化等；

➢ 明白一个试验需要大家的齐心协力，团队精神是重要的等；

➢ 临时 copy 别的同学留言的现象基本消失了，大家开始“有话可说”了；

➢ 也有部分同学开始想自己将来如何利用家乡的特产来综合利用，创新创业了。

【工作汇报】

轮值组长书面汇报单元任务完成情况

减轻学生压力，多点动手操作时间，每次当班任务完成以后，只需每组的轮值组长以书面形式，对当班任务完成情况进行汇报。本单元任务书面汇报内容包括如下部分：

✓ 文蛤及其他海洋生物中牛磺酸提取技术简介；

✓ 溶剂提取方法的特点及应用范围；

✓ 结合课程博客，叙述同学们上课的实际情况及需要改进的地方。

【视野拓展】

海洋天然产物的开发和应用

地球表面近 3/4 的面积被海洋覆盖着，庞大的水域中生长着多种多样的、大量的生物，其中很多生物在陆地上没有类似的物种，这就使得海洋成为为人类提供天然产物的巨大宝库。相对于陆生生物物种天然产物开发利用的程度而言，海洋生物资源的开发利用程度还是相当低的。近年来，随着水下探测技术的提高和设备的改进，人们对海洋生物资源开发的可能性和重视程度日益提高。

现在海洋天然产物的研究内容大致可以归纳为三个方面：海洋小分子次生代谢产物及其生物药物；海洋毒素和海洋化学生态学，从海洋生物中开发出来的天然产物，主要用作药物、食品、保健药品和化妆品，以及用于其它生物医学研究。为了更合理、有序地开发利用海洋资源，公平地与资源国家分享利益和承担由于过度开发所带来的风险，1992 年在联合国召开的生物多样性大会上，制定了相关的条例。这些条例促进了各方的合作，提高了海洋生物开发的社会效益和经济效益。

1. 海洋活性成分的研究

(1) 海洋天然产物研究的主要对象　在海洋天然产物中开发研究的主要对象是海绵、珊瑚、海鞘类动物、苔藓以及软体动物，所有这些生物都具有柔软的身体，并且是附生附着在岩石之类的表面上的，或是行动缓慢的。另外，它们中的大多数都有颜色鲜亮的外表，对于那些掠食者极具有诱惑力。因此，这些生物需要有效的自我保护方法，这也就是它们能产生特殊化学物质的原因之一。也有人认为，这样的生物没有发达的细胞免疫系统，取而代之的是发达的化学免疫系统，正是这种化学免疫系统提供了一个潜在的有用化合物的巨大资源。对海洋生物研究的另一个思路是观察和分析生物物种间复杂的关系，如什么样的植物或动物不会被别的动物吃掉，找出物种特性间的差异，从而寻找出哪一个物种种群在哪一方面是最好的，利用这种特性能得到什么样最好的结果，再重新选择与这些物种相关的生物，以代替原先的物种在生物的化学分类与生物分类之间建立的这种联系，就产生了海洋生物研究中的一个被称为化学分类法的学科。美国国家癌症学研究所（NCI）利用这种方法已经取得了巨大成功，发现海绵与苔藓能够生产出非常高比率的抗癌提取物相对于苔藓，海绵更受研究者的喜爱，因为它们种类更多，更容易采集并能生产更多种类的化学物质。

(2) 海洋天然活性成分的结构优化　从海洋生物中发现的大量活性天然成分，有的可以直接进入新药的研究开发，但有的活性成分存在着活性较低或毒性较大等问题。因此，需要将这些活性成分作为先导化合物进一步进行结构优化，如结构修饰和结构改造，以期获得活性更高、毒性更小的新的化学成分。

(3) 解决药源问题　不少海洋天然活性成分含量低，原料采集困难，限制了该化合物进行临床研究和产业化。寻找经济的、人工的、对环境无破坏的药源已成为海洋药物开发的紧迫课题。采用化学合成的方法进行化合物的全合成是解决药源问题的一个重要手段，已有不少海洋活性天然产物实现了全合成，如草苔虫内酯 1 和海鞘素 B 均已成功地进行了全合成。由于不少成分结构非常复杂，要进行全合成，难度大、成本高，不易形成产业化。采用人工养殖或模拟天然条件进行室内繁殖研究，美国斯坦福大学已成功进行了草苔虫实验室繁殖研究。运用组织细胞培养和功能基因科隆表达也是解决药源问题的一个新的发展方向，许多科学家正在进行这方面的有益的探索和深入研究，这些生物技术的应用必将为生物资源开发展现广阔的前景。

2. 发掘新的海洋生物资源

海洋生物资源是一个十分巨大的有待深入开发的生物资源，环境的多样性决定了生物的多样性，同时也决定了化合物的多样性。发掘新的海洋生物资源已成为海洋药物研究的一个重要发展趋势。

(1) 海洋微生物资源　海洋微生物种类高达 100 万种以上，其次生代谢产物的多样性也是陆生微生物无法比拟的。但能人工培养的海洋微生物只有几千种，不到总数的 1%；目前为止，以分离代谢产物为目的而被分离培养的海洋微生物就更少。由于微生物可以经发酵工程大量获得发酵产物，药源得到保障。此外，海洋共生微生物有可能是其宿主中天然活性物质的真正产生者，具有重要的研究价值。

(2) 海洋罕见的生物资源　生长在深海、极地以及人迹罕至的海岛上的海洋动植物，含有某些特殊的化学成分和功能基因。在水深6000m以下的海底，曾发现具有特殊的生理功能的大型海洋蠕虫。在水温90℃的海水中仍有细菌存活，对这些生物的研究将成为一个新的方向。

(3) 海洋生物基因资源　海洋生物活性代谢产物是由单个基因或基因组编码、调控和表达获得的。获得这些基因预示可获得这些化合物。开展海洋药用基因资源的研究对研究开发新的海洋药物将有着十分重大的意义。海洋动植物基因资源：活性物质的功能基因，如活性肽、活性蛋白等。海洋微生物基因资源：海洋环境微生物基因及海洋共生微生物基因。

(4) 已经了解的海洋天然产物资源新的发掘　海洋天然产物历经数十年的研究，已经积累了相当丰富的研究资料，为海洋药物的开发提供了科学依据。对已获得的上万种海洋天然产物进行多靶点和新模型的筛选，发现新的活性；对已获得的海洋天然产物进行结构修饰或结构改造；采用组合化学或生物合成技术，衍生更多新的化合物，从中筛选出新的活性成分。

3.积极开展海洋化学生态学研究

海洋化学生态学是结合海洋天然产物化学和生态学方法，探讨海洋生物化学防御机制，追踪活性天然产物的生物源头及其生态学作用，揭示海洋生态系统的化学本质。研究海洋生态环境中活性化学物质在生物间的信息传递方式、化学防御机制、生物间的相互关系以及食物链关系等，从生态的宏观角度探讨生物活性物质的作用机制。

4.海洋药物和功能食品开发

目前，在海洋药物的开发研究领域走在前列的是美国、日本等科技发达国家。在我国，对海洋药物的研究尚是一个方兴未艾的领域。仅以科研经费的投入便可看出美国等发达国家对海洋药物研究的重视：近年来，美国健康研究院（NIH）的海洋药物资金增长幅度已达11%以上，与合成药、植物药基本持平。日本海洋生物技术研究院及日本海洋科学和技术中心每年用于海洋药物开发研究的经费约为1亿多美元。海洋药物的研究和开发已向产业化发展，世界海洋生物总产值1969年为130亿美元，1982年为3400亿美元，1992年为6700亿美元，2000年约达1.5万亿美元。

我国的海洋天然产物研究起始于20世纪70年代，至今已有30多年的历史。曾陇梅等学者对我国南海的珊瑚类动物进行了较系统的化学成分研究，1985年发现具有双十四元环的新型四萜。90年代以后，海洋天然产物的研究获得了迅猛发展，对我国海洋中的海绵、珊瑚、棘皮类动物、草苔虫、海藻及海洋微生物进行了广泛的研究。迄今已研究的海洋生物估计约有500种，申请获得的发明专利约50余件，并有多种海洋药物获得新药证书或进入临床研究。海洋天然产物、海洋多糖、海洋微生物和海洋生物技术的研究成为我国海洋药物研究的四大热点。随着海洋药物的快速发展，许多省市和的重点院校均成立了相应的海洋药物研究机构和学术团体，每年均召开各种类型的海洋药物学术研讨会。国家自然科学基金、国家“863”高技术研究发展基金以及各省市的重点基金都逐年加大了对海洋药物的资助。有的院校建立了海洋药物专业，培养海洋药物的专业人才。现已在全国逐步形成了一个集教学、科研、生产为一体的较系统的海洋药物发展体系，这使得这类研究在我国的药学研究和生物技术研究领域占有越来越显著的地位。

据不完全统计，我国目前已有6种海洋药物获国家批准上市：藻酸双酯钠、甘糖酯、河豚毒素、角鲨烯、多烯康、烟酸甘露醇等；另有10种获健字号的海洋保健品。我国正在开发的抗肿瘤海洋药物有6-硫酸软骨素、海洋宝胶囊、脱溴海兔毒素、海鞘素A（B、C）、扭曲肉芝酯、刺参多糖钾注射液和膜海鞘素等药物，但其长期疗效还有待于进一步观察评价。此外，尚有多个拟申报一类新药的产品进入临床研究，如新型抗艾滋病海洋药物、抗心脑血管疾病药物，国家二类新药治疗肾衰药物等。目前，海洋药物研究的9个重点领域如下。

(1) 海洋抗癌药物研究　海洋抗癌药物研究在海洋药物研究中一直起着主导作用，科学家预言，最有前途的抗癌药物将来自海洋。现已发现海洋生物提取物中至少有10%具有抗肿瘤活性。

(2) 海洋心脑血管药物研究　目前已研究出多种药物可有效预防和治疗心脑血管疾病，如高度不饱和脂肪酸，具有抑制血栓形成和扩张血管的作用，现已有多种制剂用于临床。50多种海洋生物毒素，不仅有强心作用，而且有很强的降压作用，对河豚毒素的抗心律失常作用目前研究较多。

(3) 海洋抗菌、抗病毒药物研究　与海洋动植物共生的微生物是一种丰富的抗菌资源，日本学者发现约27%的海洋微生物具有抗菌活性。

(4) 海洋消化系统药物研究　如多棘海盘车中分离的海星皂苷及罗氏海盘车中提取的总皂苷均能治疗胃溃疡，后者对胃溃疡的愈合作用强于甲氰咪胍（壳聚糖的羧甲基衍生物），商品名为“胃可安”胶囊，治疗胃溃疡疗效确切，治愈率高，已进入临床研究。

(5) 海洋消炎镇痛药物研究　从海洋天然产物中分离的最引人注目的活性成分是manoalide，它是磷酸酯酶 A_2 抑制剂，在20世纪80年代中期它已被作为一个典型的抗炎剂在临床试用。

(6) 海洋泌尿系统药物研究　褐藻多糖硫酸酯是一种水溶性多糖聚，具有抗凝血、降血脂、防血栓、改善微循环、解毒、抑制白细胞及抗肿瘤等作用，临床用于治疗心脏、肾血管病，特别对改善肾功能，提高肾脏对肌酐的清除率尤为明显，在国内外首先用于治疗慢性肾衰，挽救尿毒症患者有明显疗效，且无毒副作用。

(7) 海洋免疫调节作用药物研究　海洋天然产物是免疫调节剂的重要来源。具有免疫调节活性的角叉藻聚糖，是来自大型海藻的硫酸化多糖的一大类成分，被广泛用于肾移植的免疫抑制剂和细胞应答的修饰剂。

(8) 其它海洋药物研究　其它如神经系统药物、抗过敏药物等研究亦取得较大成果。海洋是新种属微生物的生存繁衍地，从众多的新种属微生物中，可以培养出一系列高效的抗菌药物。海洋毒素是海洋生物研究进展最为迅速的领域，多数海洋毒素具有独特的化学结构。

(9) 海洋功能食品的研究开发　功能食品被誉为“21世纪食品”，代表了当代食品发展的新潮流。功能食品的生理调节功能是因为它含有各种各样的生理活性物质，这种生物活性物质是陆生生物不可比拟的。如何利用海洋生物中的活性成分进行深加工，制成风味独特和保健功效显著的海洋功能食品，是当前的一个重要开发研究领域。其中包括牛磺酸、鱼油不饱和脂肪酸和磷脂、甲壳素和壳聚糖、活性多糖、维生素、膳食纤维、矿物元素等。

提高环节　茶黄素的制备工艺

行业分析

1. 茶黄素性质及应用状况分析；
2. 茶黄素生产厂家及市场产品规格介绍；
3. 茶黄素制备工艺技术的进展；

4. 茶黄素制备技术特点。

学习目标

能力目标

1. 能根据订单要求分解生产任务；
2. 用相关方法和设备实现茶黄素制备工艺；
3. 检测茶黄素含量；
4. 计算成本。

知识目标

1. 茶黄素性质；
2. 茶黄素制备技术要点；
3. 设备操作使用方法；
4. 含量高效液相检测方法。
5. 成本预算及制备结束后基本计算

素质目标

1. 通过真实工作任务，激发学生求知欲；
2. 通过茶黄素制备工艺方法设计，培育学生创新意识；
3. 拥有成本意识、节约意识；
4. 勤勤恳恳做事、踏踏实实做人职业素质。

学习引导

目标要求

1. 根据茶黄素性质设计制备工艺；
2. 根据工艺操作流程，分析影响工艺因素；
3. 茶黄素制备工艺操作要点；
4. 做好实验操作记录及现象分析。

做什么?

1. 根据已签订单，分解操作流程；
2. 按照流程，完成茶黄素制备工艺。

怎么做?

1. 查阅文献

➢ 了解茶发酵液主要成分；
➢ 了解天然产物常规提取方法；
➢ 分析茶黄素性质，筛选茶黄素经典制备方法；
➢ 设计制备路线。

2. 按照设计路线，分工合作

➢ 按照要求准备实验原料；
➢ 检查实验装置，并调试设备；
➢ 按照流程进行有序操作；
➢ 做好实验记录，分析实验现象；

➢ 产品检测分析。

➢ 成本计算

3. 实验情况，交流汇报

➢ 实验进展及收获心得制成 PPT，班后总结；

➢ 按照规定格式，将实验操作全程以“word”文档进行工作汇报。

【班前例会】

天然色素概况

天然色素是由天然资源获得的食用色素。主要是从动物和植物组织及微生物（培养）中提取的色素，其中植物性色素占多数。天然色素不仅具有给食品着色的作用，而且，相当部分天然色素具有生理活性。

由于来源广泛、成分复杂，天然色素种类繁多。按提取方法，天然色素可分为四大类：动植物体经榨汁或溶剂抽提而成的液态或固态色素；有色动植体干燥、磨碎而得到的粉状色素；经微生物发酵，代谢产物分离成液体或进一步加工固体粉末的色素；以天然产物为原料，经酶作用而制得的色素。另外，天然色素也可以按其结构和来源进行分类。

1. 天然色素分类

天然色素按原料来源不同可分为植物色素、动物色素、微生物色素和矿物色素。我国在天然色素方面的研究和应用中最多的是植物天然色素。矿物色素大都对人体有害，现在已经不再用于食品的着色。

（1）动物来源色素　胭脂虫红、紫胶红、藻青素、鱼鳞箔、苏木藻色素、虾壳色素、龙虾红色素、蟹壳色素、藻蓝色素、念珠藻蓝色色素、紫菜色素。

（2）植物来源色素

① 类胡萝卜素类　番茄色素（番茄红素)、天然胡萝卜素、混合类胡萝卜素、玉米黄、胭脂树橙色素、藏红花色素、栀子黄色素、栀子绿色素、辣椒红色素、甜椒红色素、辣椒橙色素、南瓜黄色素、沙棘黄、密蒙黄色素、柑橘皮黄色素、苜蓿色素、万寿菊色素、柑橘黄、枸杞色素、银杏黄色素、苦瓜色素、蒲公英色素。

② 类黄酮化合物类　牵牛花色素、紫苏色素、紫玉米色素、葡萄皮色素、葡萄汁色素、葡萄皮紫色素、甘草色素、乌拉尔甘草色素、高粱色素、菊花黄色素、红花红色素、红花素、红花黄色素、红花黄、草莓色素、黑莓果天然黑红色素、红球甘蓝色素、紫甘蓝色素、接骨木色素、萝卜红、越橘红、黑米色素、黑糯米黑色素、黑豆红、黑芝麻色素、黑向日葵籽壳色素、蜀葵花红色素、玫瑰色素、苦水玫瑰色素、玫瑰茄红、紫叶小檗红色素、紫叶小檗叶片红色素、构树果色素、柚皮色素、杨梅色素、天然苋菜红色素、凌霄花红色素、赤豆批色素、赤豆皮褐色素、洋葱色素、洋葱表皮色素、橡子壳棕、绒花红色素、一串红花色素、月季花红色素、黑加仑色素、紫菜薹色素、桑椹红色素、槐豆胚芽色素、花生衣色素、核桃色素、美洲山核桃色素、紫青芋色素、紫山药色素、红米红、苏木色素、牛油树果色素、蓝锭果红、罗望子色素、薯莨色素、大理花黄色素、紫荆花红色素、红肉李色素、板栗壳色素、乌饭树果色素、女贞果皮天然紫红色素、地念果红色素、火棘果色素、樱桃色素、雪峰红樱红色素、火炬树色素、紫甘薯红色素、芸豆色素、灵芝色素、桃金娘色素、勾儿茶果色素、河东乌麦色素、紫红薯色素、大花葵色素、紫苕色素、野牡丹色素、杜鹃花色素、山兰红色素、笃斯色素、柚皮苷。

③ 多酚类化合物　茶黄色素、多穗柯棕、儿茶黑色素、金樱子棕。

④ 醌类化合物　茜草红色素、紫草红、紫草色素、紫蓝红色素、紫草素、虎杖色素、凤仙花红色素、决明子红色素。

⑤ 叶绿素类　叶绿酸、叶绿素、叶绿素、叶绿素铜络盐、叶绿素铜、叶绿素铜钠、叶绿酸铁钠盐、叶绿素锌钠、茶绿树、绿茶粉、竹叶色素、菠菜色素、草莓绿色素。

⑥ 生物碱类化合物　甜菜红、商陆色素、落葵红。

⑦ 二酮类化合物　姜黄色素、黄油树脂（姜黄浸提精油）、姜黄。

⑧ 吲哚类化合物　酸枣色素、酸枣皮色素、枣红色素、大枣红色素、长叶牛膝色素。

⑨ 胡萝卜素化合物　α-胡萝卜素、β-胡萝卜素、β-阿朴-8-胡萝卜素醛、β-阿朴-8-胡萝卜酸乙酯、叶黄素、叶黄素单胭脂树素酯、叶黄素双胭脂树素酯、胭脂树素、斑蝥黄、藏红花酸、辣椒红素、虾青素、消旋虾青素、紫杉紫素。

⑩ 其它植物来源色素　焦糖色素、乌贼色素、植物炭黑、可可炭黑、植物油烟炭黑、汤饭子色素、稻绿核菌绿色素、石榴色素、萝卜缨绿色素、红豆皮色素、小豆红色素、苹果皮色素、紫叶变叶木红色素、香蕉果皮色素、紫竹梅色素、海州常山色素、樟树叶棕黑色色素、菠萝色素、楮果色素、中草药咖啡色素、栗子皮色素、三叶海棠色素、蕹文莱色素、马蹄皮色素、荷兰菊色素、苔色素、地衣赤染料萃取物、翠雀灵、米团花色素、三棱柱蜜果天然色素、仙人掌色素、龙眼核棕色素、向日葵花色素、一品红红色素、菊苣色素。

（3）微生物发酵色素　红曲色素、红曲黄色素、红曲米、栀子蓝色素、栀子红色素、可可色素、法夫酵母色素、竹黄色素。

（4）矿物色素　略。

2.我国允许使用的天然色素

茶黄色素、茶绿色素、多穗柯粽、柑橘黄、黑豆红、黑加仑红、红花黄、红米红、红曲米、红曲红、花生衣红、姜黄、姜黄素、焦糖色素、金樱子棕、菊花黄浸膏、可可壳色、辣椒橙、辣椒红、蓝锭果红、萝卜红、落葵红、玫瑰茄红、密蒙黄、葡萄皮红、桑椹红、沙棘黄、酸枣色素、天然苋菜红、橡子壳棕、胭脂虫红、胭脂树橙、叶黄素、叶绿素铜钠盐、叶绿素铜钾盐、玉米黄、越橘红、藻蓝、栀子黄、栀子蓝、植物炭黑、紫草红、紫胶红等。

3.天然色素特性

（1）优点

① 天然色素大多数来自动物、植物组织，因此，一般来说对人安全性较高。

② 有的天然色素本身是一种营养素，具有营养效果，有些还具有一定的药理作用。

③ 能更好地模仿天然物的颜色，着色时的色调比较自然。

（2）局限性　溶解后的各种天然色素有以下局限。

① 溶解度小，不易着色均匀。

② 色素浓度一般较小，染着性较差，某些天然食用色素甚至与食品原料发生化学反应而变色。

③ 坚牢度较差，受 pH 值、氧化、光照、温度等影响较大。

④ 因为从天然物中提取出来的，故有时受其共存成分的影响或自身就有异味。

⑤ 较难于调色。不同的着色剂相溶性差，很难调配出任意的色调。

⑥ 易受金属离子和水质影响。食用天然色素易在金属离子催化作用下发生分解、变色或形成不溶的盐。

⑦ 成分复杂，使用不当易产生沉淀、混浊，而且纯品成本较高。

⑧ 产品差异较大，天然着色剂基本上都是多种成分的混合物，而且同一着色剂由于来源不同，加工方法不同，所含成分也有差别。如从蔬菜中提取和从蚕沙中提取的叶绿素，用分光光度计进行测定，会发现两者最大吸收峰不同，这样就造成了配色时色调的差异。

⑨ 天然色素性质不如合成色素稳定，使用中要加入保护剂，这对色素的使用产生一些不良影响。

⑩ 在大多数情况下，天然色素的成本远远高于合成色素的成本。

(3) 植物色素的特性 绝大多数植物色素无副作用，安全性高。植物色素大多为花青素类、类胡萝卜素类、黄酮类化合物，是一类生物活性物质，是植物药和保健食品中的功能性有效成分。鉴于植物色素作为着色用添加剂而应用于食品、药品及化妆品中，用量达不到医疗及保健品的量效比例。在保健食品应用中，这一类植物色素可分别发挥增强人体免疫机能、抗氧化、降低血脂等辅助作用；在普通食品中有的可以发挥营养强化的辅助作用及抗氧化作用。

植物色素的着色色调比较自然，既可增加色调，又与天然色泽相近，是一种自然的美。植物色素在植物体中含量较少，分离纯化较为困难，其中有的共存物存在时还可能产生异味，因此生产成本较合成色素高。

大部分植物色素对光、热、氧、微生物和金属离子及值变化敏感，稳定性较差；使用中一部分植物色素须添加氧化剂、稳定剂方可提高商品的使用周期。

大部分植物色素染着力较差，染着不易均匀，不具有合成色素的鲜丽明亮。

植物色素种类繁多，性质复杂，就一种植物色素而言，应用时专用性较强，应用范围有一定的局限性。

(4) 几种常用天然色素的性状

① 番茄红素是脂溶性色素，呈红色，不溶于水等强极性溶剂，易溶于乙醚、丙酮、二硫化碳等弱极性或非极性有机溶剂。

② 胡萝卜色素是从红心萝卜中提取的，为紫红色粉末，溶于水。

③ 姜黄色素是多年生草本植物姜黄的块茎中含有的黄色色素，为橙黄色粉末。姜黄色素是一种植物多酚，包括 3 种化合物：姜黄素、脱甲氧基姜黄素和双脱甲氧基姜黄素。姜黄色素不溶于冷水，溶于乙醇、丙二醇、冰醋酸和碱性溶液；遇铁离子易变色，对光、热稳定性较差。着色力较好，尤其对蛋白质着色力较强。

④ 虾青素属于类胡萝卜素，是甲壳类动物体（如虾、蟹和三文鱼）的主要色素，为褐红棕色粉末，熔点 224℃，不溶于水，溶于乙醇、丙二醇等大多数有机溶剂，很容易被光、酶、热和氧化物破坏。

⑤ 红花黄色素由菊科红花属植物红花中提取而成，为黄色粉末，能溶于水、乙醇和丙二醇，不溶于油脂。

⑥ 叶黄素是由万寿菊中提取的类胡萝卜素的衍生物，为深棕色膏状树脂，含量高时呈橘黄色结晶或粉末，易溶于乙醇、丙酮，不溶于水。

⑦ 辣椒红色素是从红辣椒中提取的一种天然色素，属于类胡萝卜素，为橙红色粉末或膏状，辣椒红色素不溶于水，溶于乙醇、油脂及有机溶剂。辣椒红色素耐热、耐光，不受环境 pH 值及金属离子影响。

⑧ 栀子黄色素是从茜草科植物栀子的深黄色果实中提取的一种天然水溶性食用黄色素，它是自然界中目前发现的唯一一种水溶性胡萝卜素，着色力强、稳定性好，且原材料来源较

广，是近几年来重点发展的一类天然色素。

4. 天然色素应用

(1) 食品的着色法

① 基料着色法：将色素溶解后，加入到所需着色的软态或液态食品中，搅拌均匀。

② 表面着色法：将色素溶解后，用涂刷方法使食品着色。

③ 浸渍着色法：色素溶解后，将食品浸渍到该溶液中进行着色（有时需加热）。

在天然色素的开发与应用方面，日本居于世界前列，早在1975年天然色素的使用量就已超过合成色素。目前日本的天然色素市场已超过2亿日元的规模，而合成色素仅占市场的1/10，约20亿日元。至1995年5月，日本批准使用的天然色素已达97种。日本市场上年需求量在200t以上的是焦糖色素、胭脂树橙色素、红曲色素、栀子黄色素、辣椒红色素和姜黄色素等6种天然色素产品，其中焦糖色素的需求量最大，每年消费量达2000t，约占天然色素消费总量的40%。

我国天然食用色素产品中次焦糖色素的产量最大，年产量约占天然食用色素的86%，主要用于国内酿造行业和饮料工业。其次是红曲红、高粱红、栀子黄、萝卜红、叶绿素铜钠盐、胡萝卜素、可可壳色、姜黄等，主要用于配制酒、糖果、熟肉制品、果冻、冰淇淋、人造蟹肉等食品。由于天然食用色素的价格还较高和受目前生活水平所限，其在国内食品制造业中的应用量还较少。随着我国人民生活水平的进一步提高，回归大自然、食用全天然原料的产品必将成为今后食品消费的主流，国内食品制造业对天然食用色素的需求将不断增长，同时也将开辟天然色素在医药、日化等方面更广阔的应用领域。

(2) 天然色素的使用方法　称取所需的粉状色素于容器中，加入少量温水（35～50℃）调浆，然后加入剩余水（常温）调成所要色泽浓度。建议使用前将溶液过滤，防止不溶物在食品上留下色斑、色点。溶液宜现用现配，若储存应避免阳光直射。容器质地为搪瓷、玻璃、不锈钢。溶解水最好为蒸馏水，其它水质应做小试测试水质是否合适。

天然色素在食品中的适用范围和用量应符合国家GB 2760《食品添加剂使用卫生标准》，在化妆品及医药等其它方面的使用参考有关规定。因干品色素易吸潮，导致质量降低，使用剩余的干品应保持密封贮存。

(3) 天然色素在应用方面应注意的问题

① 需要着色的食品系统的性质；

② 若食品系统为两相或多相系统（如水油两相），就需要弄清楚是哪一相需要着色；

③ 生产食品时所应用的加工方法；

④ 食品所用的包装；

⑤ 包装食品的储存条件；

⑥ 天然色素本身的性质。

(4) 天然色素使用的原则　国际上对天然色素的管理并不很严格，在色素的使用上，只要记着三项原则即可畅行无阻，这三项原则为：

① 选用国际所广泛认可的天然色素；

② 对各国所认定可以进行调色的食品进行调色；

③ 对食品进行调色时所添加的色素量应低于最高含量的管制。例如甜菜根抽出物在瑞典是允许使用的天然色素，但是却仅允许使用于特殊食品中，如糖果、面粉、糕饼及食用糖衣中，其使用量也有所限制，在食用糖衣中的用量不得超过20mg/kg（以甜菜红计）。

(5) 其它应用　天然色素除在食品行业广泛使用外，在纺织、服装、家纺行业也被广泛作为天然染料使用，但不是所有色素都可以作为染料。纺织品需要洗涤，在摩擦牢度、皂洗牢度、日晒牢度上有更多的要求。但从天然植物中提取色素作为染料是顺应时代潮流的，受到广泛的关注和使用。

5. 天然色素现状及前景

经过多年的发展，目前食用天然色素的开发、生产、使用和管理等方面逐步规范。卫生和质量管理更加严格，而且新产品的审批程序要求更高，如对原料来源、加工中所用添加剂的品种，产品灰分、溶剂残留、重金属残留、菌落总数、致病菌、毒理学实验及安全性级别、稳定性实验、产品使用方法及范围等方面均有严格的要求。

随着人们生活水平的提高，在食品的选择上，更注重安全、健康甚至有保健功能的产品，鉴于此，食品加工企业在食品生产中着色剂的选择，将趋向于具有着色功能，而且还有营养和保健功效的天然色素，淘汰大部分有毒的化学合成色素成为一种趋势，赋予食品许多新功能的天然色素将具有广阔的市场前景。

天然色素安全性相对较高，具有天然、健康、营养和生理活性效应，随着生产技术的提高，天然色素的各项使用性能已经达到了合成色素的相当水平，但多数单一的天然色素是原料型的着色剂，不适合直接加到食品中着色，应用方面需要与其它色调的天然色素进行复配方可达到理想的效果，实际生产中还要注意需着色食品系统的性质。

天然食用色素有不少品种兼有营养和药理作用。随着食品添加剂向多功能化发展，多功能天然食用色素的研究日趋活跃。在多功能食用色素中，营养型天然食用色素备受关注，如β-胡萝卜素具有一定的抗癌作用；又如叶绿素铜钠盐有止血消炎的作用，我国已把它应用到牙膏中，深受消费者欢迎。随着功能性食品添加剂市场的扩大，天然色素将以保健品形式出现，而不再局限于着色剂。

天然色素本身的稳定性和溶解性差异非常大。天然色素的稳定性和色彩主要受配方中添加成分的影响，添加成分对成品的使用特性也有影响。色素配方的发展主要集中在以下三个方面。

① 使用乳化剂、抗氧化剂和稳定剂，使脂溶性的色素在水相中均匀分布。

② 利用生育酚和棕榈酸盐等抗氧化剂的增效作用提高色素对氧化的稳定性。

③ 提高色素在软饮料和果冻中的酸稳定性和透明度。果冻、糖果和某些饮料要求色素色泽稳定、透明。我们需要进一步提高辣椒红、紫草红色素等的乳化性、稳定性，以便可以用于软饮料、糖果和乳制品。

随着食品生产工艺的革新、品种的扩大和产品质量的提升，同时由于国家相关食品安全制度的建立，现今使用单一的色素已不能满足对各种食品着色的要求。如对方便面的着色就需要对其颜色、色调、亮度以及稳定性综合来考虑，单独使用栀子黄色素不能满足上述要求，这就需要开发有针对性的方便面专用色素，从而满足其要求。各种食品专用色素综合考虑了食品生产的工艺条件、颜色要求及保质期，使生产更加方便，是天然色素发展的另一方向。

【任务分解】

茶黄素的制备技术

茶色素属水溶性色素，分为茶黄素、茶红素和茶褐素三类。自 Roberts E. A. H.（1957年）发现茶黄素以来，茶黄素一直是茶叶研究的热点。在茶叶中，茶黄素是由成对的儿茶素等经氧化结合而形成。B环上具有三个连位羟基的儿茶素，它们间氧化后易聚合形成二苯基型二聚物，但B环上有2个邻位羟基与B环上有3个连位羟基的儿茶素共同存在时，氧化后B环之间易聚合形成二羟基苯骈卓酚酮结构。茶黄素分子中的苯骈卓酚酮基是重要的生色团。茶黄素的水溶液呈橙色亮黄，提纯后成结晶状粉末，色泽金黄。在水中重结晶得到橙黄色针状晶体，熔点237～240℃（分解）。易溶于热水、醋酸乙酯、正丁醇、异丁基甲酮、甲醇，难溶于乙醚，不溶于三氯甲烷和苯。水溶液呈弱酸性，pH约5.7，颜色不受茶汤提取液的pH影响，但在碱性溶液中有自动氧化的倾向，且随pH的增加而加强。在茶叶中茶黄素含量一般为0.3%～1.5%，高可达2.0%以上，它是红茶茶汤的主要黄色色素，滋味颇辛辣，具有强烈的收敛性。

通过分光光度法分析，茶黄素在380nm和460nm波长处有吸收峰；茶红素在360～380nm处有吸收峰；而高聚物茶褐素则只随波长缩短而增大了吸收，未出现吸收高峰。另外，茶黄素和茶红素溶于正丁醇，而茶褐素则不溶于正丁醇。

茶黄素有12种组分，其中茶黄素（TF），茶黄素-3-没食子酸酯（TF-3-G），茶黄素-3,3′-双没食子酸酯（TFDG）和茶黄素-3′-没食子酸酯（TF-3′-G），是4种最主要的茶黄素。

1.茶黄素的提纯方法

20世纪五六十年代，最早曾用硅胶纤维色谱和纸色谱对红茶多酚物质进行分离纯化获得茶黄素没食子酸酯纯品。1968年，开始采用Sephadex LH-20柱色谱方法提纯茶黄素，用丙酮梯度洗脱，可分离出3个峰，达到分离纯化效果。但由于Sephadex LH-20柱色谱成本高，分离时间长，并且多次使用时会造成不可逆吸附，分离效果变差。2000年，用高速逆流色谱法分离茶黄素，得到茶黄素的4种主要成分。

茶黄素的分离提取方法，一般采用热水提取，乙酸乙酯转溶，然后用Sephadex LH-20柱色谱分离，茶黄素异构体再辅以制备性纸色谱分离，分离物可再利用Sephadex LH-20柱色谱分离纯化，或者用高速逆流色谱法分离纯化。提纯茶黄素前，常用Collier法和Ullah法等来得到茶黄素的粗提物。

Collier法的工艺为：将红茶用热水浸提后过滤、浓缩、冷冻干燥，再用甲醇的水溶液溶解，用三氯甲烷萃取；水相减压浓缩，用乙酸乙酯反复萃取，萃取液用$MgSO_4$脱水即可。

Ullah法的工艺过程为：将红碎茶经沸水浸提，过滤，滤液减压浓缩，用三氯甲烷萃取，再用NaH_2PO_4和乙酸乙酯混合萃取多次，乙酸乙酯层经减压浓缩干燥即可。

凝胶柱和硅胶柱结合起来分离茶黄素工艺过程为：将茶黄素粗提物过Sephadex LH-20柱，用丙酮洗脱，分部收集，再减压馏去丙酮，然后用乙酸乙酯萃取，用$MgSO_4$干燥后减压蒸馏至干，得明亮鲜红色固体物，最后经pH 7硅胶色谱分离即可。

高速逆流色谱分离茶黄素工艺流程为：首先将固定相（上相）用泵以10mL/min的流速灌满色谱分离柱，然后将柱的首端与六通进样阀相接，开启速度控制器，使高速逆流色谱仪按顺时针方向旋转，当转速达到800r/min时，开始以一定的流速泵入流动相（下相），并通过六通进样阀进样，待流动相开始流出色谱柱时，即可调节自动部分收集器收集，样品分离结束后，在380nm波长下测定各试管中溶液的吸光度，将不同的成分分别收集、浓缩、冷冻干燥。

高速逆流色谱与Sephadex LH-20结合分离茶黄素工艺流程为：首先选用正己烷、甲醇、乙酸乙酯和水，按照一定的比例混合作为溶剂系统，取适量茶色素溶解，注入进样环，进行逆流色谱分离，等有色物质开始流出后，进行分部收集，至流出液在 380 nm 下的吸光值在 0.08 以下时停止收集，测定分部收集的溶液在 380nm 下的吸光值，以吸光值为纵坐标、洗脱体积为横坐标，绘制出色谱图。根据色谱图的色谱峰，合并相应的收集液，在 50℃下减压浓缩至黏稠状，95%乙醇转溶，70℃真空干燥得茶黄素的粗提物，利用 Sephadex LH-20 凝胶柱分离，用 45%丙酮洗脱，流速 0.4mL/min，收集主峰，50～60℃下减压浓缩至黏稠状，95%乙醇转溶，70℃真空干燥即可得到纯茶黄素。

表 4-1 为几种茶黄素的提纯方法比较。

表 4-1 茶黄素的提纯方法比较

提纯方法	优　点	缺　点	产　物
Collier 法	工艺技术比较简单	有机溶剂用量较多	茶黄素粗提物
Ullah 法	简单,1 次萃取,分离效果较好		茶黄素粗提物
柱色谱法	1 次色谱,提纯效果较好		茶黄素,纯度较高
凝胶柱和硅胶柱结合法	提纯效果好	操作较复杂,经过 2 次柱色谱	多个茶黄素,纯度较高
高速逆流色谱法	提纯效果好,可实现连续分离,样品回收率高	溶剂系统不易选择	多个茶黄素,纯度高
高速逆流色谱与 Sephadex LH-20 结合法	提纯效果好,所得样品的纯度高、量大	工艺比较复杂	多个茶黄素,纯度很高

2.影响茶黄素提纯革新工艺

在茶黄素的提纯过程中，有些处理工艺会对其提纯的量和提纯方法造成较大的影响。研究表明，冰冻处理的工夫红茶茶黄素（TFS）含量增加 25.8%，萎凋叶的冰冻处理可以提高红茶的品质与水浸出物的泡出速率。研究茶多酚双液相氧化制取茶色素工艺发现，放大实验较优化实验茶色素中茶黄素（TFs）含量更高，反应液中 TFs 萃取效率以第 1 次最高，其它各次效率依次降低。对茶色素进行 Tris-HCl（pH8～10）洗涤，其洗涤效率也以第 1 次最高，TFs 含量随洗涤次数增多呈现递增趋势。体外模拟氧化（包括酶促氧化和化学氧化），过去一直作为儿茶素氧化机理及红茶发酵理论研究简单而有效的方法，将其用来制取茶色素，并获得较好的效果。进一步研究表明，茶多酚体外模拟酶促氧化和化学氧化制取茶色素，亦取得了较好的效果。把体外氧化制取茶色素与红茶中提取的茶色素比较发现，茶色素中 TFs 的含量前者明显高于后者。

生产订单：茶黄素 500kg。产品规格：茶黄素（TFs）＞40%，水分＜3%，灰分＜2%，国标检测。价格：800 元/kg。

【边做边学】

从茶多酚发酵液中制备茶黄素

1.材料准备

茶多酚（含量＞95%），茶鲜叶，新鲜梨汁，茶黄素复合对照品，蒸馏水；组织捣碎机，发酵罐，离心机，抽滤系统，旋转蒸发仪，真空干燥箱，高效液相色谱仪，色谱柱（4.0×100cm），AB-8 树脂，核酸蛋白分析仪，天平，漏斗，滤纸，滤布，烧杯，量筒，玻棒等。

2.操作流程

（1）原料处理　采摘新鲜茶叶（1 芽 2～3 叶）1000g，阴凉干燥处摊放 12h，－18℃以下冰柜冷冻 6h，取出冰冻茶鲜叶，组织捣碎机粉碎匀浆，添加新鲜梨汁至 2000mL，柠檬酸调 pH 值至 4.7；称取茶多酚 40g，加入乙酸乙酯溶解至 1000mL。

(2) 发酵处理　将上述两部分液体迅速混匀，加入发酵罐中，温度控制在25℃，pH 4.7条件下，通入空气流量为0.6L/min，高速搅拌，发酵时间60min。

(3) 茶黄素萃取　发酵结束后，停止通入空气。移出乙酸乙酯相，水相迅速升温至80℃，保持30min，抽滤得滤液，滤渣加入2000mL沸水超声波（80℃）水浴浸提15min，抽滤，合并滤液，70℃真空浓缩至原体积的1/3。

(4) 茶黄素纯化　乙酸乙酯相低温真空浓缩，挥发出去乙酸乙酯，加入70%乙醇溶解浓缩液，再继续70℃真空浓缩，浓缩液真空干燥（冻干或高温真空干燥）；

水相浓缩液，AB-8树脂分离，先用2床层体积蒸馏水除去多糖及杂物；再用25%乙醇2床层体积洗脱收集第一馏分；最后用70%乙醇1.5床层体积洗脱收集第二馏分。

(5) 干燥与检测　馏分70℃真空浓缩，浓缩液真空干燥，干燥样品HPLC检测。

3.关键技术

➢ 鲜茶叶采摘一般最好为1芽2～3叶，不仅氧化酶体系活性强，而且自身也具备较丰富的儿茶素种类；

➢ 茶叶萎凋摊放时机恰当，冷冻与组织捣碎充分，主要为了获得较好活性的酶，还有茶叶自身水分也有所丢失；

➢ 梨汁的制备中，采用纵切方式，要捣碎充分，匀质并冷冻离心，离心上清液最好先用现制，短时间可以低温贮藏备用；

➢ 调pH值时可以适当高点，如4.8，因为与乙酸乙酯混合时，会有部分水进入乙酸乙酯相，影响体系pH值；

➢ 发酵过程中要不停搅动，通入空气，确保发酵充分，儿茶素转化率提高，非茶黄素物质生成较少；

➢ 停止发酵，移出酯相后，可以利用微波加热钝化酶的活性，还可以此来提取茶黄素，离心后二次提取茶黄素，若超声波不易加热，也可以用微波沸水提取；

➢ 乙酸乙酯相茶黄素的制备，要低温挥发酯相，还要最大量减少溶剂残留，可以利用乙醇顶替法置换乙酸乙酯，减少其残留；

➢ 水相浓缩的温度，浓缩程度要考虑后来的大孔树脂分离条件，洗脱乙醇浓度及收集馏分的时间段，要根据上样量、上样浓度、树脂分离效果来适当微调；

➢ 样品干燥，可以考虑用高温真空干燥，也可以考虑用冷冻干燥，比较二者有无区别；

➢ 最后的样品含量检测，配制浓度不能太低，否则检测准确度下降；

➢ 发酵系统的操作、核酸蛋白分析仪的操作。

4.记录要点

➢ 材料用量及计算方法；

➢ 发酵参数、发酵时间；

➢ 树脂分离参数，馏分收集情况；

➢ 干燥条件，检测含量。

5.教师讲解：影响儿茶素转化为茶黄素的因素

茶黄素的独特生理活性使其生产和研究受到国内外的广泛关注，随着人们对茶黄素结构和性质的认识越来越深入，制取茶黄素的方法研究也取得了很大的进展，但由于红茶茶汤中茶黄素含量很低（0.2%～2.0%），使茶黄素的利用受到很大限制，因此，人们不断探索新的茶黄素制备途径，而儿茶素体外模拟氧化，被作为一条研究茶黄素形成机理及提高其制率行之有效的方法。在茶黄素形成过程中，儿茶素经酶性或非酶性氧化形成邻醌，形成邻醌后的转化属非酶性反应，大部分茶黄素形成需要儿茶素与没食子儿茶素配对（茶黄酸类、茶黄陪灵类、茶典烷酸类除外），只有当儿茶素邻醌与没食子儿茶素邻醌共存时，才能配对进行苯骈环化反应而形成茶黄素类物质。在反应过程中产物受多种因素影响，现介绍氧化途径、底物的组成与含量、反应所选择的酶、系统 pH 值、反应温度、溶氧浓度这几个方面对茶黄素合成的影响。

（1）不同氧化途径对茶黄素的含量和组成的影响　儿茶素的体外模拟氧化按催化剂的不同可分为酶促氧化和化学氧化两种。从茶黄素制取（备）率来看，研究发现化学氧化（$K_3Fe(CN)_6$-$NaHCO_3$）所得茶色素制品中茶黄素（TFs）与茶红素（TRs）含量丰富，TFs 含量占色素总量的 26.2%～30.4%，TRs 占 24.6%～26.4%。当等体积的茶多酚溶液（浓度为 1.0%～2.0%）与 $K_3Fe(CN)_6$ 溶液按溶质质量比 2∶3，在 pH 为 7～8，温度在 25℃条件下反应 15min 后，调节 pH 到 1～4 以终止反应，然后用乙酸乙酯萃取两次，后经减压浓缩，真空干燥，可得到含 40%以上茶黄素的茶色素类产品。

从各种氧化方法对茶黄素的组成来看，以茶多酚为原料进行酶促氧化、碱性化学氧化和酸性化学氧化发现：PPO 酶促氧化速度较慢，最终颜色较浅；碱性氧化速度较快，产品颜色较红；酸性氧化反应速度最快，颜色最深。三种氧化条件均产生茶黄素，碱性条件下 TF 最多，酯型茶黄素较少；酸性氧化生成的 TF-3-G 较多，TF 较少；酶促氧化各种茶黄素的组分介于碱性氧化和酸性氧化之间。

以大叶儿茶素为原料发现，酶促氧化较化学氧化形成的茶黄素含量要高，酶促氧化有利于形成更多的 TF-3-G 和 TF，而化学氧化有利于形成更多的 TF-3′-G 和 TFDG。不论是酶促氧化还是化学氧化，氧化的主体是 EGC 和 EGCG，大部分 EC 也被氧化，在酶促氧化中，大部分的 ECG 被氧化，但在化学氧化中大部分的 D，L-C 被氧化。

（2）底物的组成对茶黄素产物的影响　从底物的组成来看，在酶促氧化中，大量的研究都集中在 L-EGC 和 L-EC 两种氧化还原电位相差较大的底物上，L-EC 的氧化还原电位过高（化学氧化电位 D-C＞L-EC＞L-ECG＞D-GC＞L-ECGC＞L-EGC），它氧化形成的醌容易作为电子供体氧化茶黄素，而 L-EGC 氧化还原电位低，不能提供电子，多形成多聚体。所以，L-EGC 的儿茶素组成对 TF 的形成有利，而 L-EC 则对 TF 生成不利。

在模拟发酵系统中，单纯的表茶黄酸不能直接转化为 TR，若在其中加入 L-EC 则会使表茶黄酸迅速反应生成 TR。用体外模拟发酵体系研究发现四种主要茶黄素均非茶叶多酚氧化酶的底物，而 L-EC 或 L-EC 与茶黄素的混合物则可以作为茶叶多酚氧化酶的底物。茶黄素是被 L-EC 醌偶联氧化降解，并推测红茶制造中茶红素由此途径形成。L-EC 是合成茶黄素（如 TF、TF-3-G、TF4）的底物之一，它的含量对茶黄素的含量和组成有一定影响。从底物对茶黄素的影响我们不难看出，选择合适的原料是提高产品得率的基础。

（3）底物的浓度对茶黄素产物的影响　从一般反应平衡的角度来看，在底物浓度较高时，产品制率亦高。酶促氧化中，由于茶多酚是酶的变性剂与沉淀剂，高浓度底物必然会对酶活性产生抑制作用。在茶叶体外模拟发酵试验中，研究发现单一或组合的酯型儿茶素（EGCG 和 ECG）浓度超过 110mol/L 时，能抑制 PPO 活性，而非脂型儿茶素（EC 与 EGC）不影响 PPO 活性。若将 EC、EGC、EGCG 和 ECG 组成混合系统，每种儿茶素浓度均为 55mol/L，儿茶素总含量则为 220mol/L，在进行液态发酵时，不但对 PPO 活性无抑制作用，而且还提高了茶色素的形成量。不过，茶多酚的组分要比上述 4 种儿茶素混合系统复杂得多，它对 PPO 活性影响也要复杂得多。国内外学者在研究体外模拟发酵形成茶黄素时大多采用 1%的茶多酚浓度，但采用过 2%的浓度，效果都不错。在双液相体系中随茶多酚浓度的增加，TFs 与 TRs 的形成也逐渐增加，低浓度时 TFs 与 TRs 增加较快，高浓度时增加缓慢，并且茶多酚浓度达 25mg/mL 时 TRs 呈现出下降趋势；TFs/TRs 随茶多酚浓度增加而逐渐降低。

(4) 酶促氧化反应中酶对茶黄素合成的影响　从 TF 的降解和转化来看，采用模拟发酵系统研究表明：提纯的 PPO 在有氧条件下对 TFs 没有作用，它主要催化儿茶素氧化聚合生成 TFs 和相对简单的二聚体；POD 不仅能催化儿茶素形成 TFs 和二聚体，还能催化 TFs 转化为 TRs，甚至产生更为复杂的高聚物。由于 TFs 和 TRs 来自相同底物，故对底物具有竞争性，POD 的作用无疑削弱了 PPO 催化儿茶素形成 TFs 的作用。在模拟研究还发现酯型茶黄素（TFG 和 TFDG）可水解产生没食子酸，此过程与 POD 无关。供氧时水解作用被加强，可能是非酶促作用或存在着第二种氧化酶的催化作用所致。用纯化的 POD 与纯化的茶黄素单没食子酸酯进行体外模拟氧化研究，结果显示：在 POD 作用下 TFG 一方面通过 POD 氧化聚合生成 TR，另一方面水解产生 GA，而且还可发生苯骈卓酚酮环核的裂解作用，形成 3,4-二羟苯甲酸、咖啡酸和邻苯二酚等裂解产物。

茶鲜叶中存在多种 PPO 同工酶，可催化不同特异性底物形成不同的氧化产物。研究发现，NaDDC 可与 Cu^{2+} 生成螯合物，从而对铜酶 PPO 产生非竞争性抑制，对 PPO 活性可产生明显的抑制作用，导致 TFs 总量相应减少。通过添加 NaDDC 可以促进某些氧化酶活性，可能引起 EGCG 等儿茶素的氧化消耗及 TF-3,3′-DG 和 TRs 等氧化产物的形成。

(5) 反应环境 pH 值对茶黄素含量和组成的影响　体系 pH 值可以通过对酶活性和底物及产物的稳定性来影响茶黄素合成。在红茶发酵初期，茶汁 pH 值为 5.6 左右，在 PPO 作用的较适范围内，随着发酵过程的继续，环境进一步酸化，达到了 POD 作用的范围，而抑制了 PPO 酶的活性，茶黄素的合成受阻。碱性条件下，简单儿茶素邻醌发生自身聚合而非与没食子儿茶素邻醌发生聚合，茶黄素类的生成量极少。恒定 pH 条件下，发酵后期 TFs 含量下降，并且在低 pH 条件下 TFs 降幅减小，因 pH 值的改变不仅影响酶的活力，还对底物、产物产生了影响，降低发酵体系 pH 可改变儿茶素的氧化还原电位，使没食子儿茶素氧化速率下降，简单儿茶素氧化速率则基本保持不变，从而增加了 TFs 的形成量；在 pH 降至 4.0 的发酵体系中，TFs 形成量大幅度增加，因此他推测茶黄素在此条件下的积累是通过减缓其非酶促氧化消耗的结果。

在化学氧化中，pH 值影响方式发生改变，在碱性条件下，儿茶素 B 环上的 OH 易裸露，更易氧化生成邻醌。并且 pH 值影响化学反应中的离子强度，改变了整个氧化还原体系的电位，从而影响化学平衡建立所需的时间。茶多酚双液相酸性氧化 pH 值在 2.0～5.5 的范围内均可有利于 TFs 的形成与积累。当 pH 值上升到 5.5 时，积累减少加快，达到碱性条件时 TFs 的积累很少。但茶多酚双液相酸性氧化 TF-3-G 形成与积累较多。

(6) 反应体系温度的控制　温度不仅影响酶的活性，也影响反应系统的供氧状态，从而影响酶促反应中茶黄素类的形成。此外，最佳温度范围还与反应系统中其它因素有关，不同的氧气供应条件，形成茶黄素的最佳温度不一样，通氧发酵的最适温度为 30℃，空气发酵为 20℃。温度较高，酶活性大大增强，反应体系中对氧的需求也大大增加。在一般反应条件下，温度偏高易造成供氧不足，使发酵不均匀，不利于茶黄素形成，发酵温度稍低，酶促反应的氧气充足供应，反而利于茶黄素积累。

在化学平衡中，适当的高温有利于化学反应的进行，从而缩短建立化学平衡所需的反应时间。温度对茶黄素和茶红素影响不相同的，随温度（20～40℃）的升高 TRs 逐渐增加，即高温有利于 TRs 的形成；但 TFs 在高温与低温时均有较高值，所以，低温有利于获得较高的 TFs/TRs。茶色素得率也随体系温度的变化而改变，高温大于低温。从茶黄素类单体生成量来看温度则主要是影响 TF1、TF3、TF4 的形成。在实际生产应用中，控制温度的成本直接关系最终产品的成本，因此筛选对温度适应性较大且活性较高的发酵酶类，对茶黄素的生物发酵将具有很大的吸引力。

(7) 反应体系中氧的浓度控制　在酶促氧化中，反应的进行需空气中的氧，因此提高反应液中的氧气浓度有利于茶黄素的形成与积累，缺氧则会影响 EC 和 ECG 的氧化，使之不能与 ECG 和 EGCG 邻醌配对进行缩合骈环反应，茶黄素的合成受阻，EGC 和 EGCG 快速氧化形成的邻醌，则聚合成茶红素等大分子化合物。当氧浓度低时，发酵一开始就有茶红素形成，而随着氧分压提高才出现茶黄素。并且当反应体系的供氧量为 26%（体积分数）时，各儿茶素从发酵的开始就比较均匀地氧化，茶黄素的形成量呈直线增长，此外提高氧分压还可以降低反应的最适温度，有利于茶黄素的积累。为了增大茶色素形成反应中的溶解氧浓度，可以采用双液相体系，试验表明：在茶多酚酶促氧化条件下，双液相中溶氧量比单液相增大 2.2 倍，PPO 的稳定性也增强，活性提高了 209%。而化学氧化中，由于氧化剂的存在，无须氧气的参与，从而使得茶黄素的生成与减少都比较均匀。

目前，我们已经鉴别的茶黄素有 18 种，体外模拟氧化不但可以作为儿茶素氧化机理及红茶发酵理论研究简单而有效的方法，也为我们获取高产量、高品质的茶色素产品提供了一条捷径，我们在这条道路上已经做了一些探索，但是，茶黄素的体外氧化制备还存在许多急需解决的问题，如：酶源的缺乏，酶制剂的稳定性和活性不高，化学氧化剂选择单一，且具有毒性，反应选择性不高，副产物多，反应系统的可控制性差等一系列问题。因此如何真正做到在“模拟发酵”的基础上“改良发酵”，还有待广大科技工作者对茶黄素的合成机理和工艺做出更系统、更细致、更深入的研究和探讨。

6. 文献推荐

[1] 赵剑，周睿，陈虎等. 茶黄素的功效. 上海：上海科技教育出版社，2007.
[2] 谷记平. 茶黄素酶促氧化制备技术的研究：[学位论文]. 长沙：湖南农业大学，2004.
[3] 陈晓敏. 茶黄素固定化酶生物合成及其稳定性研究：[学位论文]. 杭州：浙江大学，2007.
[4] 中国期刊全文数据库，以关键词检索“茶黄素”及“制备”，寻找文献。
[5] 在百度或谷歌中搜索“酶促氧化制备茶黄素”，查看相关文献。

【班后总结】

课程博客上回顾与总结

老师在课后要及时对这次单元学习情况进行总结，如学生学习如何利用酶促发酵技术生产茶黄素，如何通过发酵条件的控制实现儿茶素尽可能地向茶黄素转化，采用 AB-8 树脂分离茶黄素的洗脱条件如何调整，如何在核酸蛋白分析仪工作站上确定馏分收集，如何在保证茶黄素质量的前提下规划真空干燥条件及样品的液相检测技术的总体情况，有哪些值得表扬，哪些需要改进，同时附上同学们在操作过程中的情景照片，并加上评注；再次针对综合实操过程提出几个问题要求学生进行讨论或回答；最后学生在留言板上写下自己的心得体会，以及对教师还有什么要求，同时讨论或回答教师留下的问题，畅所欲言。

学生上这次课的情况一般是这样：

➢ 由于学生对发酵技术掌握得不够，导致不知该如何控制发酵条件；

➢ 整个综合实操时间跨度有1周左右，同学们衔接不好，往往产品生产重复性较差；
➢ 同学们在实操过程中遇到异常问题不知道该如何应对；
➢ 整个操作过程知识面较广，学生掌握良莠不齐，实训场面较混乱。

问题讨论：

➢ 如何通过调整发酵条件，促进茶黄素的转化，为什么？
➢ 如何减少茶黄素样品中溶剂残留？
➢ 如何将实验室的制备茶黄素装置与企业生产相衔接？

学生博客上留言特点：

➢ 留言内容丰富，除了试验心得体会外，还有如何对周边资源如何利用的设想；
➢ 同学间问题也较多，主要集中在发酵方面，也有天然色素的制备与运用；
➢ 同学还是不知该如何利用现有文献对试验的条件进行优化。

【工作汇报】

轮值组长书面汇报单元任务完成情况

为了尽早实现向企业情景过度，每次当班任务完成以后，每组的轮值组长以书面形式，对当班任务完成情况进行汇报，同时需要制作课件介绍交流，时间不少于15min。本单元任务书面汇报内容包括如下部分：

✓ 天然色素利用状况；
✓ 茶黄素生产技术；
✓ 结合课程博客，叙述同学们上课的实际情况及需要改进的地方；
✓ 若要完成订单任务，还需要对生产技术进行哪些改进等。

【视野拓展】

固体发酵技术

固体发酵技术发展已久，应用广泛，在古代中国就已经被应用在制曲酿酒、腌制食品、肥料堆积等方面。受科技发展的限制，在过去的很长一段时间内，固体发酵技术都停留在一个比较原始落后的状态，甚至在现代的工业生产上仍然沿用这样的发酵技术。不过在最近10几年，关于固体发酵技术的研究和应用得到了迅速发展。在20世纪90年代就有有关固体发酵技术近1000篇的研究论文和许多著作出版。在21世纪初，固体发酵技术的相关研究论文数量增加更多。固体发酵技术被Pandey A分为两种：固体发酵（solid state fermentation）和固体基质发酵（solid substrate fermentation）。其优势有以下几点：首先，固体发酵使用的培养条件相对粗放，而且培养基只需要比较简单的前期处理；其次，工业生产的资金投入比较小，尤其在工业生产前期投入少，利于规模化生产；另外，固体发酵的产品性能较好，而且工业生产时环境污染比较小，更有利于生物循环。

1. 固态发酵的内涵

一般发酵工艺过程按照培养基物理性状不同，将发酵方式分为两大类：固态发酵和液态发酵。液态发酵主要有表面发酵和深层发酵，而一切使用不溶性固体基质来培养微生物的工艺过程，称之为固体基质发酵（solid substrates fermentation）。按照这样的理解，既包括将固体悬浮在液体中的深层发酵，也包括在没有（或几乎没有）游离水的湿固体材料上培养微生物的工艺过程。而对于固态发酵来讲，是指没有或几乎没有自由水存在下，在有一定湿度的水不溶性固态基质中，用一种或多种微生物的一个生物反应过程。

由于人们对于固态发酵传统的认识是从固体基质开始，它既是微生物生长代谢的碳源能源，又是微生物生长的微环境，上述对于固态发酵的定义难以反映出固态发酵的科学内涵。从生物反应过程的本质考虑，固态发酵是以气相为连续相的生物反应过程，与此相反，液态发酵是以液相为连续相的生物反应过程（图 4-5）。

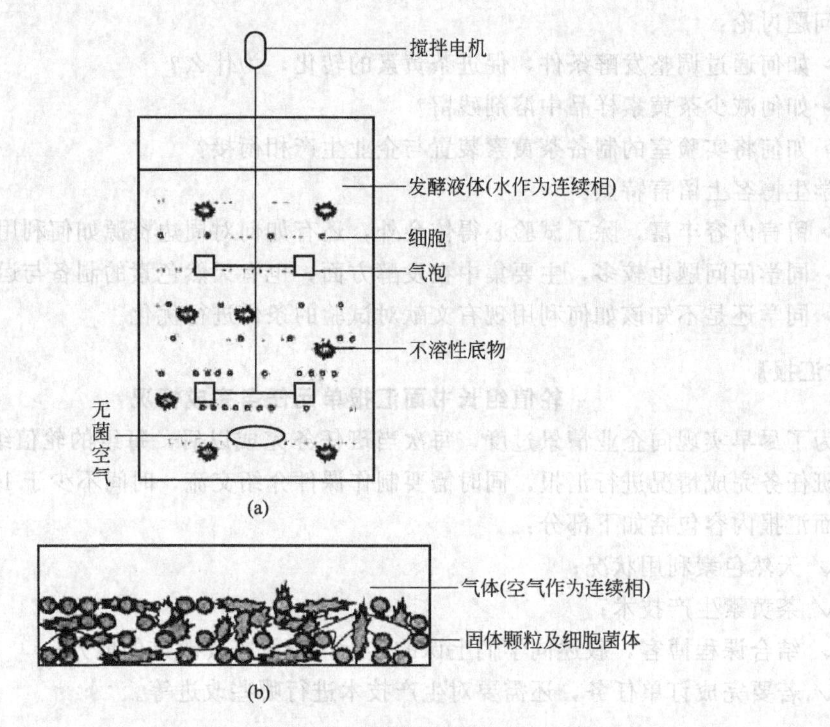

图 4-5　固态发酵与液态发酵的比较

（a）固态发酵系统；（b）液态发酵系统

2. 固态发酵反应器

生物反应器提供生物生长的环境，可以阻止外物进人和内部物质的外溢，必须无毒、耐振动、不易腐蚀，有良好的搅拌、通气、散热、冷却系统，能够进行无菌操作。固态发酵不同于深层液态发酵，反应基质以固态形式存在，反应体系内的传递过程极其复杂，包括气-固、气-液、液-固等形式。气相是其最主要的流动介质，因此固态发酵生物反应器与液体发酵反应器有着显著的区别，而固态发酵反应用于现代生物反应工程的一个重要因素就是适用的固态发酵反应器。

迄今为止已有许多类型的固态发酵反应器问世（包括实验室、中试、工业生产规模）。固态发酵反应器形式不同，但以基质的运动情况则可以分为两类：静态固态发酵反应器，包括浅盘式和塔柱式反应器；动态固态发酵反应器，包括机械搅拌的筒柱式、转鼓式反应器等。

第一类反应器内发酵基质在发酵过程中基本处于静止状态。其优点是：结构简单，操作方便，放大问题小。其明显的缺点是：由于发酵基质的相对静止，热量、氧气和其它营养物质的传递困难，从而导致基质内部温度、湿度、酸碱度和菌体生长状态的严重不均匀。

第二类反应器中的基质处于间断或连续的运动状态. 而强化了传热和传质，设备结构紧凑，自动化程度相对较高，但由于机械部件多，结构复杂，灭菌消毒比较围难，固态基质的搅拌能耗过大，发酵物料的持续运动有可能会破坏菌丝体，从而影响菌体的生长与代谢。

对于实验室规模的发酵过程，搅拌所起的作用（如促进物质传递，使发酵基质内部参数均匀）不一定十分显著，因而这种设备的放大是一个突出的问题。无论何种形式的固态发酵反应器，都必须考虑以下几个方面的问题：①接种技术；②灭菌方式；③发酵基质的特性；④供气手段；⑤参数的测量和控制；⑥取样分析技术；⑦结构简单，操作方便。

固态发酵由于其基质以固态存在，所以不能像液体发酵那样可以用摇瓶进行大量的基础研究，而只能依靠设计合理、控制手段完备的固态发酵反应器。固态发酵反应器主要由两部分组成，即反应器主体和供气、控温、保温系统，后者的主要目的是保持发酵系统的需氧状态和调节发酵基质的温度和湿度。

(1) 静态固态发酵反应器 目前静态固态发酵反应器在实验室研究中应用较为普遍，尤其是圆柱式的固态发酵反应器。文献报道的系统多是将一个或多个静态圆柱式反应器平行放在一个恒温箱中，并通以饱和空气。其优点是：系统简单，廉价，操作方便；克服固态发酵无法用摇瓶法作大量基础研究的缺点，同时可作多条件的平行实验并且温度、湿度等条件均一；系统易灭菌。其缺点是：无法准确控制气体和物料的湿度，只能供饱和湿空气；无法取样分析；放大过程中难以消除床径扩大的影响。静态固态发酵反应器无论体积、高径比如何变化，其基本形式是不变的，但供气、保温、控温系统却是千差万别的。完善的固态发酵供气、保温、控温系统应有以下特点：测量并控制进气组成、湿度及温度；测量尾气组成并反馈调节进气组成、湿度和温度；在较大规模应用时采用循环供气；完善的气体过滤设备。具体应用时，应根据研究目的加以简化，以求经济节约。

(2) 动态固态发酵反应器

① 转鼓式 其基本形式是将一个圆柱形（鼓形）容器支架在一个转动系统上，转动系统主要起支撑及提供动力这两种作用。文献中报道的各类转鼓式发酵器转动速率一般为1～16r/min，甚至可以达到188r/min。这类反应器都有进、出气体设备，空气入口管装在容器底部，或者以多个支管分布于容器内各处，支管上有许多喷气口，有时还要在进气口的相对位置安装一个排气扇。空气进入发酵器之前先通入浓硫酸中，然后经过一个注有无菌水的增湿设备。

② 带机械搅拌的筒柱式 其特点是发酵器主体静止不动，而容器内的搅拌器使发酵过程中的物料处于连续的运动状态，在反应器的一端有取样、加料和通气口。灭菌方式为直接通气灭菌。

以上两类发酵器内微生物生长较快并且均一，放大过程中所遇到的困难是由于物料运动导致在生长过程中菌丝被伤害，这个问题的严重性随着发酵器容积的增大而增加。此外，在放大过程中还会存在发酵体系温度控制、保持不染菌、发酵基质聚集成球状而影响传质传热等诸多方面的问题。

③ 搅拌运动的盘式固态发酵反应器 通常盘式反应器长2m，宽0.8m，深2.2m。三个并排的螺旋式搅拌器在以65cm/min的速度水平运动的同时，还以22r/min的转速自转。在搅拌器载车上还有两个喷口，用于补料加水。盘式反应器底部由两层金属网制成，过滤空气由底部均匀进入1m厚的发酵基质。其缺点是：不能用于无菌操作过程，只能用于自然发酵和混合发酵过程。本系统易于放大。

3. 固态发酵的应用

(1) 固态发酵的产品　固态发酵可利用多种工农业残渣作为底物大量生产化学物质，如乙醇、单细胞蛋白、蘑菇、酶制剂、有机酸、生物次级代谢产物等高价值产品，所以固态发酵被认为是可再生性资源综合利用最有希望的途径。固态发酵产品主要涉及有机酸、生物燃料、生物活性物质、风味物质及其它物质。

① 有机酸　有机酸是羧酸（RCOOH）、磺酸（RSO_2OH）、亚磺酸（RSOOH）、硫代羧酸（RCOSH）等的总称。很久以前，人们已开始研究利用微生物发酵生产有机酸以代替从水果、蔬菜等植物中提取有机酸的方法，有机酸都是微生物的初级代谢产物，与人们日常生活、工业生产有着十分密切的关系，也是发酵工业历史上最悠久、价格最低的产品。

由于它们的原料是可再生物质，与化学合成相比，发酵更适合食品、医药等部门。近几年微生物育种和工艺方面的进步，使用固态发酵生产的传统发酵工业仍具有强大的生命力。乳酸、柠檬酸很久以前就达到了固态发酵工业化生产。近几年陆续有文献报道，人们开始利用固态发酵技术探索生产富马酸、草酸、亚麻酸等。

乳酸是一种历史悠久的微生物发酵产物，酸奶可能是人类历史上第一个发酵食品。用丝状真菌或细菌菌株都可以进行固态发酵生产乳酸。其底物广泛，可用农作物（如树薯、甜菜等），也可用残渣（如甘蔗渣、胡萝卜加工废渣等）。

柠檬酸是十分重要的有机酸，它原来是从柠檬中分离得到的，广泛应用于食品、洗涤剂、医药工业。一般用黑曲霉（*Aspergillus niger*）或假丝酵母（*Candida* sp.）液态发酵生产。但固态发酵可用农业残渣作碳源，生产柠檬酸具有很大的潜力。利用固态发酵生产柠檬酸，几乎所有生产都利用农作物作底物，菌株为黑曲霉。发酵底料中加甲醇可大大提高柠檬酸的产量。

② 生物活性物质　所谓生物活性物质就是微生物在代谢活动过程中所产生的次级代谢产物。次级代谢产物是微生物在细胞分化过程中产生，往往不是细胞生长所必需的代谢产物，对细胞不具有明显作用，而且通常由一簇结构相似的化合物组成。但微生物可产生的生物活性次级代谢产物拥有医疗作用，具有重要的工业价值。Balakrishnan 等论述了利用固态发酵技术进行生产次级代谢产物的不同策略与过程。尽管人们已实现了采用固态发酵技术生产高价值生物活性次级代谢产物，但是在商业化方面，还有许多工作要做。抗生素、霉菌素、细菌内毒素、植物生长素、免疫类药物、生物碱等都是重要的生物活性次级代谢产物，它们已成功利用固态发酵生产。

抗生素包括：青霉素、头孢菌素、四环素、金霉素、土霉素、伊枯草菌素、枯草菌溶血素、放线菌紫素、次甲霉素、单菌素及环孢素等。抗生素是人类使用最多的一类药物，已有100 多种抗生素被商品化生产，为人类防治疾病作出了巨大贡献。

近年来，有些研究集中在利用固态发酵生产抗生素，对以上抗生素研究大多用农业剩余物，仅少数用甘蔗渣或紫菜惰性支持物；伊枯草菌素、枯草菌溶血素用细菌类菌株，其它抗生素用丝状真菌菌株。伊枯草菌素是一种有力抗真菌类素，有效地抑制植物病原体，固态发酵生产这种抗生素常用底物为麸皮或豆腐渣，固态发酵比液态发酵效率高 6～8 倍。Yang 等研究用纤维素作底物固态生产四环素，发酵周期 8d，可得四环素 10～11mg/kg 底物。枯草菌溶血素是一种血纤维蛋白抑制剂，可用重组细菌固态发酵技术生产，固态发酵为液态发酵4～5 倍。环孢素具有抗真菌、抗寄生虫、抗炎症及免疫抑制功能，是人类移植不可缺少的药物。环孢素绝大部分是用液体发酵生产，但现在国外开始研究用分离菌（*Tolypocladium* sp.）作菌株固态生产环孢素。

③ 风味化合物　风味化合物是指具有芳香味的物质。大部分风味化合物是通过化学合成或天然物的萃取得到，但目前市场调查表明消费者偏爱贴有天然标志的食品。植物是食油、香料的主要源泉，但它们受天气、植物病等天然条件的制约。生产风味化合物一个替代路线就是用微生物合成或转化。目前，已知道几种微生物（包括细菌、真菌）拥有合成不同风味化合物的能力。用这些微生物液态发酵生产风味化合物生产率低，不利于工业化，但固态发酵可能有高的生产率，引起不少国外学者的兴趣，发酵底物可为树薯残渣、甘蔗渣、咖啡壳等热带农业剩余物。Ferron 等综述 7 微生物发酵生产风味食品的可行性，提倡用固态发酵生产，用自然物为底物固态生产可以将低成本、优质的产品服务于人类。然而，这种生产过程的困难在于分离、回收发酵目的物，至今在这方面仍无较大进展。

吡嗪是杂环化合物，具有坚果、烧烤风味，可作食品添加剂，特别是烷基吡嗪经常在食品中见到。可利用菌株 *B. natto* 或 *B. subtilis* 固态发酵底物大豆生产这些化合物。众所周知，脂是芳香化合物源泉。在 ceratocystis 类微生物中，甘薯黑疤病菌（*C. fimbriata*）具有台成脂的巨大能力，其固态发酵底物可为树薯残渣、苹果渣、大豆、咖啡渣等，生长迅速，接孢子能力强，可产多种风味化合物，如菠萝味、水果味化合物。Medeirns 等利用菌株马克期克鲁维酵母马克斯变种（*Kluyveromyces maxianus*）进行不同的底物（树薯残渣、麸皮、苹果渣、甘蔗渣、向日葵等）固态发酵生产风味化合物尝试，结果证实了树薯残渣、麸皮生产风味化合物的可行性。

④ 其它生物产品　大量的文献表明，固态发酵应用于其它各种各样的产品生产，如生物表面活性剂、麸酸胺、色素、维生素、类胡萝卜素、黄原胶等。生物表面活性剂具有低毒、低降解率、利于环境等优点，因而引起学者们的关注。传统生产方法是微生物分解碳氢化合物，与表面活性剂相比成本较高。但现在，可以利用固态发酵成功生产表面活性剂。这种方法利用残渣，成本大大下降，具有相当大的吸引力。利用一株短杆菌（*Brevibacterium* sp.），以接种葡萄糖、尿素、维生素、食盐等物质的甘蔗渣为底物，可固态生产麸酸胺，产量高达 80mg/kgSDM（干发酵底物）。甘蔗渣作底物，也可用红曲霉（*M. purfureus*）固态生产红、黄色素，转鼓培养比静态培养产量高得多。

黄原胶、琥珀酰聚糖是外切糖类化合物。目前，国外对此类化合物研究进展相当快。固态发酵生产外切糖类化合物的底物相当广泛，如谷物废渣、苹果渣、葡萄渣、柑橘渣等。利用上述底物，固态发酵在生产糖类化合物方面，完全可以与液态发酵媲美。可利用微生物野油莱黄单胞菌（*Xanthomonoas campestris*）固态生产黄原胶。水溶性维生素（维生素 B_2、维生素 B_6、维生素 B_1、核黄素、烟酰胺等）都可以用固态发酵方法生产，菌株可用少孢根霉，少根根霉、葡枝根霉等。

另外，将发酵技术运用于中药的提取，不仅使中药提取率得到提高，有效成分得到纯化，而且还可以通过采用一些特殊酶对中药的有效成分做一些结构改造。

(2) 在资源环境中应用研究　随着人口增长及人类生产和生活活动的增加，人类的物质文明和精神文明得到了很大的提高，许多发达国家已提出绿色生产这一概念（即工业的生产不对环境造成危害或减小到最低的工业过程）。但是在人们对资源环境质量的要求越来越高的同时，资源环境受到的威胁及破坏也越来越严重。微生物在资源环境中扮演着十分重要的角色，在环境保护中作出了巨大的贡献。微生物在资源环境保护中的应用已从自然生态系统发展到活性污泥方法处理废水，并进一步扩大到工农业残渣转化、固体废物处理及生物修复等领域，这样固态发酵技术作为潜在的有力工具引起人们的密切关注。

固态发酵是解决能源危机、治理环境污染的重要手段之一，是绿色生产的主要工具。农业、林业和食品等工业部门的许多废弃物，对环境造成了巨大的污染。但工农业残渣常含有丰富的有机酸，它们可以作为微生物生长理想的寄生体，所以人们倾向于筛选工农业残渣作底物，对其加以综合利用，不但可以使废弃物变为含经济价值的资源，而且可以减轻环境污染。本书主要述及生物燃料、生物农药、生物转化、生物解毒及生物修复研究方面等。

① 生物燃料　用工农业残渣固态发酵生产生物燃料主要为乙醇，即酒精。酒精是产量最大的发酵工业产品，是清洁燃料工业的代表，主要原料为各种可再生性糖类物质（如天然纤维素）。当前地球上“温室效应”增强的罪魁祸首是 CO_2，所以，如果能找到一种不增加大气 CO_2 含量的燃料来代替化石燃料，那么就可以有效地控制“温室效应”，目前能满足这种需要的就是燃料乙醇。乙醇是可再生性能源，利用固态发酵方法有许多优点，如：可消除糖的萃取过程，节省成本；发酵过程消除水的增加，降低发酵罐体积，无废水；降低能耗等。这是一个有潜力的生产乙醇路线，国外对其研究相当多，大多利用酵母菌发酵，也有研究用代谢葡萄糖的细菌菌株，如运动发酵单胞菌。纤维素原料是地球上最丰富的，并且每年可再生的有机物质。充分利用生物技术把再生资源转化为有高价值物质，完全可以减轻人类面临的能源、环境危机。

很多学者从不同的角度研究利用苹果渣固态发酵生产乙醇，取得较好效果，发现酵母菌发酵生产乙醇优于苹果渣自然发酵，酿酒酵母是最理想的菌种。利用稻壳作底物，发现底料有无灭菌不影响乙醇的产量，此种方法值得借鉴。也有一些学者利用淀粉作底物进行乙醇固态发酵，证明用 *Schwanniomyces castellii* 固态发酵可有效利用淀粉，提高生物积累量，促进淀粉水解，乙醇产量相应增加。淀粉底物可以是高粱、土豆、麦粉、玉米粉、可溶性淀粉等，但若用酿酒酵母作菌种，玉米粉、高粱固态发酵产乙醇效果最好。

② 生物农药　人们希望找到一种既不污染环境，又可杀死害虫的办法。最近，大量的文献表明，人们越来越重视利用昆虫病原体真菌及寄生真菌来控制害虫的方法。Deshpande 综述利用固态发酵生产真菌杀虫剂的方法，与液态发酵相比不仅生产成本大大降低，而且药物对害虫的毒力有极大的提高。筛选具有杀虫能力的真菌是开发可感染繁殖体（如分生孢子、芽粉孢子、衣原体孢子、卵孢子、受精卵孢子等）的第一步，对真菌与害虫的作用机理是生产有效生物农药的主要研究领域。

③ 生物转化　固态发酵其中一个重要应用领域就是利用微生物转化农作物及其废渣，以提高它们的营养价值，减小对环境的污染。生物转化利用的菌株常为白腐菌。木薯是非洲、亚洲及南美洲地区人民最重要的食物之一。但其蛋白质、维生素、矿物质含量低，也缺乏含硫氨基酸。已有几种固态发酵方法可以改善其营养价值。Soccol 等对木薯及其残渣作了大量的研究，筛选了几种特别适于生长在木薯上的根霉菌（*Rhizopus* sp.）菌株。蘑菇是可食用丝状真菌十分典型的代表，拥有可把许多不能食用的植物或其剩余物降解转化为有食用价值的食物的能力。目前发现的可食用蘑菇大约有 2000 多种，其中大约 80 种已实现实验室成功培育，大约 20 种已利用固态发酵技术商业化。

木质纤维素作物剩余物是动物饲料具有潜力的源泉，主要由纤维素、半纤维素及部分木质素组成，其蛋白质含量低、难消化、味道差等特点限制了它们作为理想饲料的应用。要提高它们的利用价值，就必须改变其营养含量，可用物理、化学或生物方法等。但物理、化学方法能耗高、比较昂贵，所以人们更倾向于生物方法，在这一方面固态发酵特别有潜力。现在人们已成功利用白腐菌可把木质纤维素转化为蛋白含量较高的饲料，并利用菌株侧耳（平菇）及香菇（香聋、冬菇、椎茸）对咖啡渣进行固态发酵，成功生产出蘑菇。

④ 生物解毒　某些工农业残渣含对人体有副作用或可造成营养不良的化合物，如咖啡因、氰化氢、聚苯化合物、鞣酸等，对这些残渣有效利用十分困难。由于它们可导致严重环境问题，所以对它们的处理对加工业来说是十分头疼的事。最近，固态发酵已成为对木薯皮、油菜籽粉、咖啡皮、咖啡浆等残渣有效的解毒工具，并有一些成功的例子。Ofuya 等研究了固态发酵对木薯皮有毒成分的影响，结果表明 HCN 降低 95%，可溶鞣酸减少了 42%，同时也研究 6 种菌株（白地霉，总状毛霉，好食脉孢霉，米根霉，匍枝根霉及芽孢杆菌）对木薯皮固态发酵的影响，得出结论：微生物的培养与活性对于木薯皮有毒成分降低程度起十分重要的作用，不同的微生物引起的效果相差较大。Bau 研究了利用少孢根霉对脱脂油菜籽这种有毒物质进行的固态发酵。结果发现发酵 24h 就可以降解脂肪族芥子油苷大约 58%，吲哚族芥子油芥降低 97%。

在加工咖啡果过程中，会产生大量的咖啡肉浆与咖啡壳，这些物质含对生理有副作用的成分，如咖啡因、聚苯化合物、鞣酸等。为了处理上述物质，人们尝试了许多方法，如把它们变为肥料、饲料、复合肥等。但是，它们仅仅利用部分物质且效率低。为了提高利用率，人们又进行了大量的探索，如利用这些物质生产酶、有机酸、调味品、胺类化合物及蘑菇等。咖啡因是自然界中最易令人上瘾的兴奋剂物质之一，若浆、壳中咖啡因含量大于 1.3%（以干重计），会引起轻微的刺激作用。鞣酸通常被认为是造成营养不良的因素，动物饲料一般含鞣酸小于 10%。人们经常用丝状真菌固态发酵技术对咖啡壳进行去毒。Boccas F. 等利用咖啡壳琼脂培养基，筛选出三株根霉类菌株，并与两株担子菌黄孢原毛平革菌在降解咖啡因与鞣酸方面进行比较，结果发现这 5 株菌都生长相当好。但根霉类菌株发酵周期短.且在最优发酵条件（pH 值、湿度、接种量、温度及通风性等）下，降解咖啡因 87%，鞣酸 65%，而黄孢原毛平革菌降解率分别为 70%，60%。一些细菌或丝状真苗（如凝结芽孢杆菌，铜绿假单胞菌，恶臭假单胞菌，类地青霉，皮落青霉与侧耳等）都有降解咖啡壳的能力。人们研究了微生物疣孢青霉在有或没有外界氮源情况下对咖啡浆的固态发酵。结果表明，尽管无外界氮源供应，微生物生长缓慢，但咖啡因降解十分完全，含氮化物的添加反而抑制咖啡因的降解。国外有学者研究青贮饲料咖啡浆生物降解，数据表明在不同条件下，咖啡因可降低 13%～60%，聚苯化合物降低 28%～70%，鞣酸降低 51%～81%。这证实利用青贮饲料固态发酵是处理咖啡浆中有毒物质的理想方法。

⑤ 生物修复　生物修复是利用微生物及其代谢过程（其产物消除或在体内富集有毒物质）来修复被人类长期生活和生产所污染和破坏的局部环境，使之重现生机的过程。这是一个古老而新鲜的课题，由于目前环境污染日益严重，国外学者对生物修复研究相当投入。固态发酵生物技术是有毒化合物生物降解与环境生物修复的有益工具。如：把风尾菇接种到棉花或麦草混合物可以降解莠除净，这样可通过微生物降解来达到生物修复的目的。很久以前，Berry 等就指出利用固态发酵技术可处理杀虫剂残留物。他们比较几种除去莠除净方法，发现固态发酵可大大降低杀虫剂生物利用率。Wieschc 等把污叉丝孔菌及侧耳接种到染有 ^{14}C 芘的麦草上，研究芘的生物降解固态发酵两步法，结果表明可以把丝状真菌与土壤自然微生物结合起来，实现对芘进行生物降解。

拓展环节　茶多酚生产技术

行业分析

1. 茶多酚性质及应用状况分析；
2. 茶多酚生产厂家及市场产品规格介绍；
3. 茶多酚综合生产的工艺情况；
4. 木质纤维树脂的市场行情；
5. 木质纤维树脂分离纯化制备茶多酚技术特点。

学习目标

能力目标

1. 能根据订单要求分解生产任务；
2. 用相关方法和设备实现公司订单完成茶多酚生产工艺；
3. 检测茶多酚纯度。

知识目标

1. 工艺设计的方法及要求；
2. 木质纤维树脂分离技术要点；
3. 工艺中设备的使用方法；
4. 纯度检测方法。
5. 整个制备工艺的成本.效率的计算

素质目标

1. 通过真实工作任务，激发学生求知欲；
2. 通过整个工艺的制备实施，培育学生创新意识；
3. 拥有成本意识、节约意识；
4. 勤勤恳恳做事、踏踏实实做人职业素质。

学习引导

目标要求

1. 根据茶多酚性质、木质纤维树脂吸附性设计制备工艺；
2. 根据提取操作流程，分析影响整个工艺因素；
3. 茶多酚综合生产操作要点；
4. 做好实验操作记录及现象分析。

做什么?

1. 根据已签订单，分解操作流程；
2. 按照流程，生产高纯度茶多酚产品。

怎么做?

1. 查阅文献

➢ 了解茶提取物主要成分；

➢ 了解天然产物常规生产方法；

➢ 设计操作路线。

2.按照设计路线，分工合作

➢ 按照要求准备实验原料；

➢ 检查实验装置，并调试装置设备；

➢ 按照流程进行有序操作；

➢ 做好实验记录，分析实验现象；

➢ 提取效率检测分析。

3.实验情况，交流汇报

➢ 实验进展及收获心得制成 PPT，班后总结；

➢ 按照规定格式，将实验操作全程以“word”文档进行工作汇报。

【班前例会】

茶多酚生产状况

研究表明：绿茶中含有约25%的茶多酚和2%～5%的咖啡碱。以儿茶素（EGCG、EGC、ECG、EC等）为主体的茶多酚（GTP）具有清除人体自由基和提高免疫力、抗氧化、抗衰老、抗辐射、降血脂、减肥等功效，已成功地应用于医药、保健品、油脂、化妆品和食品行业。咖啡因不仅是药物，还是某些饮料的添加剂。从茶叶中提取的天然咖啡碱不仅是一种安全无毒的药物，而且是一种食品添加剂，它可以作为生产药物和某些饮料（如可口可乐）的原料。

近几年来，国内外，特别是我国和日本对探索新的从茶叶中提取分离茶多酚和咖啡碱的工艺日益关注。除了沉淀法、溶剂萃取法等传统方法外，又发展了一些新的提取分离技术，如超临界萃取法（SFE）、高速逆流色谱分离法（HSCCC）等。

归纳提取茶多酚的方法一般分为两步：首先从茶末中提取含咖啡因的茶多酚粗品溶液；然后分离浓缩、提纯得高含量茶多酚。

茶叶中茶多酚的提取工艺分为以下几种类型。

1.溶剂萃取法

这是目前国内使用最广泛的方法之一，已经公开十多种溶剂萃取技术专利。该法的原理是利用茶多酚在不同溶剂中的溶解度差异进行提取分离，其工艺路线为：

茶叶原料→溶剂提取→过滤→去杂质→相萃取→分离→喷雾干燥→茶多酚粗品

提取用到的溶剂有水、乙醇、甲醇、丙酮、乙酸乙酯等，多采用回流提取，有福建大闽食品有限公司和江西绿康天然产物有限责任公司两企业采用逆流提取。常用的去杂方法有氯仿脱咖啡因、活性炭脱色、石油醚除色素或通过低温静置去杂质、叶绿素、多糖等；萃取的首选溶剂是乙酸乙酯，使茶多酚从水相中分离出来。

可以看出，溶剂萃取法提取茶多酚尚存在许多有待改进和完善的环节，主要是简化工艺、降低成本及提高有效成分含量和提取率。此外，由于该方法使用了氯仿、二氯甲烷、乙酸乙酯等有机溶剂，产品中的溶剂残留存在着安全隐患，人们对此已越来越关注。

2.沉淀法

该方法是另一较为常用的方法，其原理是利用茶多酚在一定条件下可以和某些无机盐中的金属离子形成络合物而沉淀的性质，与水溶剂中咖啡碱、单糖、氨基酸等组分分离，富集提取茶多酚。其工艺路线为：

茶叶原料→沸水提取→过滤→沉淀→转溶→萃取→浓缩→干燥→茶多酚成品

该方法无须使用大量有机溶剂，如氯仿等有毒素物质，成本低。但也有不足之处，如沉淀转溶时需严格控制酸度，pH 值不仅影响茶多酚络合沉淀物的溶解度，还影响茶多酚的稳定性。pH 值波动大极易造成多酚类物质的氧化破坏，使成品颜色加深。此外，使用沉淀剂可能带来金属离子污染等安全隐患。

3.吸附柱色谱法

该方法主要是利用吸附剂和洗脱剂进行吸附-解吸使得茶叶浸提液中的儿茶素与其它物质分离。一般工艺路线：

茶叶→热水浸提→过滤→吸附→解吸→浓缩→喷雾干燥→茶多酚成品

竹尾中一用茶叶的沸水浸提液过 pH2 的 MC 吸附柱，然后以 70%的乙醇解吸后，浓缩、真空干燥，得到纯度为 68%的儿茶素。周春山等采用聚酰胺为吸附剂，酸性柠檬酸水溶剂为洗涤剂使茶多酚与咖啡碱分离，得儿茶素含量达 80%的茶多酚。

大孔吸附树脂是一种新型的非离子型分子吸附剂，已经显示了它独特的分离作用，已被报道应用于茶多酚的提取分离。该方法是利用吸附树脂的分子筛和吸附性质，使儿茶素在吸附树脂上吸附-解吸与其它物质分离，而达到分离纯化目的。其关键是选择一种吸附容量大，又易于解吸的吸附树脂，目前报道的非极性大孔吸附树脂效果较好。国内的此类产品很多，92-2 和 92-3 吸附树脂已经完成可以取代进口产品，如美国的 Amberlite XAD 和日本的 Kiaion HP 系列等。吸附树脂法操作简便，树脂也可再生反复使用，稳定性高，成本低，正逐步走向工业化，但存在产品的纯度还不够高，咖啡碱和茶多酚分离还不够彻底且树脂容易被污染的缺陷。

4.超临界二氧化碳萃取法

超临界萃取法（SFE）是近年来发展起来的一种新型的分离技术。它利用超临界状态下的流体作溶剂，在超出临界温度与压力的区域下进行萃取，用超临界二氧化碳流体作为溶剂更显优势。因为二氧化碳的临界低值，压力与温度的一个较小变化都会引起流体密度的幅度改变，并极易渗透到原料基质中，使萃取组分通过分配扩散作用而充分溶解，从而达到萃取的目的。

国内已有 SFE 法萃取茶多酚的研究报道。该法选择了 80℃及 21MPa 的温度和压力条件，用 SFE 直接从茶叶中萃取茶多酚纯度为 95.45%，但提取效率并不高。因此，用 SFE 直接从茶叶中萃取茶多酚在工业生产中并不可取。但可以利用 CO_2-SFE 法脱除茶多酚中的咖啡碱是可行的，但超临界萃取法一般一次性设备投资较大，不利于工业化推广。

5.膜系统法

膜技术经过多年的发展，已在食品、生物医药、环保、化工等领域得到较为广泛的应用。膜技术应用于茶叶深加工，不向分离体系添加化学成分，不改变目标产品的色、香、味，因而具有潜在的应用价值。当前，在茶叶深加工中膜技术应用较多的是微滤、超滤、纳滤、反渗透等，主要是根据分离体系中杂质颗粒的特性、有效成分的分子（或离子）大小、形状、电荷等特性和膜的分子筛效应与电荷效应，达到澄清、除菌、分离纯化、浓缩等效果，但目前该项工艺还没有被广泛使用。其生产路线一般为：

纯水制取→逆流提取→初澄清→精过滤→分子筛精制→反渗透膜浓缩→喷雾干燥

该工艺也有许多学要优化的环节，如膜易堵，但综合来说很具有市场前景，这正是我们以后需要完善的地方。可以预测，以膜系统综合树脂或其它分离技术，是茶多酚生产的发展方向。

【任务分解】

中试放大生产操作流程

中试研究是指在实验室完成系列工艺研究后，采用与生产基本相符的条件进行工艺放大研究的过程。它是在实验室小规模生产工艺路线的打通后，采用该工艺在模拟工业化生产的条件下所进行的工艺研究，是对实验室工艺合理性的验证与完善，是保证工艺达到生产稳定性、可操作性的必经环节，是天然产物生产研究工作的重要内容之一，直接关系到产品的安全、有效和质量可控。

中试放大的目的是验证、复审和完善实验室工艺所研究确定的反应条件，及研究选定的工业化生产设备结构、材质、安装和车间布置等，为正式生产提供数据，以及物质量和消耗等。当化学制药工艺研究的实验室工艺完成后，即药品工艺路线经论证确定后，一般都需要经过一个比小型试验规模放大 50～100 倍的中试放大，以便进一步研究在一定规模装置中各部反应条件变化规律，并解决实验室阶段未能解决或尚未发现的问题。

天然产物生产的中试放大与此相似。简单地说，中试就是小型生产模拟试验，是小试到工业化生产必不可少的环节。中试是根据小试实验研究工业化可行的方案，它进一步研究在一定规模的装置中各步提取、分离条件的变化规律，并解决实验室中所不能解决或发现的问题，为工业化生产提供设计依据。虽然提取、分离的本质不会因实验生产的不同而改变，但各步最佳工艺条件，则可能随实验规模和设备等外部条件的不同而改变。一般来说，中试放大是快速、高水平到工业化生产的重要过渡阶段，其水平代表工业化水平。研究机构一般侧重于小试研究，企业侧重于工业化生产。

1.中试目的

中试是从小试实验到工业化生产必经的过渡环节；在模型化生产设备上基本完成由小试向生产操作过程的过渡，确保按操作规程能始终生产出预定质量标准的产品；是利用在小型的生产设备进行生产的过程，其设备的设计要求、选择及工作原理与大生产基本一致；在小试成熟后，进行中试，研究工业化可行工艺、设备选型，为工业化设计提供依据。所以，中试放大的目的是复审和完善实验室工艺所研究确定的合成工艺路线，验证其是否成熟、合理，主要经济技术指标是否接近生产要求；研究选定的工业化生产设备结构、材质、安装和车间布置等，为正式生产提供数据和最佳物料量和物料消耗。

2.中试放大研究内容

一般情况下，单元反应的方法和生产工艺路线应在实验室阶段就基本确定。在中试放大阶段，只是确定具体工艺操作和条件以适应工业化生产。但是当选定的工艺路线和工艺过程，在中试放大试暴露出难以克服的重大问题时，就需要复审实验室工艺路线，修正其工艺过程。

开始中试放大时应考虑所需的各种设备的材质和类型，并考查是否合适，尤其应注重接触腐蚀性物料的设备材质的选择。实验室阶段获得的最佳反应条件不一定能符合中试放大的要求，应该就其中的主要影响因素，进行深入的试验研究，把握它们在中试装置中的变化规律，以得到更适合的反应条件。在中试放大阶段由于处理物料量的增加，因而有必要考虑反应与后处理的操作方法如何适应工业化生产的要求，并且要注重缩短工序，简化操作。

3.进行中试的条件

实验进行到什么阶段才进行中试呢？简单地说，中试是小试工艺和设备的结合问题。所以进行中试至少要具备下列条件：

小试合成路线已确定，小试工艺已成熟，产品收率稳定且质量可靠。成熟的小试工艺应具备的条件是：合成路线确定；操作步骤明晰；反应条件确定；提纯方法可靠等。

小试的工艺考察已完成。已取得小试工艺多批次稳定翔实的实验数据；进行了3～5批小试稳定性试验说明，该小试工艺稳定可行。

对成品的精制，结晶，分离和干燥的方法及要求已确定，建立了质量标准，检测分析方法已成熟确定，包括最终产品，中间体和原材料的检测分析方法。

进行了物料衡算；三废问题已有初步的处理方法；已提出原材料的规格和单耗数量；已提出安全生产的要求。

4.中试放大的方法

(1) 经验放　主要是凭借研发经验通过逐级放大（小试装置－中间装置－中型装置－大型装置）来摸索反应器的特征和反应条件。它也是目前药物合成中采用的主要方法。

(2) 相似放　主要是应用相似原理进行放大。此法有一定局限性，只适用于物理过程放大，而不适用于化学过程的放大。

(3) 数学模拟放　是应用计算机技术的放。它是工业研究中常用地模拟方法，在兵器工业中应用较为广泛。现在引入了制药行业，它是今后发展的方向。此外，微型中间装置的发展也很迅速，即采用微型中间装置替代大型中间装置，为工业化装置提供精确的设计数据。其优点是费用低廉，建设快。现在国外地制药设备厂商已注重到这方面的需求，已经设计制造了这类装置。

5.中试放大阶段的任务

中试生产是从实验室过渡到工业生产必不可少的重要环节，是二者之间的桥梁。中试生产是小试的扩大，是工业生产的缩影，应在工厂或专门的中试车间进行。中试生产的任务主要有以下几个环节，实践中可以根据不同情况，分清主次，有计划有组织地进行。

(1) 工艺路线和单元操作方法的最终确定。在放大中试研究过程中，进一步考核和完善工艺路线，对每一操作步骤和单元操作，均应取得基本稳定的数据。考核小试提供的生产工艺路线，在工艺条件、设备、原材料等方面是否有特殊要求，是否适合于工业生产。假如当原来选定的路线和单元操作方法在中试放大阶段暴露出难以解决的重大问题时，应重新选择其它路线，再按新路线进行中试放大。

(2) 参数条件进一步研究。试验室阶段获得的最佳条件不一定完全符合中试放大的要求，为此，应就其中主要的影响因素进行深入研究，以便把握其在中间装置中的变化规律，得到更适用的操作条件。

(3) 工艺流程和操作方法的确定。提出整个合成路线的工艺流程，各个单元操作的工艺规程，安全操作要求及制度。要考虑使参数和后处理操作方法适用工业生产的要求。更要注重缩短工序，简化操作，提高劳动生产率，从而最终确定生产工艺流程和操作方法。

(4) 进行物料衡算，对各步物料进行步规划，提出回收套用和三废处理的措施。当各步操作参数和操作方法确定后，就应该进行物料衡算。产品和其它产物的重量总和等于操作前各个物料投量的总和是物料衡算必须达到的精确程度。以便为解决薄弱环节，挖潜节能，提高效率，回收副产物并综合利用以及防治三废提供数据。

(5) 为了解决生产工艺和安全措施中的问题，必须测定某些物料的性质和化工常数，如比热容、黏度、爆炸极限等。根据中试研究的结果制订或修订中间体和成品的质量标准，以及分析鉴定方法。小试中质量标准有欠完善的要根据中试实验进行修订和完善。根据原材料、动力消耗和工时等，初步进行经济技术指标的核算，提出生产成本。在中试研究总结报告的基础上，可以进行基建设计，制订型号设备选购计划。进行非定型设备的设计制造，按照施工图进行生产车间的厂房建筑和设备安装。在全部生产设备和辅助设备安装完毕后，如试产合格和短期试产稳定，即可制订工艺规程，交付生产。

原料药和中间体的中试放大要进行的工作步骤包括：依据小试操作步骤进行物料衡算和中试工艺流程；物料衡算包括原材料消耗和生产成本估算，原料消耗中应考虑溶剂回收估算；工艺流程应是操作步骤与设备放大的综合体现。

依据流程图和中试工艺进行中试工艺装置的安装。其中重要的方面包括：在改装车间时要从安全、通风、采暖、照明、配电等方面加以考虑，依据设备布置来布置操作平台，设备安装和调试。

在设备完备的情况下，依据小试操作步骤和流程来编制中试操作规程。

同时配合车间人员的操作培训，进行试车。试车的一般原则是先分步进行，考察每步操作和试车情况，然后再同时进行。

正式中试实验过程中要考察的项目主要有：验证工艺，稳定收率；验证小试所用操作；确定产品精制方法；验证溶剂回收套用等方案；验证工业化操作过程；确定安全性措施；制备中间体及成品的批次一般不少于3～5批，以便积累数据，完善中试生产资料。

提出工业化生产工艺方案，并确定大生产工艺流程，这是中试的最终目的。工业化生产依据中试提供的数据、可行工艺过程和设备选型，进行工业化设计、安装、试车，正式投入生产。

生产订单：茶多酚500kg。产品规格：TP＞95%，caf＜2%，水分＜3%，灰分＜2%，国标检测。价格：300元/kg。

【边做边学】

高纯度茶多酚组织生产

1. 提取

（1）原料选择　生产茶多酚的主要原料是绿茶或绿茶末，应从感官指标（色香味正常、无霉变）、理化指标（茶多酚含量＞18%、儿茶素总量＞10%、EGCG＞6%）和卫生指标（农药残留＜10mg/kg、重金属＜20mg/kg）三个方面严格控制原料质量。特别是要严格控制卫生指标中农药残留和重金属含量，当其中任何一项指标不合格就不能作为生产原料。

（2）浸提粗滤　将20kg绿茶装入带加热和搅拌装置的提取设备中（300L多功能提取罐），第一次加入240L蒸馏水，关闭加料口，启动搅拌，开启加热装置，加热至80℃左右，搅拌（转速20r/min），提取45min，抽出滤液后，第二次提取。加入160L蒸馏水，加热至75℃左右，搅拌提取40min，抽出滤液；合并滤液冷却至40℃左右，转入贮液罐，测提取液含固率约为1.4%。

2. 离心分离

将提取液（340L）在常温常压下，按照33L/min的流速泵入离心机，在12000r/min转速下，持续离心分离，得澄清绿茶提取液（330L），入澄清液贮藏罐。

3. 超滤

将离心所得绿茶澄清液按照33L/min的流速卷入式超滤设备中进行超滤（超滤过程中需要补充3倍量的蒸馏水洗涤，以下操作相同），脱除茶多糖、果胶等杂质，超滤液（4400L）入贮罐。选用的卷式超滤膜为截留分子量15000的聚醚砜。超滤工艺条件：室温，进压 6bar，出压 1bar，超滤液的出口流速为 28L/min。

4. 大孔树脂吸附脱色

在常温常压下，将超滤液（4400L）按照 36L/min 的流速泵入大孔树脂吸附塔的高位罐中。开启和调节进料阀，控制进大孔树脂吸附塔的超滤提取液的流速为 1BV/h。选用的极性大孔树脂为苯乙烯-二乙烯苯共聚体（如 S-8 树脂），平均孔径为 280～300nm，比表面积为 $100 \sim 120m^2/g$，上柱液为深红色。上柱过程中大量色素被树脂吸附，茶多酚、咖啡碱等组分流出，流出液为淡黄色。大孔树脂吸附塔高 1.5m，塔径为 175mm。

5. 木质纤维素树脂脱咖啡碱

在常温常压下，将脱色后的淡黄色茶多酚流出液按照 36L/min 的流速泵入木质纤维素树脂吸附塔的高位罐中。开启和调节进料阀，控制进木质纤维素树脂吸附塔的茶多酚脱色液的流速为 1BV/h。选用的木质纤维素树脂为梧桐材质，过 40～60 目筛孔的树脂［也可以选择超高交联的苯乙烯-二乙烯苯共聚体吸附树脂（如 H103 树脂），平均孔径为 85～95nm，比表面积为 $1000 \sim 1100m^2/g$］，此树脂具有很好的分离咖啡碱与儿茶素功能。木质纤维素树脂对咖啡碱吸附力弱，对酯型儿茶素吸附力强；而 H103 树脂是对咖啡碱吸附力强，对茶多酚吸附力弱；由于木质纤维素树脂是天然木材经特殊工艺制得，无需化工合成，属于绿色树脂，是将来树脂发展的方向。

木质纤维素树脂分离条件为：先用 10％乙醇洗脱咖啡碱，洗脱流速为 1.5BV/h，约 2BV；改为 40％乙醇解吸儿茶素，洗脱流速为 1.5BV/h，约 1.5BV，并收集相应馏分。

6. 纳滤浓缩

在常温常压下，将脱咖啡碱后的茶多酚流出液以 16L/min 的流速泵入管式纳滤设备中进行纳滤浓缩。其工艺条件为：进压 35bar，出压 30bar，浓缩液流出速度为 2L/min，浓缩液含固率为 18.5％，选用的纳滤膜为聚酰胺（PA）复合膜，截留分子量为 200。

7. 喷雾干燥

将纳滤所得茶多酚浓缩液经过 LPG-100 型离心喷雾干燥得 2kg 茶多酚，得率 10％。其工艺条件为：进风温度 145℃，出口温度 80℃，干燥时间 30s。

8. 包装

将喷雾干燥所得的 2kg 茶多酚经混合、过筛、取样检验，茶多酚的含量为 99.3％，儿茶素的含量为 70％，水分＜4％，咖啡碱含量为 0.4％，农药残留未检出，重金属＜2mg/L，产品质量合格。按照包装要求包装得茶多酚成品。

图 4-6 为茶多酚生产流程。

9. 关键技术

- 茶叶与乙醇加入提取罐的次序，建议先适当预热溶液，再投入茶叶；
- 弄清楚提取装置的管路走向，正确按照操作指令工作；
- 回流提取时间从提取溶剂至提取温度开始计时；
- 过滤膜选择，膜过滤中的清洗；
- 树脂分离条件的筛选、优化，及需要馏分确定与收集；
- 膜的清洗，树脂柱的最后平衡，干燥器的清洗。

10. 记录要点

✓ 物料平衡计算；

✓ 操作流程关键环节工艺参数；

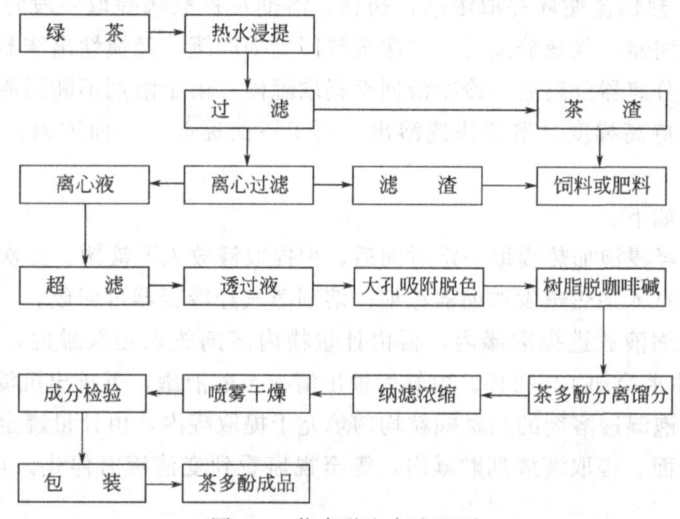

图 4-6　茶多酚生产流程图

✓ 过滤、离心、透过液的体积，产品质量，各阶段溶液含固率；

✓ 产品质量检测情况等。

11. 教师讲解：中试设备操作介绍

(1) 多功能提取机组（图 4-7）

图 4-7　多功能提取机组

① 100L 多功能提取浓缩机组其特点　机组由 100L 提取罐、列管式加热罐、蒸发器、冷凝器、油分器、收油器、药液泵、计量槽、贮液罐、过滤器、真空泵及配电柜等组成。提取罐、蒸发器顶蒸汽出口均设备了除沫器。无蒸汽加热的单位，可加配导热油加热系统。

可进行热回流循环提取、浓缩，常规提取、浓缩、水沉（醇沉）渗漉等操作。

能在负压、常压、正压状态下工作。可适应水提、醇提或溶剂提取，符合 GMP 要求。

它是天然植物药提取方面的中试设备、特别适用于科研机构、大专院校、工厂中试室使用，或贵重药品的提取浓缩，或植物鲜品低温提取浓缩，它已在工厂得到成功应用。

② 使用说明　热回流循环提取浓缩：药材、溶剂在提取罐提取一段时间后，由泵把提取液泵入蒸发器浓缩器，气液分离后，二次蒸汽回到提取罐，经惯性出沫器上升至冷凝器冷凝，冷凝液经油分分离器分离后，冷凝液回至提取罐内。由于溶剂不断回流，使药材与溶剂中含溶质的密度保持高梯度，溶质快速溶出。由于一面提取，一面浓缩，流程时间大大缩短，仅需 4～6h。

常规提取流程如下。

a. 浓缩　中药经浸泡加热提取一定时间后，把提取液放入贮液罐，二次提取液与一次提取液合并后，由泵打入加热蒸发浓缩器浓缩。溶剂蒸汽经冷凝器可回放。

b. 沉淀　把浓缩液放进提取罐内，再由计量槽内溶剂放入提取罐内，用泵上下打循环混合 1h。夹套加冰水冷却 12～24h。由软管抽出清夜至贮液罐，下排出沉淀物。

c. 渗漉　把浸泡湿透溶剂的药材颗粒均匀填充于提取罐内，由计量罐定量滴加溶剂到提取罐内，并保持液面。提取液放到贮罐内，等至视盅看到变清液时停止。再把提取液浓缩，并回收溶剂。

系统真空度高，可达－0.08～0.09MPa，特别适用于热敏性物质的低温提取和浓缩，如鲜花中的香精油。具有热回流循环提取浓缩，常规提取浓缩、沉淀、渗漉等功能。

(2) 全自动大孔树脂吸附机组（图 4-8）

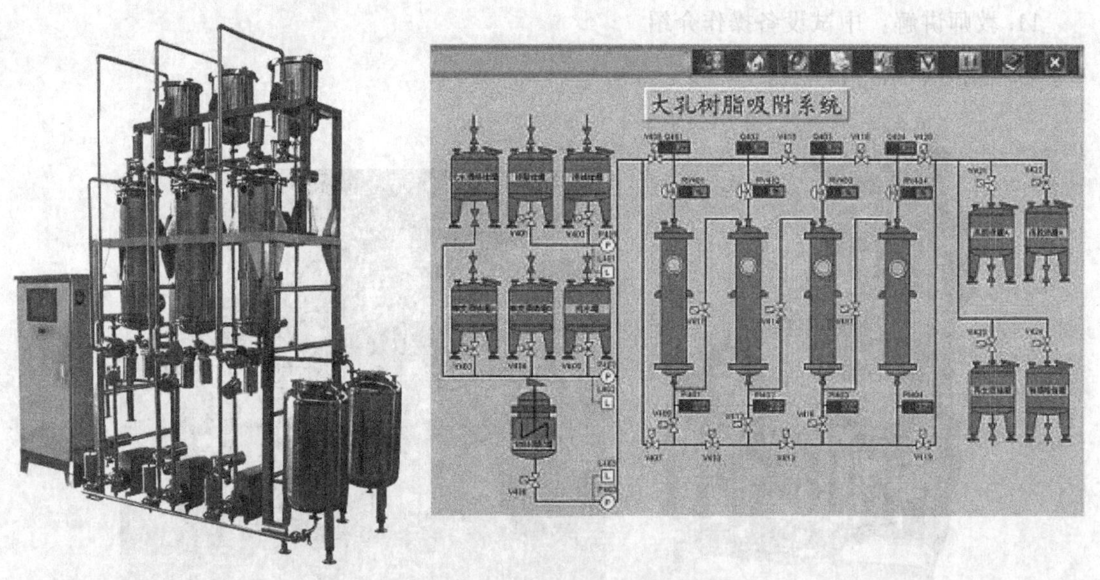

图 4-8　色谱柱分离及在线控制系统界面

① 大孔树脂吸附分离机组的特点　大孔树脂吸附分离技术是采用特殊的吸附剂，从中药复方煎液中选择性地吸附其中的有效部分，去除无效成分的一种分离纯化新工艺。可以解决中药生产中所面临的剂量大、产品吸潮和重金属残留等实际问题。经大孔树脂吸附技术处理后所得到的精制物，可使药效成分高度富集，杂质少，提取得率仅为原生药的 2%～5%，而一般水煮法为 30%左右，醇沉法为 15%左右；可有效地去除吸潮成分，有利于多种中药剂型的生产，并增强产品的稳定性；可有效地去除重金属。大孔树脂吸附分离工艺所得提取物体积小，不吸潮，容易制成外型美观的各种剂型，尤其适用于颗粒剂、胶囊剂、片剂等的生产，使中药的粗、大、黑制剂升级换代为现代制剂。该技术将是对中药提取工艺影响最大、带动面最广的技术之一。

a. 自动化控制系统　系统实现对泵、阀门和各种在线检测器（流量变送、压力变送）的控制和数据采集，能够方便完成四柱串联、并联操作，保证工艺的稳定性和准确性。

b. 树脂柱结构　该树脂柱结构设计良好，合理的高径比，精密的进出口流体分布装置，配备自动装填系统和空气压缩气接口，保证了大孔树脂柱装填效果和填料再生效果，为高效分离提供了保障。在分离过程里引入计算机自动监控技术，实现生产程控化、检测自动化、输送管道化，提高装备的可靠性和重复性。

② 使用图示说明

自动化控制系统基于先进的DCS分布式控制策略编写的工作站，实现对泵、阀门和各种在线检测器的控制和数据采集，能够方便完成多柱串联、并联操作，保证工艺的稳定性和准确性。

中药专用在线检测系统（选配）包括流量、压力、温度、pH值（选配）、电导率（选配）等常规过程参数的检测和利用紫外光谱（选配）、近红外光谱（选配）对中药有效成分含量的实时检测。

溶入现代计算机自动化控制技术和工艺参数在线检测技术，通过对传统的手动大孔树脂吸附分离设备的技术升级改造，开发系列面向实验室小试、中试和大规模工业化生产的全自动装备。该设备易于工艺放大，有利于解决工业化生产问题。

a. 多种操作模式　机组可以实现常规的固定床吸附操作，更重要的是还可以通过多柱的串联、并联实现逆流吸附操作。该模式具有提高目标产物收率和降低洗脱溶剂消耗的突出优点。

b. 自动化控制系统　对泵、阀门和各种在线检测变送器（流量、压力、温度、pH值、浓度等）的控制和数据采集，能够方便完成多种操作模式的组态和自动运行，保证工艺的稳定性和准确性。

（3）低温真空履带式干燥机（图4-9）　低温真空履带式干燥机（VDG）是一种连续式、全封闭的真空干燥设备，具有温度更低（产品温度40～60℃）、效率更高（干燥时间30～

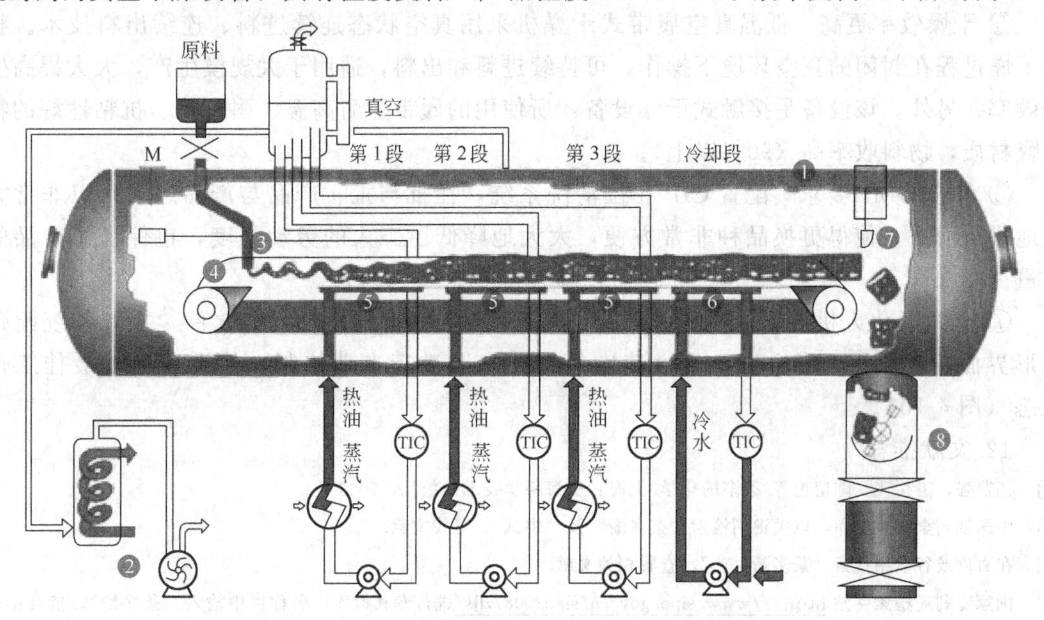

图4-9　低温真空履带式干燥机工艺流程示意图

60min）的特点，真正解决中药浸膏干燥难题。该设备适应范围非常广泛，对于绝大多数天然产物的提取物都可以适用。通过该方法得到的干燥物具有色泽浅、多孔疏松、溶解性能好的突出特点，尤其适用于黏性高、热塑性、热敏性的中药浸膏物料。

中药浸膏（或其他物料）预热至适当温度后由进料泵按设定的进料速度均匀地平铺在带上，履带按设定的速度运行，在真空条件下，依次移经各加热区，加热介质通过加热平板将热量传递给平铺在履带上的浸膏，浸膏中的水分吸收热量迅速蒸发，最后通过冷却区。当干燥物到达设备的末端时，被产品剥落器从履带上刮下来，经切断装置切断后落入绞笼粉碎器，粉碎后的干燥物通过带有两个气动碟阀的出料装置出料。

该装备技术特点如下。

① 干燥温度更低　在40～400Pa的真空度下，物料温度可以控制在40～60℃的低温状态。通过该方法得到的干燥物可以最大限度地保持其色、香、味，得到高质量的最终产品。因此，低温真空履带式干燥机尤其适合干燥热敏性的物料。

② 适合干燥易氧化的物料　在干燥过程中，物料处于40～400Pa的真空环境，设备筒体内的氧气极少，可有效防止物料中易氧化成分被氧化。

③ 适合干燥高浓度、高黏性的中药浸膏　由于中药浸膏具有固含量高、黏性大、易结团等特点，水分蒸发的阻力比较大。采用喷雾干燥、烘箱干燥等技术，易出现粘壁、结焦、色泽深、损耗大等诸多问题。而低温真空履带式干燥机通过控制料层厚度，使物料在高真空环境下沸腾发泡，其中的水分立刻被真空抽走，蒸发阻力大大减小。因此，低温真空履带式干燥机在中药浸膏的干燥生产中有广阔的应用前景。

④ 产品品质更好　物料在低温真空履带式干燥机内被逐步干燥（三段加热区、一段冷却区）后形成多孔性结构的物料层，其单位体积的表面积显著增大，产品的溶解性能得到显著改善。并配有可控冷却系统冷却干燥产品，增加产品的脆性，颗粒的流动性能良好。另外，由于整个干燥过程温和，所得产品的色泽与喷雾干燥、烘箱干燥得到的产品相比，明显变浅。

⑤ 干燥效率更高　低温真空履带式干燥机采用真空状态连续进料、连续出料技术。整个干燥过程在封闭的真空环境下操作，可持续进料和出料，适用于大规模生产，大大提高生产效率。另外，该设备是接触式干燥设备，所使用的履带为耐高温、耐摩擦、抗粘性好的特氟隆材质，物料收率高（90%以上）。

⑥ 符合GMP要求　配置CIP在位清洗系统，在批与批、产品与产品之间可以非常方便地进行清洗，使得更换品种非常方便，大大地降低了工人的劳动强度，也保证了产品的质量。

⑦ 全图形化人机界面，基于WindowsNT和XP编制的控制组态软件，控制系统配备图形界面，对温度、真空度、传送速度等工艺参数进行自动控制，使设备处于最佳工作状态（图4-10）。

12. 文献推荐

[1] 杨贤强，王岳飞，陈留记等.茶多酚化学.上海：上海科学技术出版社，2003.

[2] 中国期刊全文数据库，以关键词检索“茶多酚”及“中试”，寻找文献.

[3] 在百度或谷歌中搜索“茶多酚生产”，查看相关文献.

[4] 国家专利局检索网站 http：//www.sipo.gov.cn/sipo2008/zljs/进行专利检索，名称栏中输入“茶多酚”，摘要中输入“工艺”等检索词。

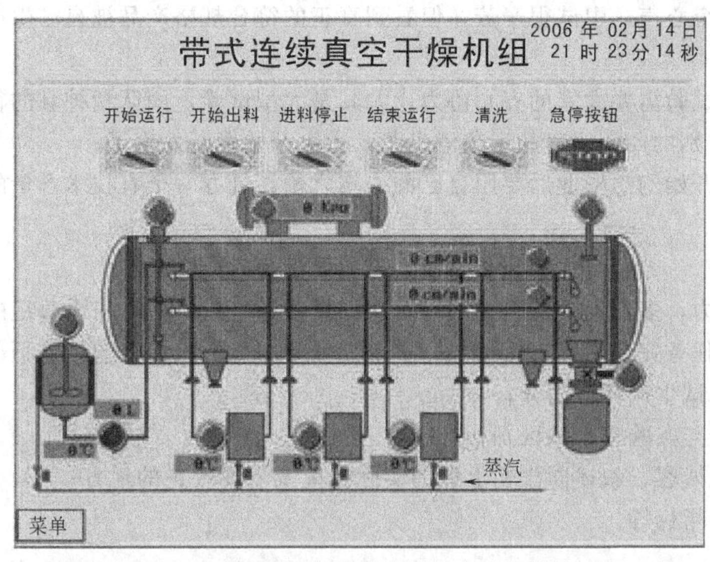

图 4-10　低温真空履带式干燥机自动控制界面

【班后总结】

课程博客上回顾与总结

老师在课后要及时对这次综合实训学习情况进行总结，如学生学习中试环节仪器设备操作及各个关键环节参数调整的总体情况，有哪些值得表扬，哪些需要改进，同时附上同学们在操作过程中的情景照片，并加上评注；再次针对中试生产过程提出几个经常会遇到的问题要求学生进行讨论或回答；最后学生在留言板上写下自己的心得体会，以及对教师还有什么要求，同时讨论或回答教师留下的问题，畅所欲言。

学生上这次课的情况一般是这样：

➢ 由于该试验是本门课程最严格意义的中试生产，同学们没有可以参考的文献，设计的初步中试方案基本还出现实验室小试的痕迹；

➢ 本试验时间跨度在 2 周，同学们需要很好配合，合理分工，相对来说，在试验的前一周配合得比较好，后面开始有些混乱；

➢ 在利用树脂进行分离时，对树脂的使用掌握仍然不到位，尤其在两个不同浓度酒精调换时，把握不好收集馏分的归宿；

➢ 由于试验收集馏分体积较大，浓缩时间较长，同学们在浓缩时有些急躁，这时需要合理分工，密切配合，不要让认真的同学连饭都吃不上；

➢ 样品检测需要设计好抽样环节，更需要检测有代表性的样品，这是十分关键的，有的组由于没有设计好，导致检测结果很是奇妙。

问题讨论：

➢ 如何进行一个产品的中试生产方案设计？以茶多酚中试为例。

➢ 如何计算茶多酚中试各个环节的原料体积及操作时间？

➢ 如何减少由于操作的失误，导致最后制得的茶多酚产品纯度降低或产量减少？

➢ 在整个中试操作过程中，还有哪些环节需要继续优化？

➢ 作为企业真正的生产技术，如何判断中试参数是否符合大生产了？

学生博客上留言特点：

➢ 都表达一个心声，中试很辛苦，但看到真正的符合规格产品被自己生产出来，还是有些兴奋；

➢ 明白一个试验需要大家的齐心协力，尤其是大型试验，团队精神真的很重要；

➢ 临时 copy 别的同学留言的现象消失了，大家开始踊跃发言了；

➢ 部分同学开始幻想毕业后要用自己的一技之长，创办一个有技术含量的企业。

【工作汇报】

轮值组长书面汇报单元任务完成情况

减轻学生压力，多点动手操作时间，每次当班任务完成以后，只需每组的轮值组长以书面形式，对当班任务完成情况进行汇报。本单元任务书面汇报内容包括如下部分：

✓ 茶多酚中试生产环节简介；

✓ 中试生产与实验室小试区别；

✓ 结合课程博客，叙述同学们上课的实际情况及需要改进的地方；

✓ 产品质量指标等。

【视野拓展】

中药减压提取法

中药注射剂一连串不良反应的出现引发了全社会对中药制剂，特别是中药注射剂质量问题的关注。其实中药的质量问题一直是近代行业内外十分关注并讨论的焦点、重点和难点。中药由于历史传统的特点，其生产存在着固有的惯性和惰性，这从现在大多数中药生产厂家仍然采用效率很低的生产方式上可以得到明显的证明。

① 中草药原料中有效成分（组分）的含量在很多植物中本来就不高，如果不能在提取中采用较好的方法，那么对本来就是微量的成分来说，无疑是用落后原始的工艺去“沙里淘金”，损失很大，从而造成资源的浪费和损耗。

② 现在绝大多数生产厂家采用的常压加热煎煮提取法，实际上就是放大了的“煨药罐”，往往不仅造成许多中药中热敏性成分的破坏，而且还大量带出很多无效杂质，给后续分离纯化造成了困难和麻烦，从而更降低了收率，增加了消耗和成本。

③ 更为不良的后果是，由于杂质含量过多使得分离纯化难度大且效果不好，造成产品中（特别是中药注射剂）残留异物超标，也是形成中药注射剂不良反应的重要原因之一。

中药注射剂近年来才得到广泛的使用，相对于传统中药的汤、丸、散、膏、丹等老剂型而言是一个对质量要求极高的“西洋化”了的创新品种。而这类剂型虽然“西化”了，但关键工段的生产方式仍旧是沿袭古老原始的“中式”，这样生产方式显然已不能适应中药产业发展的需要。问题早已潜在，只是时间问题。中药生产上的这些弊端也早已为业内人士所共识，它也是中药现代化道路上的难题和障碍。然而，解决这一行业难题却任重道远，且远非可以一蹴而就。在科技飞速发展的今天，为了让中药更好地造福人类，并使之走出国门，国家领导人和许多专家学者为中药尽快实现现代化运筹帷幄、呕心沥血，并制定了一系列的政策，采取了许多措施加以扶持和鼓励。

为此，广大科技人员潜心研究出了不少有价值的方法和成果，其中许多工艺值得借鉴并推广，诸如精制提纯方面采用大孔树脂吸附的方法、在浓缩方面采用膜过滤浓缩等，且收到了可喜的成效。在提高有效成分（组分）的提取效率方面，基于很多药材的药效成分为不耐高温煎煮的热敏性，他们从低温提取的思路入手，除工艺上已有的二氧化碳超临界萃取外，正在研发的还有超声波萃取、微波萃取及仿生提取法等。当然，这些方法都有其各自的特点和适应范围，因此不可避免地存在一定程度上的局限性。这需要对之进行综合性的评价和论证，直至切实可行才能为大生产和企业所乐意接受和采用。至今能为企业普遍接受而得到广泛应用的提取技术还是较少或不够成熟的。所以，就现阶段而言，中药生产方面能在提取方面进行工艺改进和改造的企业仍是屈指可数，而提取恰恰又是中药生产的质量、收率以及成本方面重要而关键的一步。

1.真空减压提取的思路和原理

在中药的提取中，多数厂家采用的溶剂为水或乙醇，即所谓水提和醇提工艺。对于现阶段大多数工艺采用的常压提取来说，提取的操作温度也就相当于水或乙醇在常压下沸点（即沸腾的温度）。这个温度是大家最清楚不过的：水为100℃；乙醇为78℃左右（视含量高低有差异）。

由于溶剂的沸点是随外界大气压的降低而降低的，所以在减压操作即负压（抽真空）的条件下，就可以在较低的温度下使溶液处于沸腾状态下而进行提取生产，这与在高原上烧水温度不到100℃就会沸腾的道理是一样的。这样既不致使药材中热敏性物质遭受高温煎煮的破坏，又不会将高温煎煮中容易水解而产生的许多大分子杂质如淀粉、糊精、蛋白质、色素、鞣酸、黏液质等大量带到提取液中来。

基于这种思路，采用设计一种能达到这种效果的设备——真空减压回流装置就能很方便地做到这一点。由于是沸腾状态下提取，而不是静态的低温浸泡，所以其效率要高。沸腾状态下能很快缩小溶液的浓度差，加快低分子量有效成分向溶液里扩散速度。同时，由于沸腾是从液体内部溶液所气化形成的现象，即由于存在从浸润的植物细胞内的溶液液体分子的气化产生微小气泡并迅速长大和膨胀的作用，因此可加速植物细胞膜的破裂，从而起到了提高有效成分加速溶出的效果。但是，由于药材品种很多，对不同的药材所采用的提取温度也应不尽相同。而采用本技术所控制的温度区域范围也比较宽，方法也很简便。例如，对醇提来说，温度可控制在42～78℃之间任意调节，而水提则可在55～100℃之间调节，控制的主要参数是真空度，亦即控制真空阀门就可以了。以上的温度适合于很多药材的提取温度，所以此工艺的优势是很明显。

2.技术突破点

当然，从上面对原理和思路的分析来看是非常简易而明了的。就此而言，或许有人马上会联想到在提取罐上拉一根管子接到真空上不就可以了吗？但是，在生产实践中如果仅仅简单地将真空管路直截了当地接在现有提取罐的设备上是不是可以呢？回答是否定的。因为无论将真空管接在提取系统的任何一个部位（如提取罐上封头的任一接管口，抑或在冷凝器下方、冷却器下方或者是油水分离器的下方），都会产生这样一个很令人头疼的问题——溶剂的回流问题。因为此举可能导致溶剂加热后产生的蒸汽被大量吸入真空系统而达不到回流的效果，同时还会损坏真空泵；或者形成压力差，造成提取罐的真空度没有真空管连接口处的高度从而使得溶剂被“吸住”，也不能顺畅地回流。

而生产实践和理论都表明：只有让提取罐加热的药液挥发的蒸汽上升，并使其通过提取罐上方的冷凝器冷凝后的液体溶剂又能回落到提取罐内（即回流顺利形成时），提取液的浓度差，即浓度梯度才能形成而成为提取的推动力，从而提高提取的效率。由于提取目标成分大多数在提取罐的溶液或药材之中，而加热蒸发的溶剂蒸气中一般来说药用的成分极少（指对不含药用挥发油的药材而言），所以溶剂的凝液相对提取罐内的药液回流到“娘家”后会形成较高的浓度差，从而成为推动提取过程的推动力。同时，也由于罐内药液的浓度随着提取的进行逐渐变高，继续不断地回流会使得回流的凝液与罐内药液的浓度差越来越大，从而完成整个提取过程。所以，既要在减压真空条件下操作，又能使溶液顺利形成回流的解决方法就是采用本文所推荐的专利技术——用于中药提取的减压提取装置。

3. 减压提取装置技术现阶段的优势

(1) 改造简单快捷　对一般现有的生产厂家而言，不需要大动干戈，只在原有提取系统的基础上增加一台“减压回流罐”即可。企业提取系统原有的设备一概不需改动，只要将管道作稍许调整。准备工作做得好的话，一天即可完成，甚至不会影响正常的生产。

(2) 费用极为低廉　安装一台“减压回流罐”的费用与其它同类工艺改造相比简直是一个零头（比你想象的要低得多），是任何一个企业都有能力承受的费用。

(3) 工艺成熟可靠　已经过大生产使用数年，效果明显，就可以使厂家轻松地分享这项发明带来的效益成果。

(4) 操作简单方便　采用简单的阀门控制，操作一次数分钟就可学会。

(5) 适用范围很广　该装置在一般中药生产企业均能适用。通过安装该装置，在一定的真空减压操作条件下，温度的控制范围在：水提可在 55～100℃之间进行调控，醇提可在 42～78℃之间进行调控。由于这一温度范畴覆盖了很多药材适合提取的温度，所以其适应性相当好。由此而言，对目前许多厂家使用的浸渍和渗漉工艺来说，也是一个绝好的提高生产效率的改进方法。

(6) 适合现阶段中国的国情，切实可行解决现存问题　从上述分析可看出，此技术的优势是十分明显的，成熟、低廉、简捷、可靠是它最突出的特色。它的成功再次说明了这样一个道理：以最简单的方法解决复杂问题的技术就是好的技术。

参考文献

[1] 刘湘，汪秋安.天然产物化学.第2版.北京：化学工业出版社，2010.

[2] 徐任生，赵维民，叶阳.天然产物活性成分分离.北京：科学出版社，2012.

[3] 杨义芳.中药与天然活性产物分离纯化和制备.北京：科学出版社，2011.

[4] 李炳奇，马彦梅.天然产物化学.北京：化学工业出版社，2010.

[5] 赵余庆.中药及天然产物提取制备关键技术.北京：中国医药科技出版社，2012.

[6] 王俊儒，张继文.天然产物提取分离与鉴定技术.北京：高等教育出版社，2016.

[7] 张玉军，刘星.天然产物化学.北京：化学工业出版社，2015.

[8] 宋航.天然产物技术.北京：高等教育出版社，2016.